साइंस
अवधारणाएँ तथा शब्दावली

मैत्रेय पब्लिकेशन
4697/5, 21-ए, दरियागंज, नयी दिल्ली-110002

साइंस

अवधारणाएँ तथा शब्दावली

शैवाल भौमिक

मैत्रेय पब्लिकेशन

1/10925, प्रथम तल, गली नं. 7, सुभाष पार्क,
नवीन शाहदरा, दिल्ली-32

ISBN : 81-88468-01-0

मैत्रेय पब्लिकेशन

1/10925, प्रथम तल, गली नं. 7, सुभाष पार्क,
नवीन शाहदरा, दिल्ली-32
द्वारा प्रकाशित

संस्करण : 2011

मूल्य : 250.00

शुभम् ऑफसेट, शाहदरा, दिल्ली-110032
द्वारा मुद्रित

मैत्रेय पब्लिकेशन, वाणी प्रकाशन की सहयोगी संस्था

भूमिका

विश्व की जनसंख्या तेजी से बढ़ी है, परंतु इसके महत्वपूर्ण संसाधनों में किसी भी प्रकार समान वृद्धि नहीं हुई। इन संसाधनों के भंडारों में आवश्यक अनुपात में वृद्धि अपने आप नहीं होती। यह वृद्धि 'मानवजाति-भूमंडल' व्यवस्था की संपूर्ति 'भूमंडल-ब्रह्मांड' अधितंत्र से करके हासिल की जा सकती है और ऐसा अधितंत्र केवल विज्ञान, उसकी आधुनिकतम खोजों तथा उन पर आधारित आविष्कारों के माध्यम से ही उपलब्ध किया जा सकता है।

ज्ञानमंडल द्वारा भूमंडल के जीवजन्य क्षेत्र की संपूर्ति किए बिना उस क्षेत्र को सुरक्षित रखना तथा विकसित करना असंभव है। यही एकमात्र उपाय है जिससे उसके अति आवश्यक संसाधनों को क्षति तथा अवक्षय से बचाया जा सकता है और साथ ही प्राकृतिक विपदाओं की व्यापकता तथा परिणामों को कम किया जा सकता और कृत्रिम विपदाओं की रोकथाम की जा सकती है।

मानवजाति के समक्ष जो कार्यभार उपस्थित हैं, यदि उनका सफलतापूर्वक समाधान करना है तो दो सामाजिक-राजनीतिक व्यवस्थाओं के बीच सैन्य टकराव को हमेशा के लिए समाप्त करना होगा। 1977 आरंभ होने से ठीक पूर्व, अमरीकी राजनीतिक विश्लेषक जे. किंग्सबरी-स्मिथ के प्रश्नों का उत्तर देते हुए लि. इ. ब्रेझनेव ने कहा था : "यह सोवियत राज्य के अस्तित्व का 60वाँ वर्ष है, जिसका जन्म लेनिन की प्रसिद्ध शांति आज्ञप्ति के परचम तले हुआ था। अवश्य ही, हम चाहेंगे कि इस वर्ष शांति कायम रखने तथा उसे सुदृढ़ करने में, शांतिपूर्ण सहअस्तित्व को एकमात्र युक्तिसंगत, राज्यों के बीच संबंधों के एकमात्र स्वीकार्य प्रतिमान के रूप में, और भी दृढ़तापूर्वक स्थापित करने में नए महत्वपूर्ण कदम उठाए जाएँ।

"ऐतिहासिक अनुभव से इस बात की पुष्टि होती है कि हमारे दोनों देश सहज बुद्धि से काम लेकर तथा आधुनिक जगत में प्रत्येक की जिम्मेदारी की स्थिति

को ध्यान में रखते हुए, शांति के लक्ष्य एवं पारस्परिक लाभदायक सहयोग के विकास में महत्वपूर्ण योगदान कर सकते हैं।"

यह कहने की आवश्यकता नहीं कि विज्ञान नीति के सिद्धांत के जिन विभिन्न पहलुओं पर मैंने इस पुस्तक पर विचार किया है, उन पर अधिक शोध कार्य करने की आवश्यकता है ताकि बौद्धिक क्षमता के वैज्ञानिक एवं तकनीकी घटक की दक्षता को बढ़ाने के उपायों पर नया प्रकाश डाला जा सके।

साइंस
अवधारणाएँ तथा शब्दावली, विषय और पद्धति

विज्ञान नीति सिद्धांत के समक्ष विभिन्न अवधारणाओं को स्वीकारने में कुछ कठिनाइयाँ उपस्थित होती हैं। इनका कारण अधिकांशतः समान भाषा का अभाव है जिसका प्रयोग सिद्धांतकार आपस में तथा अन्य कर्मियों के साथ कर सकते। विज्ञान के विषय एवं प्रद्धति के सफल प्रतिपादन में बाधाएँ विविध प्रकार की अस्पष्टताओं, शब्दावली की विभिन्न व्याख्याओं के कारण पैदा होती हैं। विज्ञान के संगठन तथा संचालन में केवल पूर्णतः एवं स्पष्टतः निरूपित समस्याएँ ही वैज्ञानिक विश्लेषण तथा उचित समाधान का विषय बन सकती हैं। कारण यह कि "धूर्त लोग अध्ययन की' निंदा करते हैं; सीधे-सादे लोग उसका समादर करते हैं; और बुद्धिमान लोग उसका उपयोग करते हैं : क्योंकि ये अध्ययन स्वयं अपने उपयोग की शिक्षा नहीं देते : परंतु यह शिक्षा एक ऐसा विवेक है जो अध्ययनों के बाहर और उनके ऊपर होता है तथा प्रेक्षण द्वारा प्राप्त होता है।"[1]

अवधारणाएँ तथा शब्दावली

विज्ञान के क्षेत्र में एक कारगर नीति के प्रतिपादन के लिए विज्ञान के संगठन तथा संचालन में मूल अवधारणाओं की सहज व्याख्या आवश्यक है। ऐसी अवधारणाओं में, जिनकी विषयवस्तु एवं मात्रा भिन्न हैं, किसी प्रकार की संभ्रांति, विज्ञान के संगठन और संचालन में गलत शब्दों का प्रयोग तथा शब्दावली संबंधी संभ्रांतियाँ विज्ञान के केवल सिद्धांत के ही नहीं, बल्कि उसके

व्यवहार के विकास को भी प्रभावित करती है। तथा उसकी राह में बाधा बन कर खड़ी हो जाती है।

निःसंदेह, विज्ञान-संगठन में शब्दावली का पूरा क्रमबंधन एक ऐसा कार्य है जिसके लिए व्यापक एवं विशेष शोध की आवश्यकता है। फिलहाल, वैज्ञानिक क्रियाकलाप के संगठन तथा प्रशासन में मूलभूत अवधारणाओं की कुछ चालू व्याख्याएँ प्रस्तुत की जा सकती हैं।

व्युत्पत्ति-विज्ञान के आधार पर रूसी भाषा में **'साइंस'** अथवा विज्ञान शब्द का अर्थ है, परिशुद्ध, प्राकृतिक एवं सामाजिक विज्ञानों के प्रत्येक क्षेत्र में किसी नियमत समय संचित ज्ञान की व्यवस्था; दूसरे, संज्ञान की अंतहीन प्रक्रिया—अपने द्वन्द्वात्मक विकास में। ज्ञान मीमांसा की दृष्टि से, विज्ञान के ये दोनों पहलू सापेक्ष तथा निरपेक्ष सत्य की भाँति एक दूसरे से संबंधित है। विज्ञान, प्राप्त ज्ञान को क्रमबद्ध करने में सहायक होता है और इस प्रकार उसकी सीमाएँ निर्धारित करता है (सापेक्ष सत्य), और इस तरह संज्ञान की आगे की दिशा (निरपेक्ष सत्य की दिशा में अग्रगति) तय करता है। परिणाम यह कि विज्ञान के इस दोहरे स्वरूप में एक द्वंद्व निहित होता है जो उसकी गति, उसके स्व-विकास के आंतरिक स्रोत का काम देता है।

परंतु विज्ञान का स्व-विकास उसकी स्वतंत्रता की केवल एक अवस्था को अभिव्यक्त करता है। उसकी स्वतंत्रता की दूसरी अवस्था की उत्पत्ति का आधार यह तथ्य है कि विज्ञान सामाजिक रूप से निर्धारित होता है। विज्ञान की रचना मनुष्य करता है, जो मानव समाज का सदस्य होता है; और समाज में रह कर उससे पूर्णतः स्वतंत्र होना असंभव है। यह तथ्य कि विज्ञान का सामाजिक निर्धारण होता है, उसके स्व-विज्ञान से उतने ही घनिष्ठ रूप से संबंधित है जैसे ज्ञान-प्रणाली संज्ञान की प्रक्रिया से।[2] यह संबंध **'वैज्ञानिक क्रियाकलाप'** की अवधारणाओं में प्रतिबिंबित है।

वैज्ञानिक क्रियाकलाप से तात्पर्य है उन प्रक्रियाओं का समूहन जिनके द्वारा नया वैज्ञानिक ज्ञान प्राप्त होता, उसका स्थानांतरण तथा प्रयोग किया जाता है—उन वस्तुनिष्ठ तथा आत्मनिष्ठ स्थितियों सहित जिनमें उन प्रक्रियाओं का सुचलन होता है। आर्थिक दृष्टिकोण से कहा जा सकता है कि वैज्ञानिक क्रियाकलाप ज्ञान का विस्तारित सामाजिक पुनः उत्पादन होता है जिसमें उसकी अपनी भौतिक, बौद्धिक एवं भावात्मक पूर्वस्थितियाँ शामिल रहती हैं।

आर्थिक शब्दावली में 'वैज्ञानिक क्रियाकलाप' की अवधारणा 'विज्ञान' की अवधारणा से अधिक व्यापक है। इस प्रकार 1940 में ही, सोवियत संघ

में शोध एवं विकास में कार्यरत वैज्ञानिकों तथा इंजीनियरों की संख्या सब मिलाकर 98,300 थी जबकि विज्ञान एवं वैज्ञानिक सेवा में लगे लोगों की कुल संख्या 362,000 यानी लगभग उसकी चार गुना थी।[3] एक और चार तथा एक और तीन का अनुपात तीन दशकों से अधिक समय तक केवल शोधकर्ताओं एवं विज्ञान तथा वैज्ञानिक सेवा में कार्यरत लोगों की संख्या में ही नहीं कायम रखा गया। हम पाते हैं कि यही अनुपात उन लोगों की संख्या में है जो वैज्ञानिक उपाधि प्राप्त है; तथा वह शोधकर्ताओं की सकल संख्या में भी कायम रखा गया है।

उन लोगों को मिलाकर जो शिक्षा एवं संस्कृति में तथा प्रारूपण एवं पूर्वेक्षण संगठनों में काम करते हैं और जो वैज्ञानिक क्रियाकलाप से भी संबंधित हैं, इस क्षेत्र में कार्यरत लोगों की संख्या प्रायः 50 या 60 लाख तक पहुँच जाएगी। तुलना की दृष्टि से हम यह भी ध्यान में रखें कि 1975 में मोटर, बिजली द्वारा चालित शहरी एवं अन्य परिवहन तथा माल ढोने वाले कार्यों में 64 लाख व्यक्ति लगे हुए थे। ये भी याद रहे कि वैज्ञानिक क्रियाकलाप में रोजगार से लगे लोगों की संख्या अभूतपूर्व गति से बढ़ रही है और यह राष्ट्रीय अर्थतंत्र की अन्य शाखाओं में लगे लोगों की तुलना में कई गुना अधिक है।[4] यह वैज्ञानिक तथा तकनीकी क्रांति के अंतर्गत सामाजिक उत्पादन के रूपांतरण की प्रत्यक्ष अभिव्यक्ति है।

तालिका 1-1

कार्यरत लोगों की संख्या (1000 में)	1960	1965	1970	1975
विज्ञान तथा वैज्ञानिक सेवाओं में संलग्न कुल लोग	1,763	2,625	3,238	4,046
शोधकर्ताओं सहित	354	665	928	1,223
विज्ञान के डाक्टर की उपाधि के उम्मीदवारों तथा इस उपाधि वाले लोगों सहित	109	149	248	359

स्रोत : **1975 में सोवियत संघ का अर्थतंत्र**, पृ. 165, 533; 1976 **में सोवियत संघ के आंकड़े**, मास्को, 1977, पृ. 83, 178 (रूसी में)।

केवल यही नहीं कि वैज्ञानिक क्रियाकलाप अर्थतंत्र की एक प्रमुख एवं अत्यंत महत्वपूर्ण शाखा बन गया है, बल्कि जैसे-जैसे अर्थतंत्र की प्रत्येक शाखा में इसका प्रवेश हो रहा है और इसके चलते उसका सामर्थ्य बढ़ रहा है, वैसे-वैसे

उसका अधिकाधिक 'गुणक' प्रभाव भी पड़ रहा है। शोधकर्ताओं का छोटा समूह नहीं, बल्कि श्रमजीवी जनगण का व्यापक जनसमुदाय विज्ञान के विकास, उसके सेवाकार्य तथा उसकी उपलब्धियों के इस्तेमाल से जुड़ा हुआ है। उनके लिए वैज्ञानिक क्रियाकलाप श्रम की मुख्य प्रणाली बनता जा रहा है, यद्यपि स्वभावतः ऐसा भिन्न-भिन्न मात्राओं एवं रूपों में, और दक्षता एवं सृजनात्मकता के विभिन्न स्तरों पर हो रहा है।

विज्ञान तथा संगठन का संश्लेषण वैज्ञानिक क्रियाकलाप को उसकी संरचना के प्रत्येक स्तर पर हस्तांतरित करने में सहायक होता है। आधुनिक समाज में विज्ञान के एक प्रमुख व्यवसाय बनते जाने के साथ, और खास कर बड़े पैमाने की परियोजनाओं में, जिनमें हजारों कर्मी कार्यरत हैं, 'वृहत विज्ञान' के विकास के साथ, वैज्ञानिक क्रियाकलाप का ढाँचा एक बहुस्तरीय क्रमबद्ध व्यवस्था के रूप में स्पष्टतः पेचीदा होने लगता है।

इस क्रियाकलाप के सामूहिक स्वरूप की वृद्धि के साथ, विज्ञान में प्राथमिक संरचनात्मक इकाई की भूमिका व्यक्तिगत शोधकर्ता के हाथ से निकल कर प्रयोगशाला, क्षेत्र, विभाग इत्यादि के संगठित शोधकर्ता दलों के हाथों में पहुँचने लगती है। ये प्राथमिक शोध संगठन निचला सोपान होते हैं, विज्ञान के संगठन का **सूक्ष्म स्तर** होते हैं। वैज्ञानिक ज्ञान के उत्पादन में इनका मौलिक तथा प्राथमिक महत्व शोध संस्थानों में प्रयोगशाला के विलयन द्वारा कायम रखा तथा सुदृढ़ किया गया है।

विज्ञान को संस्था का रूप दिया जाना उसके राष्ट्रीय, राजनीतिक, सैनिक तथा आर्थिक महत्व में वृद्धि के साथ-साथ हुआ है। इसके परिणामस्वरूप अलग-अलग सरकारी एजेंसियाँ खड़ी हुई हैं जो विविध वैज्ञानिक एवं तकनीकी कार्य करती हैं, और उन्हें क्रमशः एक व्यवस्था में ढाला जा रहा है। इस तरह, वैज्ञानिक क्रियाकलाप को संस्था का रूप देने के साथ-साथ, विज्ञान के क्षेत्र में सरकारी नीति को भी, जिससे वैज्ञानिक क्रियाकलाप के संचालन में कार्रवाइयों का एक पूरा सिलसिला जुड़ा हुआ है, संस्था का रूप दिया जाता है। यह वैज्ञानिक संगठन का **वृहत स्तर** होता है, और उसका उच्चतम तथा निर्देशक सोपान होता है।

विज्ञान के संगठन में सूक्ष्म तथा वृहत स्तर वैज्ञानिक केंद्रों तथा संस्थानों के मध्यवर्ती स्तर के माध्यम से परस्पर क्रिया-प्रतिक्रिया करते हैं। इस ताने-बाने की रचना मौजूदा तथा नव-स्थापित केंद्रों एवं संस्थानों के आधार पर विज्ञान नीति एजेंसियों द्वारा होती है। इसका उद्देश्य यह है कि नए वैज्ञानिक विचारों

की उत्पत्ति तथा उनके अत्यंत तीव्र विकास एवं उपयोग के लिए अधिक अनुकूल स्थितियाँ सुनिश्चित की जाएँ। **वैज्ञानिक** ताना-बाना विज्ञान के संगठन में **अधि-स्तर** होता है—बीच का एक सोपान।

एक जटिल संभाव्यता अबाध-प्रवेश व्यवस्था के रूप में वैज्ञानिक क्रियाकलाप का संगठन इन्हीं तीन सोपानों पर आधारित है। इस व्यवस्था में संरचनात्मक तत्वों की बहुलता है, जिनकी क्रियाएँ आपस में संबंधित होती हैं। कहा जा सकता है कि संगठन कार्यदक्ष संरचनाओं का रूपायण (निर्माण) है।[5] **वैज्ञानिक क्रियाकलाप का संगठन है :** प्रथम, व्यवस्था की वर्तमान अवस्था (संगठन-व), दूसरे, समय स के भावी क्षण पर वांछित अवस्था (संगठन-स), और तीसरे, संगठन-स में संगठन-व के रूपांतरण की प्रक्रिया। परंतु इस अर्थ में पूरे वैज्ञानिक क्रियाकलाप का संगठन उसके संचालन के साथ-साथ चलता है।

परिणामस्वरूप, **वैज्ञानिक क्रियाकलाप का संचालन** कार्यों का समुच्चय होता है जिसके द्वारा संगठन-व का अस्तित्व तथा संगठन-स में उसका रूपांतरण कम से कम समय और प्रयास से सुनिश्चित होता है।

संचालन के कार्यों के भीतर, मेरे विचार से, निर्देशन, नियोजन, समन्वयन, नियंत्रण तथा विनिमयन की पहचान करना संभव है।

निर्देशन का सारतत्व है उद्देश्य तथा उसकी प्राप्ति के लिए क्रियाकलाप के संगठन के मापदंड का चयन। संचालन-संबंधी निर्णय करने के लिए उद्देश्य तथा मापदंड के सही चयन का व्यावहारिक महत्व होता है। सामान्य शब्दों में, चयन की विशुद्धता वर्तमान स्थिति का मूल्यांकन तथा भविष्य का पूर्वानुमान करने के लिए सूचना के पूरे उपयोग का फलन होती है। परंतु, नियमतः इन शर्तों को पूरा करने का कभी पर्याप्त समय नहीं मिलता क्योंकि अक्सर निर्णय बहुत जल्दी में लेने पड़ते हैं। और यह आश्चर्य की बात नहीं है : निस्संदेह, इसका कारण ऐसी परिस्थिति का उत्पन्न होना है जो आम तौर पर फौरन निर्णय की, यानी चयन की, आवश्यकता खड़ी कर देती है। किसी सर्जन को यदि रोग का इतिहास जाने बिना तुरंत ऑपरेशन का निर्णय करना पड़े तो उसे मुख्यतः सहज बुद्धि पर ही निर्भर करना पड़ेगा। इसी प्रकार, कभी-कभी राजनीतिक निर्णय, खासकर विज्ञान के क्षेत्र में, करने पड़ते हैं। दूसरे शब्दों में, निर्देशन के क्षेत्र में वस्तुगत एवं आत्मगत पक्ष घनिष्ठ रूप से अंतर्संबद्ध होते हैं : स्वयं वस्तुगत स्थितियों का इस्तेमाल निर्देशक के व्यक्तिगत गुणों पर, तथा उसकी वैज्ञानिक, तकनीकी एवं संचालन क्षमता पर निर्भर करता है।

केवल इसी कारण, 'निर्देशन' शब्द 'संचालन' की तुलना में काफी सीमित

है और इसका **प्रयोग**, कुछ विशेष शर्तों के बिना निर्देशन के स्थान पर नहीं किया जा सकता। कारण यह कि किसी व्यवस्था का एक तत्व पूरी व्यवस्था का प्रतिनिधित्व नहीं कर सकता।

संचालन का अगला, उतना ही महत्वपूर्ण तत्व, **योजना** है। इसका अर्थ सर्वप्रथम, परंतु एकमात्र नहीं, नियत स्थितियों में निर्धारित लक्ष्य की दिशा में, स्थापित प्रतिमानों का पालन करते हुए, एक इष्टतम प्रणाली का प्रतिपादन करना है। योजना मानकी होती है[6] क्योंकि वह उद्देश्यपरक होती है। इसका अर्थ यह है कि नियोजन को भावी कसौटियों के आधार पर वर्तमान का मूल्यांकन करना होता है। परंतु वैज्ञानिक तथा तकनीकी क्रांति के अंतर्गत विकास की गति ऐसी है कि वर्तमान जितनी तेजी से भूत में ओझल होता है, वास्तव में उससे अधिक तेजी से भविष्य वर्तमान की जगह लेने लगता है। यह वैज्ञानिक एवं तकनीकी प्रगति को लंबी-से-लंबी अवधियों के लिए नियोजित करने तथा उसे अधिक से अधिक दूरवर्ती लक्ष्यों की ओर उन्मुख करने के लिए एक प्रेरणा बन जाती है। परंतु इस प्रकार के नियोजन को अवश्य ही मानकी तथा अन्वेषी दोनों ही तरह के वैज्ञानिक एवं तकनीकी पूर्वानुमान में (जो वर्तमान से चलकर भविष्य जाते हैं) संलीन होना चाहिए। वैज्ञानिक क्रियाकलाप के विकास की दीर्घकालीन, मध्यकालीन तथा चालू योजनाओं का प्रतिपादन अब केवल दीर्घकालीन पेचीदा पूर्वानुमानों के आधार पर ही किया जा सकता है।

योजनाधीन वैज्ञानिक एवं तकनीकी व्यवस्थाओं की जटिलता के कारण, स्वयं योजना को भी सुव्यवस्थित होना होता है। योजनाओं की यथार्थता सीधे वैज्ञानिक क्रियाकलाप को प्रभावित करने वाले तत्वों के पूरे समूह को ध्यान में लिए जाने की हद पर, सभी आवश्यक सहायक किस्मों के सामयिक प्रतिपादन पर, तथा सभी आवश्यक प्रयासों को समन्वित करने पर निर्भर करती है। यह कार्य **समन्वय** का है, जो योजना के कार्यान्वियन की प्रक्रिया में श्रम विभाजन में तालमेल बैठाता है। हमारे समय का एक विशेष लक्षण है समन्वयन के क्षेत्र का केवल विभागीय ही नहीं, बल्कि राष्ट्रीय सीमाओं के भी परे लगातार विस्तरण। इसका उदाहरण पारस्परिक आर्थिक सहायता परिषद के सदस्य देशों के सहयोग के अधिक विस्तार तथा सुधार एवं समाजवादी आर्थिक एकीकरण के विकास का सर्वतोमुखी कार्यक्रम है। इसके दायरे में, इसके सदस्य देश पारस्परिक हितों में वैज्ञानिक तथा तकनीकी अनुसंधान के समन्वयन की योजना पर काम कर रहे हैं।

परंतु सर्वाधिक परिपूर्ण योजनाएँ भी यदि कार्यान्वित नहीं की जाएँ तो

बेकार होती हैं। नियोजित लक्ष्यों की पूर्ति की जांच नियंत्रण द्वारा की जाती है। यह सर्वप्रथम परिष्करण संकेतों द्वारा, स्थापित मापकों एवं मानदंडों (पैरामीटरों) से किसी भी भटकाव से सामान्य पर लौटने, और व्यवस्था का प्रकार्य जारी रखने का एक तरीका है। निर्देशन, नियोजन तथा समन्वयन की तरह, नियंत्रण भी संचालन की तुलना में अधिक सीमित शब्द है, यद्यपि अंग्रेजी भाषा में दोनों के लिए अक्सर एक ही शब्द अर्थात् नियंत्रण का प्रयोग किया जाता है। यह बात स्वीकार की जा चुकी है कि नियंत्रण के अभाव या उसमें ढिलाई करने से वैज्ञानिक कार्य की उत्पादकता पर हानिकारक प्रभाव पड़ता है। परंतु अत्यधिक वित्तीय तथा प्रबन्धकीय नियंत्रण भी—विशेषकर शुद्ध तथा समन्वेषण-संबंधी मूल अनुसंधान की अवस्था में—उतना ही हानिकारक हो सकता है। परिणामस्वरूप, अवकलित (डिफरेंशियेटिड) तथा लचकीला नियंत्रण उसकी कार्यदक्षता की एक आवश्यक शर्त है।

वैज्ञानिक कार्यकलाप के संचालन में परिष्करण नियंत्रण क्रियाविधि को **विनियमन** से संपूरित किया जाता है। इससे योजना में जिन स्थितियों की परिकल्पना नहीं की गई थी उनके अनुसार व्यवस्था के प्रकार्य में हेर-फेर तथा तदनुरूप परिवर्तन करना संभव हो जाता है। परिणामस्वरूप, पर्यावरण की बदलती स्थितियों में 'संगठन-व' का लचीला तथा सामयिक अनुकूलन स्थापित करने में विनियमन में सहायता मिलती है। यह अत्यंत जिम्मेदारी का काम है जिससे व्यवस्था तथा पर्यावरण (अन्य व्यवस्थाओं सहित) के बीच और नियत व्यवस्था के भीतर संतुलन (साम्यावस्था) बनाए रखने में सहायता मिलती है। इस अर्थ में, विनियमन से, यद्यपि यह मात्र संचालन का प्रकार्य होता है, इसके प्राथमिक कार्यभार को, यानी नियंत्रण के अंतर्गत व्यवस्था के अस्तित्व को सुनिश्चित करने में अत्यंत पूर्ण रूप में मदद मिलती है।

विनियमन संचालन के दूसेर कार्यभार को भी पूरा करने में अपनी भूमिका अदा करता है और वह कार्य है व्यवस्था के विकास तथा सुधार (इष्टतमीकरण) को सुनिश्चित करना। कारण यह कि व्यवस्था के भीतर तथा व्यवस्था एवं पर्यावरण के बीच संतुलन में लगातार उलटफेर होते रहना स्वाभाविक है और इससे वह बार-बार एक उच्चतर स्तर पर स्थापित होता है। परिणामस्वरूप, संचालन का दूसरा कार्य दरअसल पहले कार्य से अलग नहीं किया जा सकता, और प्रत्येक स्थिति में यह एक जटिल समुच्चय का रूप धारण कर लेता है। संचालन के इस दोहरे कार्य को यदि बाहर से समाधान स्वीकार्य नहीं होता तो विनियमन इस कठिनाई को दूर करता है। वह व्यवस्था के भीतरी **स्वविनियमन**

के रूप में कार्य करता है तथा **स्व-संगठन** की सर्वव्यापी क्षमता का सहारा लेता है। व. ई. क्रेम्यान्स्की कहते हैं : ''साधारणतया प्रचलित धारणा के विपरीत, स्व-संगठन की क्षमता भूत (पदार्थ) के संगठन के उच्चतम स्तरों का, अर्थात केवल जीवित व्यवस्थाओं का, समाज का तथा उसके भीतर साइबर्नेटिक ऑटोमेटनों (संतान्त्रिकी मानवाचारी स्वचालित यंत्रों) का एकमात्र लक्षण नहीं है। इसके विपरीत, स्व-संगठन की क्षमता (सामान्यतः स्व-चालन के रूपों की भाँति) अजैव प्रकृति में भी व्यापक रूप में पाई जाती है।...यह कहना अतिशयोक्ति नहीं कि स्व-संगठन पदार्थ का एक सर्वव्यापी लक्षण है। परंतु, अवश्य ही, इस क्षमता की अभिव्यक्ति के रूपों में गहरी भिन्नता पाई जाती है तथा इनका भेद सर्वप्रथम भौतिक व्यवस्थाओं के बुनियादी ढाँचागत स्तरों पर निर्भर करता है।''[7]

एक सटीक उदाहरण लीजिए : किसी शोध संस्थान की गतिविधि के पैमाने में वृद्धि होने से अपने आप उसके आकार तथा उसके ढाँचे की जटिलता में भी वृद्धि होती है। संचालन का दोहरा कार्य–संगठन के स्थायित्व को बनाए रखने तथा उसमें लगातार सुधार करने का कार्य–तभी पूरा हो सकता है जब अलग-अलग क्षेत्रों (सैक्टरों, विभागों) की कुशलता और स्वायत्तता को इस हद तक बढ़ाया जाए कि उन्हें लक्ष्योन्मुख समस्या समूहों (परियोजनाओं) में स्वयं को आयोजित करने की सुविधा प्राप्त हो जाए। स्व-संगठन तथा स्व-विनियमन के लिए मूल अनुसंधान विशेष रूप से उपयुक्त है। इस अनुसंधान की भूमिका में वृद्धि के साथ और (अपेक्षाकृत) कम सृजनात्मक किस्म के अनुसंधान तथा खासकर शोध एवं विकास परियोजनाओं के गणितीकरण तथा स्वचालीकरण के साथ, और वैज्ञानिक क्रियाकलाप के सूचना एवं संचार अधिरचना के विकास के साथ-साथ स्व-संगठन तथा स्व-विनियमन का महत्व बढ़ता जाता है।[8]

परिणामस्वरूप, विनियमन को संचालन का मात्र अंतिम ही नहीं, बल्कि उच्चतम प्रकार्य भी माना जा सकता है। इसके द्वारा, जैसे-जैसे संगठन-व का रूपांतरण संगठन-स में होता है, वैसे-वैसे स्व-संगठन की प्रवृत्ति की अभिव्यक्ति होती है। भिन्न-भिन्न मात्राओं में यह प्रवृत्ति वैज्ञानिक क्रियाकलाप के संगठन के किसी भी स्तर पर, प्राथमिक शोध मंडली से लेकर विज्ञान के क्षेत्र में राजकीय नीति के स्तर तक कार्य करती है।

विज्ञान के क्षेत्र में नीति वैज्ञानिक क्रियाकलाप के संचालन की राजकीय कार्रवाइयों का एक समुच्चय होती है जिसके द्वारा निर्देशन, नियोजन, समन्वयन, नियंत्रण तथा विनियमन के कार्यों का संयोजन सुनिश्चित होता है, जो अनुसंधान

तथा विकास की अधिकतम सामाजिक कार्यदक्षता प्राप्त करना संभव बनाता है। विज्ञान के क्षेत्र में राजकीय नीति अनिवार्य रूप से शासक वर्गों के हितों की संकेन्द्रित अभिव्यक्ति तथा देश के भीतर उत्पादन संबंधों[9] के स्वरूप का प्रतिबिंब होती है। परंतु इसके द्वारा किसी देश-विदेश में एवं संसार के दूसरे देशों में उत्पादक सामाजिक शक्ति के रूप में विज्ञान के विकास की वस्तुगत आवश्यकताओं की उपेक्षा नहीं की जा सकती। उससे अंतर्राष्ट्रीय वैज्ञानिक एवं तकनीकी सहयोग के विकास के लिए, तथा समान व्यवस्था वाले ही नहीं, बल्कि विभिन्न समाज व्यवस्थाओं वाले राज्यों के बीच भी विज्ञान के क्षेत्र में नीति की प्रणालियों पर विचार-विमर्श एवं समन्वयन के लिए भी आधार प्राप्त होता है।

1971 में, इंग्लैंड में प्रोफेसर जे. डी. बरनाल द्वारा स्थापित **विज्ञान के विज्ञान का प्रतिष्ठान** का नाम बदल कर विज्ञान नीति प्रतिष्ठान रख दिया गया। यह मात्र साइनबोर्ड में परिवर्तन नहीं, बल्कि इससे अधिक कुछ था। **विज्ञानवाद** की उत्पत्ति एक ऐसे वातावरण में हुई थी जिसमें सभी ओर विज्ञान की सामाजिक प्रतिष्ठा बढ़ रही थी। और, कहा जा सकता है कि इसका चलन बहुत था। परंतु 1961 वाले दशक के अंत में, परिस्थिति में परिवर्तन हुआ। अमरीका, ब्रिटेन तथा दूसरे पश्चिमी देशों में घोर मुद्रा तथा वित्तीय संकट के साथ शोध एवं विकास विनियोजन धीमा पड़ गया। अनेक दशाब्दियों में पहली बार ऐसी स्थिति उत्पन्न हुई कि वैज्ञानिक तथा तकनीकी कर्मियों को उचित काम पाने में कठिनाइयों का सामना करना पड़ा, और इन परिस्थितियों में वैज्ञानिक कार्यकलाप के विकास की क्रिया-विधियों एवं प्रवृत्तियों का अमूर्त अध्ययन, 'स्वयं विज्ञान की विधियों' के प्रयोग के बाद भी, उन लोगों को संतुष्ट नहीं कर सका जो शोध कार्य करते थे तथा जो उसके लिए वित्तीय सहायता प्रदान करते थे। विज्ञान के क्षेत्र में एक ठोस एवं कारगर नीति की आवश्यकता उभर कर सामने आई।

स्वाभाविक ही था कि सोवियत संघ में विज्ञान नीति के प्रतिपादन में विश्वव्यापी अभिरुचि बढ़ने लगी। सोवियत संघ इस क्षेत्र में, तथा राष्ट्रीय अर्थतंत्र के और सामान्य रूप से वैज्ञानिक तथा तकनीकी प्रगति के नियोजन में अग्रदूत की भूमिका अदा कर रहा था।

विज्ञान नीति का लक्ष्य वैज्ञानिक कार्यकलाप होता है। यह एक पेचीदा गत्यात्मक अबाध-प्रवेश सूचना व्यवस्था होती है।[10] ज्ञान मीमांसा की दृष्टि से, वैज्ञानिक कार्यकलाप संज्ञान की प्रगति के अनुरूप ज्ञान की **प्रणाली** के

विकास को सुनिश्चित करता है। सामाजिक क्षेत्र में, वैज्ञानिक कार्यकलाप अधिकाधिक सामाजिक उत्पादन की एक प्रमुख शाखा के रूप में कार्य करता है, जहाँ सामान्यतः नई सूचनाओं का प्रसार पदार्थों तथा सेवाओं के उत्पादन के साथ, स्वतंत्र महत्व ग्रहण कर लेता है। ठीक यही दिशा है जिसमें वैज्ञानिक कार्यकलाप अग्रसर तथा उन्मुख होता है जैसा कि ऐतिहासिक क्षेत्र पर उसके मूल प्राचलों (पैरामीटरों) से अभिव्यक्त होता है।[11]

अनुसंधान के विषय के रूप में, वैज्ञानिक कार्यकलाप में समुच्चता के भीतर ऐसी प्रक्रियाएँ शामिल रहती हैं जो सहज एवं पेचीदा, विविक्त तथा क्रमिक, निर्धारित तथा प्रायिक हैं, और इन सब के कारण उसका परिमाणात्मक विश्लेषण अत्यंत जटिल हो जाता है।

इसे देखा जा सकता है अनुसंधान के मौलिक समवर्गों (अथवा, यदि इस प्रक्रिया पर गतिशीलता की स्थिति में विचार किया जाए तो, चरणों) में : मूल शोध (शुद्ध तथा लक्ष्योन्मुख, अथवा समन्वेषी), व्यावहारिक अनुसंधान तथा विकास।

मौलिक शोध का कार्य वैज्ञानिक खोज करना होता है चाहे व्यवहार में उसका प्रयोग संभव हो या नहीं। आशय यह है कि उसका उद्देश्य मूलतः नई सूचना प्राप्त करना होता है। ऐसी खोजें उन लघु परिपथों (शार्ट सर्किट) की याद दिलाती हैं जो ऐसी संघटनाओं के बीच, जिन्हें उस समय तक असंबद्ध माना जाता था, अचानक मूल कारण-कार्य अभिबंधों को प्रदर्शित कर देती हैं। वैज्ञानिक खोजों की क्रियाविधि का अभी पूर्णतः अध्ययन करना बाकी है। ये खोजें जिन स्थितियों में की जाती हैं। वे इतनी भिन्न होती हैं कि उनका सामान्यीकरण करना या उसका 'औसतीकरण' करना कठिन है। इसकी शायद ही कोई संभावना हो कि लागत, समय-निविष्ट इत्यादि की दृष्टि से मौलिक खोजों की परिस्थितियों का परिमाणात्मक वर्णन किया जा सके। वैज्ञानिकों के अत्यंत पेचीदा सृजनात्मक प्रयास को सामान्य श्रम की कोटि में लाना असंभव है। कभी-कभी, सृजन की प्रक्रिया दशाब्दियों तक जारी रहती है तथा उसका परिणाम केवल एक बार अर्थात खोज के समय सामने आता है। इसी के साथ, इसका स्पष्टतर प्रायिकतापूर्ण स्वरूप होता है जिसमें यह संभावना होती है कि एक विशेष समय अमुक अन्वेषण का होना अत्यंत दुर्लभ है। सफलता की एकमात्र गारंटी है वैज्ञानिक का नाम, शोधकर्ता के रूप में उसकी ख्याति जिसे अधिकतम सृजनात्मक स्वतंत्रता प्राप्त हो। समाज के दृष्टिकोण से, इन सब का सुलाभ मौलिक वैज्ञानिक खोजों का अत्यंत व्यापक तथा गहरा प्रभाव

है जिससे विज्ञान में तथा अंततः व्यवहार में भी क्रांतिकारी परिवर्तन अपेक्षाकृत न्यूनतम साधनों से होते हैं; जबकि अनुप्रयुक्त शोध में साधन कुछ कम तथा विकास में साधन कुछ अधिक कम होता है।

अनुसंधान की इन परवर्ती अवस्थाओं में साधनों की मात्रा के साथ परिमाणात्मक विश्लेषण को लागू करने की आवश्यकता तथा उसकी संभावना बहुत बढ़ जाती है। अनुप्रयुक्त शोधकार्य और विशेषकर विकास का प्रकार्य यह है कि वैज्ञानिक ज्ञान को व्यवहार में लागू किया जाए तथा नई सूचना के प्रयोग के उपाय और साधन ढूँढ़े जाएँ। यद्यपि यहाँ यह भी हो सकता है कि अचानक 'गड़बड़ियाँ' हो जाएँ, परंतु संपूर्ण रूप में कार्य अधिक संतुलित और परिणामों की दृष्टि से पूर्वकथनीय होता है। परंतु साथ ही यह अपेक्षाकृत अधिक श्रम प्रधान भी होता है, जबकि स्वयं श्रम कम जटिल होने लगता है और अक्सर उसे समान रूप दिया जा सकता है। शोधकर्मियों, विकासकर्त्ताओं, इंजीनियरों, तकनीशियों तथा प्रौद्योगिकीविदों के बड़े समूह ऐसे कार्यभारों का निबटारा करते हैं जिन्हें, सामान्यतः पहले से ही स्पष्टतः निर्धारित तथा अवस्थाओं एवं कार्यों में विभाजित कर लिया जाता है। मोटे तौर पर, कहा जा सकता है कि शोधकर्त्ता की स्वतंत्रता खतरे के साथ (परिणाम की अनिश्चतता के साथ) कम हो जाती है : पूँजी की वृद्धि तथा कार्य की श्रम प्रधानता के साथ इसका प्रतिलोम अनुपात है। यहाँ जिन परिणामों को पूर्व निर्धारित लक्ष्यों के साथ पूर्णतः अनुकूल होना होता है, उन्हें कमोबेश पूर्णतः तय कर लिया जाता है (यह सही है कि इस अवस्था में भी ऐसी समस्याएँ उपस्थित हो सकती हैं जिनका पूर्वानुमान नहीं किया गया था और जिनके कारण अक्सर निर्धारित तिथियों के भीतर लक्ष्यों की प्राप्ति में विलंब हो सकता है)। परंतु अंतिम परिणाम की व्यापकता तथा गहराई की दृष्टि से, अनुप्रयुक्त शोध एवं विकास मूल शोध की तुलना में कम रह जाता है यद्यपि इसके तात्कालीन नतीजे तथा परिणाम अधिक स्पष्ट होते हैं तथा उनका परिमाणात्मक मापन किया जा सकता है। शोध कार्य की अनुप्रयुक्त अवस्था में वित्तीय सहायता देते समय, समाज के लिए यह खतरा होता है कि वह इतनी बड़ी राशियाँ खो दे जो बुनियादी अवस्थाओं में दी गई सहायता से दर्जनों गुना अधिक होती है परंतु जिनके संबंध में खतरा उतना अधिक नहीं होता।

परिणामस्वरूप, परिमाणात्मक विधियों के अनुप्रयोग का क्षेत्र स्पष्टतः शोध प्रणाली के मूल सिरे से उसके अनुप्रयुक्त सिरे तक, इन विधियों की वृद्धिमान आवश्यकता के साथ-साथ बढ़ने लगता है। यह बात उस प्रक्रिया पर लागू

होती है जिसमें वैज्ञानिक सूचना प्राप्त की जाती, और उसको संसाधित किया जाता तथा उसका प्रयोग किया जाता है।

परंतु इस अध्याय के प्रारम्भ में प्रस्तुत व्याख्या के अनुसार, विज्ञान के विज्ञान का विषय—वैज्ञानिक कार्यकलाप—इस प्रक्रिया की वस्तुगत तथा आत्मगत स्थितियों को भी अपने में समाविष्ट करता हैं इस क्षेत्र में परिमाणात्मक पद्धतियाँ कहाँ तक लागू हो सकती हैं? इसका उत्तर देने में कोई कठिनाई नहीं होगी यदि हम शोध कार्य की मूल शर्तों पर जैसे सांगठनिक, आर्थिक, सामाजिक, ऐतिहासिक-तार्किक एवं मनोवैज्ञानिक स्थितियों पर, विचार करें। जिस क्षेत्र में परिमाणात्मक पद्धतियों को लागू किया जा सकता है वह स्पष्टतः सूची के प्रारंभ से खिसक कर अंत तक जा पहुँचती है, यद्यपि सामान्य रूप से कहा जाए तो इन सब स्थितियों का अध्ययन अभी मुश्किल से ही विवरण की अवस्था से बढ़ा है। यह बात पर्याप्त रूप से स्पष्ट नहीं है कि शोध की स्थितियों के अध्ययन में परिमाणात्मक विधियों के लिए अनुप्रयुक्त सदिश की दिशा वास्तव में वही है जो स्वयं शोध प्रक्रिया के अध्ययन की है। इसका कारण यह है कि मूल शोध कार्य सबसे बढ़ कर मनोवैज्ञानिक (व्यक्तिगत) तथा ऐतिहासिक-तार्किक स्थितियों पर निर्भर करता है, तथा अनुप्रयुक्त शोध एवं विकास कार्य सामाजिक, आर्थिक और सागठनिक स्थितियों पर।

इन सीमाओं के अधिक विस्तार से स्पष्टीकरण के लिए जिनके भीतर परिमाणात्मक विधियों को विज्ञान में लागू किया जा सकता है, यह आवश्यक है कि हम इसकी विषयवस्तु से आगे बढ़ कर इसकी पद्धतियों पर विचार करें।

परिमाणात्मक तथा गणितीय पद्धतियाँ

अपने विषय वस्तु की भाँति, विज्ञान के विज्ञान की पद्धति का स्वरूप भी पेचीदा है। कारण यह है कि वास्तव में अभी तक यह कोई सुसंगत पद्धति या व्यवस्था भी नहीं है। बल्कि विशेष पद्धतियों का समूहन है जो अधिकांशतः वर्णनात्मक भी हैं। वैज्ञानिक कार्यकलाप के संगठन तथा उसके अर्थतंत्र के अध्ययन में जिन पद्धतियों का प्रयोग किया जाता है, उनमें तथा सृजनात्मक वैज्ञानिक प्रयास के ऐतिहासिक-तार्किक तथा मनोवैज्ञानिक विश्लेषण में प्रयुक्त पद्धतियों में बहुत अधिक समान लक्षण नहीं होते। बहरहाल, उनको लेकर कोई समान परिमाणात्मक सर्वनिष्ठ अपवर्त्य नहीं निकलता। विज्ञान के विज्ञान में परिमाणात्मक विश्लेषण की भूमिका अभी फिलहाल गौण है। इस दौरान, धारणा यह है कि उसे सभी विशेष पद्धतियों में रच-बस जाना और उन्हें मजबूत

बनाना है क्योंकि सही अर्थ में केवल तभी 'स्वयं विज्ञान की पद्धतियों से विज्ञान का अध्ययन' वास्तविकता बन सकता है।

वास्तव में, सामंजस्यपूर्ण पद्धति की दिशा में प्रवृत्ति के चरण उठ चुके हैं, परन्तु मुझे नहीं लगता कि यह पद्धति शुद्ध रूप में परिमाणात्मक होगी, यद्यपि यह स्पष्टतः गणितीय होगी।

यहाँ एक शर्त लगाने की आवश्यकता है। व्यापक प्रयोग के विपरीत गणितीय पद्धतियाँ, सच पूछा जाए तो परिमाणात्मक पद्धतियाँ नहीं हैं। बल्कि आधुनिक गणितशास्त्र (या अधिगणित शास्त्र) के सबसे महत्वपूर्ण विभाग, जैसे संस्थिति विज्ञान, गणितीय तर्कशास्त्र, समुच्चय सिद्धांत, इत्यादि, परिमाणात्मक तथा गुणात्मक दोनों पद्धतियों पर आधारित हैं। इसके पीछे प्रेरणा यह होती है कि दोनों की सीमाओं पर पार पाया जाए। क्या गेटे की प्रसिद्ध त्रासदी में फाउस्ट की यह पुकार—"Verweile doch—du bist so schon..." (जरा ठहर–तू कितनी सुन्दर है)–इस बात का संकेत नहीं है कि अनिर्धायता का सिद्धांत केवल अणु विश्व में ही प्रसारित नहीं है? आखिर, हम संघटनाओं के परिमाणात्मक पक्षों को जितना निकट से टटोलेंगे, उतना ही देखेंगे कि उनका गुणात्मक पक्ष हमारी पहुँच से दूर होता जा रहा है। सच्ची बात यह है कि गणितशास्त्र के प्राथमिक आधार तत्वों के तार्किक (अर्थात, अंततः गुणात्मक) स्वरूप पर फ्रेडरिक एंगेल्स ने अपनी पुस्तक **प्रकृति का द्वन्द्ववाद** में एक शताब्दी से भी पहले जोर दिया था।[12]

बहरहाल, इन दिनों केवल सामाजिक ही नहीं, बल्कि प्राकृतिक विज्ञानों में भी संकीर्ण परिमाणात्मक अर्थ में गणितीयकरण की परिसीमाओं को व्यापक पैमाने पर स्वीकार किया जाने लगा है। जान र. प्लाट ने कहा है : "मेरा विचार है कि...भौतिकी तथा रसायन विज्ञान में बहुत अधिक गणितीयकरण यदि संभ्रामक नहीं, तो अप्रासंगिक अवश्य है।...हम कारण संबंधी अध्ययन के स्थान पर सहसंबंध रख देते हैं।...विज्ञान की अनेक–शायद अधिकांश–महान पहेलियाँ गुणात्मक हैं, परिमाणात्मक नहीं : भौतिकी तथा रसायन विज्ञान में भी। समीकरण तथा मापन तभी–और केवल तभी–उपयोगी हो सकते है। जब उनका संबंध प्रमाण से हो, परंतु प्रमाण या खंडन का प्रथम स्थान है और वास्तव में वह सबसे अधिक शक्तिशाली तभी हो सकता है जब वह किसी परिमाणात्मक मापक के बिना पूर्णतया विश्वासोत्पादक हो।...गणितीय ढाँचा किसी समस्या को लपेट कर रखने का सुन्दर तरीका है परंतु, संघटनाएँ उसमें समा नहीं सकतीं जब तक पहले उन्हें एक तार्किक ढाँचे में न रख लिया

गया हो।"[13] फलतः विज्ञान के विज्ञान में परिमाणात्मक के बजाय गणितीय पद्धति की बात करना स्पष्टत बेहतर जान पड़ता है। ऐसा करने में उसे·व्यापक अर्थ में लेना होगा, तर्कशास्त्र तथा गणित की, गुणात्मक तथा परिमाणात्मक विश्लेषण की एकता के अर्थ में–विपरीतता के अर्थ में नहीं।

अपनी समस्त त्रुटियों के बावजूद, विज्ञान की विकासमान सांख्यिकी द्वारा धीरे-धीरे यह संभव हो रहा है कि वैज्ञानिक कार्यकलाप की वृद्धि के कुछ परिमाणात्मक प्राचलों (पैरामीटरों) का विश्लेषण किया जाए तथा सहज पद्धतियों का निरूपण करने एवं भावी विकास की प्रवृत्तियों को प्रदर्शित करने के लिए आधार के रूप में इनका प्रयोग किया जाए। यह वैज्ञानिक संज्ञान की अपनी तार्किकता के अनुकूल है, जिसकी प्रगति अमूर्त से ठोस की ओर, तथा सहज से जटिल की ओर होती है; इसका एक प्रमाण, उदाहरण के लिए, विज्ञान के बढ़ते हुए 'गणितीयकरण' में मिलेगा। एक सामाजिक संस्था के रूप में, विज्ञान के अध्ययन में प्रकृति विज्ञान के माडलों (प्रतिदर्शों) का प्रयोग किया जाता है जिनमें गणितीय-सांख्यिकीय पद्धतियों के साथ-साथ भौतिकी, रसायन विज्ञान तथा जीव विज्ञान के साम्यानुमानों का उपयोग भी होता है। इस प्रकार डब्ल्यू. व. स्मिथ का, जो 'इन्टरनेशनल बिजिनेस मशीन कारपोरेशन (I.B.M. Corpn.) के भौतिक ग्रुप के मैनेजर हैं, का कहना है कि "घन अवस्था विज्ञान के प्रावस्था संक्रमण तथा सहकारी संघटना की अनुरूपताएँ प्रबंध कार्य में पाई जाती हैं।"[14] लॉटन म. हार्टमैन वैज्ञानिक ज्ञान में प्रगति का अपना मॉडल किसी गैस की अभिक्रिया प्रक्रम की सहज अनुरूपता से प्राप्त करते हैं। सूचना की उपलब्धि पहले से प्राप्त सूचना की मात्रा पर निर्भर करती है। हार्टमैन एक 'गैस' की परिकल्पना करते हैं जिसके अणु (मालेक्युल) वैज्ञानिकगण तथा सूचना के अंश हैं। वैज्ञानिक अणुओं (मालेक्युल) का संचलन कोई खास नहीं है जबकि सूचना अणु अनियमित दिशाओं में एक कल्पित स्थिर वेग से संचलन करते हैं। जब वैज्ञानिक अणुओं में सूचना अणुओं द्वारा टकराने पर 'अभिक्रिया परिक्षेत्र' उत्पन्न होता है तो कहा जाता है कि एक लाभदायक अभिक्रिया (नई सूचना की उत्पत्ति) हुई। लेंज प्रौद्योगिक पूर्वानुमान के लिए जैव मॉडल–प्रतिबंध के बावजूद जैव आबादी की वृद्धि की मिसाल–का प्रयोग करते हैं।[15]

मैं समझता हूँ कि भौतिक द्वंद्वात्मकता में आवश्यक दृढ़ता प्राप्त करने पर विज्ञान के विज्ञान की सार्विक विधि बनने की सबसे उत्तम संभावना मौजूद है। इस आधार पर एक पेचीदा अबाध-प्रवेश गतिकी प्रणाली के रूप में वैज्ञानिक कार्यकलाप के सूचना स्वरूप के लिए तंत्र विश्लेषण अत्यंत उचित है। तंत्र

विश्लेषण की भाषा द्वारा यह संभव होता है कि सहज तथा पेचीदा, विविक्त तथा सतत, नियत तथा प्रायिक प्रक्रियाओं को स्वयं वैज्ञानिक कार्यकलाप में एवं उसकी स्थितियों में वर्णित किया जा सके, जहाँ कहीं आवश्यक हो, विशेष पद्धतियों की सहायक भाषाओं को तैयार तथा स्वांगीकार किया जाए। ऐसे स्वांगीकरण की सुविधा अब प्रत्येक विशेष स्थिति में गणितीय पद्धतियों की उपयुक्तता के संकेतक का काम दे सकती है।

इस प्रसंग में, सबसे अधिक सुविधा विज्ञान के विज्ञान की सांगठनिक विधियों को उपलब्ध प्रतीत होती है जो वैज्ञानिक कार्यकलाप की सांगठनिक परिस्थितियों के अनुकूल है। और जो प्रत्यक्षतः संरचनात्मक विश्लेषण की उपलब्धियों, तंत्रों के सिद्धांत तथा संतांत्रिकी पर आधारित हैं। इस स्थिति में, स्वांगीकरण सबसे सहज होता है, तथा यह ऐसा क्षेत्र है जिसमें गणितीय पद्धतियों का, जो सबसे विस्तृत है, इस्तेमाल किया जा सकता है। इसमें, उदाहरण के लिए, शामिल हैं बृहत एवं सूक्ष्म स्तरों पर वैज्ञानिक कार्यकलाप प्रणाली की गतिकी का अध्ययन, शोध संस्थानों तथा केंद्रों के ताने-बाने का तंत्र विश्लेषण, शोध मंडलियों की संरचना एवं आकार का इष्टतमीकरण, इत्यादि। मैं यहाँ यह भी कह दूँ कि अधिकांश स्थितियों में समाजशास्त्रीय मतगणना (प्रश्नावलियों, भेंटवार्ताओं) द्वारा सबसे ठोस परिणाम प्राप्त होते हैं बशर्ते कि प्राप्त आंकड़े काफी प्रतिनिधित्वपूर्ण तथा उपयुक्त हों। समाजशास्त्रीय मतगणना के आंकड़ों के प्रक्रमण में, उनके इलैक्ट्रानिक कम्प्यूटरों से गुजर आने के बाद, उनका चयन तथा विश्लेषण शायद सबसे कठिन कार्य होता है।

वैज्ञानिक कार्यकलाप की सांगठनिक स्थितियों एवं पद्धतियों का क्षेत्र बहुत अधिक व्यापक है। आवश्यक रूप से इसमें आर्थिक स्थितियों एवं पद्धतियों का क्षेत्र मानांकित यंत्रों के उपयोग सहित विज्ञान के संगठन तथा संचालन के एक विशेष उदाहरण के रूप में सम्मिलित हैं, जो दरअसल अनुसंधान की केवल अंतिम अवस्था में अर्थपूर्ण होते हैं जबकि लागत एवं परिणाम के बीच सह-संबंध इतना निश्चित हो जाता है कि उसका आर्थिक विश्लेषण किया जा सके। सच कहा जाए तो यही अनुप्रयुक्त शोध एवं विकास में अनुंसधान के सूक्ष्म तथा वृहत स्तरों का अध्ययन करने की आधुनिक गणितीय-आर्थिक पद्धतियों को लागू किया जाता हैं शोध एवं विकास के अनुमानों के निर्धारण एवं नियंत्रण की अधिक पेचीदा विधियाँ संक्रिया के विश्लेषण पर आधारित होती हैं जिनमें अवस्थाओं (चरणों) का विभाजन तथा मशीन मॉडल का उपयोग किया जाता है।

सूक्ष्म स्तर पर इन पद्धतियों के प्रयोग से ठोस नतीजा प्राप्त होता है, परंतु इस बात से अवगत हो जाना आवश्यक है कि इन पद्धतियों को जल्दबाजी में अनुसंधान के बृहत् स्तर पर लागू नहीं करना चाहिए जहाँ बहुत अधिक पेचीदा निर्भरता के संबंध प्रचलित होते हैं—खासकर समाजवादी देशों में।

परंतु प्रचलित धारणा के विपरीत, इसका यह अर्थ नहीं कि वैज्ञानिक कार्यकलाप में निवेश की सार्थकता की कोई एक कसौटी नहीं हो सकती। ऐसी एक कसौटी अवश्य है और इसको सबसे पहले मार्क्स ने प्रस्तुत किया था जब उन्होंने लिखा : ''अचल पूँजी का विकास इस बात का संकेत है कि किस हद तक सामान्य रूप में सामाजिक ज्ञान **स्वयं अपने आप में उत्पादक शक्ति** बन गया है, और उसके उपरांत, इस बात का संकेत है कि किस हद तक सामाजिक जीवंत प्रक्रिया की स्थितियाँ सार्विक बुद्धि के नियंत्रण के अधीन हैं तथा उसके अनुसार रूपांतरित होती है; किस हद तक सामाजिक उत्पादक शक्तियों का निर्माण केवल ज्ञान के ही रूप में नहीं, परंतु सामाजिक व्यवहार के, वास्तविक जीवंत प्रक्रिया के प्रत्यक्ष उपकरणों के रूप में भी हो चुका है।''[16] 1974 में औद्योगिक उत्पादन में 83 प्रतिशत से अधिक वृद्धि श्रम उत्पादकता के बढ़ने का परिणाम थी।[17]

अचल परिसंपत्ति में गुणात्मक परिवर्तन बढ़ती हुई गति से हो रहा है। 1961 से 1965 तक, 1,900 अप्रचलित मशीनों, उपकरणों, संयंत्रों तथा औजारों का उत्पादन सोवियत मशीन-उद्योग में बंद कर दिया गया था; 1966 से 1970 तक, यह संख्या 2,500 तक, और 1971 से 1974 तक 5,800 तक पहुँच गई थी।[18] दूसरी ओर, 1966 से 1970 तक, नई प्रकार की मशीनरी तथा उपकरणों, संयंत्रों एवं औजारों के 21,300 मॉडल तैयार किए गए तथा उनका जत्थों में उत्पादन शुरू किया गया। 1971 से 1974 तक इनकी संख्या 15,900 थी। 1966 से 1970 तक, औसतन प्रतिवर्ष 1,35000 उत्पादन उपकरण इकाइयों का तथा 1971 से 1974 तक 1,53000 इकाइयों का आधुनिकीकरण किया गया। 1965 से 1975 तक, मशीनीकृत प्रवाहिता तथा स्वचालित (आटोमेटिड) लाइनों की संख्या लगभग तीन गुनी अर्थात क्रमशः 114, 108 तथा 17,072 हो गई।[19] सोवियत काल में प्रति मजदूर उपलब्ध शक्ति उद्योग में 33 गुना तथा बिजली शक्ति सुविधाएँ 53 गुना बढ़ गईं।[20]

अचल पूँजी का विकास ही वह कसौटी है जिससे वैज्ञानिक कार्यकलाप के **केवल आर्थिक ही नहीं बल्कि सामाजिक प्रभाव का भी** अनुमान लगाना संभव होता है, जो वृहत स्तर पर विशेष महत्व प्राप्त कर लेता है। सोवियत

संघ की कम्युनिस्ट पार्टी की 25वीं कांग्रेस में प्रस्तुत अपनी रिपोर्ट में सोवियत संघ के मंत्रिपरिषद के अध्यक्ष अ. न. कोसीगिन ने उत्पादन की कुशलता तथा लोगों के रहन-सहन के स्तर को ऊँचा उठाने के निर्णायक कारक के रूप में उत्पादन के चौतरफा सघनीकरण, वैज्ञानिक एवं तकनीकी प्रगति के तीव्रीकरण तथा श्रम उत्पादकता में वृद्धि की आवश्यकता पर बल दिया था।

सामाजिक प्रभाव का मापन इस बात से किया जाता है कि समाज में जीवन की स्थितियाँ किस हद तक युक्तिसंगत हो गई हैं तथा 'सार्विक बुद्धि के नियंत्रण' के अधीन आ गई हैं। इसमें, अन्य चीजों के अलावा, शामिल हैं : समाज की आवश्यकताओं एवं संसाधनों के वैज्ञानिक पूर्वानुमान का विकास, उत्पादन तथा वितरण की योजना, उपभोग का इष्टतमीकरण, इत्यादि। दूसरे शब्दों में, इसमें सामाजिक उत्पादन का वैज्ञानिक उत्पादन तथा वैज्ञानिक ढंग से प्रबंधित उत्पादन में रूपांतरण शामिल हैं। इस कसौटी को समाजशास्त्रीय विश्लेषण की विशेष पद्धतियों के उपयोग के लिए भी आधार के रूप में लिया जा सकता है जिसमें वैज्ञानिक कार्यकलाप की सामाजिक स्थितियों के अध्ययन में तंत्र-दृष्टिकोण अपनाया गया हो। इन पद्धतियों में गणितीय वैधिकता का व्यापक उपयोग किया जाता है (वैज्ञानिक ग्रुपों की मतगणना, विज्ञान सांख्यिकी के आंकड़ों का विधायन, शिक्षा, इत्यादि)।

तंत्र विश्लेषण की गणितीय (यदि परिमाणात्मक नहीं) पद्धतियाँ वैज्ञानिक ज्ञान की तार्किक संरचना, वैज्ञानिक अवधारणाओं के अनुक्रमण की अंतर्निहित नियमितताओं के अध्ययन में भी काम आती हैं।

स्वयं परिमाणात्मक पद्धतियों का उपयोग किसी हद तक विज्ञान तथा प्रविधि के इतिहास के अध्ययनों में किया जाता है, जिसमें ऐतिहासिक सांख्यिकी, ऐतिहासिक सूचना के प्रवर्गीकरण एवं विश्लेषण कीं मशीनी पद्धतियाँ, इत्यादि शामिल हैं।

परिमाणात्मक पद्धतियों के इस्तेमाल की दृष्टि से, वैज्ञानिक प्रयास के मनोवैज्ञानिक विश्लेषण के फलस्वरूप कुछ लाक्षणिक किस्म की मांगे उत्पन्न होती हैं जिसमें अनुसंधानकर्त्ता की सृजनात्मक प्रयोगशाला जैसा 'काल कक्ष' भी शामिल है। यहाँ, विशेषज्ञतापूर्ण मूल्यांकन की पद्धति (डेल्फी, इत्यादि) को सबसे अधिक स्वीकृति प्राप्त हुई है।

अधिगणितिकी की क्रिया-विधि

परिणामस्वरूप, विज्ञान नीति में सामान्य रूप से गणितीय पद्धतियों तथा विशेष रूप से परिमाणात्मक पद्धतियों की उपयुक्तता के महत्व को (न तो

बढ़ा-चढ़ा कर आंका जाना चाहिए और) न कम करके आंका जाना चाहिए। इसका संबंध विज्ञान के विज्ञान की विषय-वस्तु तथा सामान्य पद्धति दोनों से है, और खासकर इसकी विशेष पद्धतियों से है। सरसरी तौर पर किए गए विश्लेषण से भी एक काफी स्पष्ट निर्धारित क्षेत्र का अनुमान होता है जिसके परे शुद्ध परिमाणात्मक तथा सामान्य रूप से गणितीय पद्धतियों के प्रयोग से भी अनिश्चित परिणाम निकलते हैं। अतः, निवेदित सूचकांकों के आधार पर निवेदित ग्रिडों के विश्लेषण का निश्चित प्रभाव विज्ञान में हित-संबंधी समुदायों (तथाकथित 'अदृश्य ग्रुपों') को सामने लाने, अंतर्विज्ञान संबंधों की तीव्रता स्थापित करने, इत्यादि में अभिव्यक्त होता है। परंतु यह पद्धति अवश्य ही मुख्य नहीं कही जा सकती—वैज्ञानिकों की व्यक्तिगत सृजनात्मक उत्पादकता के मापन की एकमात्र प्रणाली होने की बात तो दूर रही।[21]

गणितीय वैधिकता से वैज्ञानिक कार्यकलाप के संगठन तथा संचालन का अध्ययन अनिवार्यतः अधिगणितिकी की वैधिकता की दिशा में बढ़ता है।

ज्ञान प्रणाली के रूप में विज्ञान प्रत्येक क्षण में परिमित है तथा संज्ञान की प्रक्रिया के रूप में अपरिमित हैं फलस्वरूप विज्ञान के विकास में वास्तविक द्वंद्व निहित रहता है, जिनको दूर करने के उपायों की खोज अनिवार्य हो जाती है। इसके सबसे प्रारंभिक प्रयास ज्ञान के किसी ऐसे 'निरपेक्ष' तथा श्रेष्ठ निकाय की खोज थे जो अंतर्द्वंद्वों से मुक्त हो। इन प्रयासों को विगत दो शताब्दियों में निर्मित विज्ञानों के सभी प्रकार के प्रवर्गों में प्रतिष्ठापित किया गया है।[22] 20वीं शताब्दी में स्पष्ट रूप से सिद्ध हो गया कि ये सारे प्रयास निरर्थ थे। एक के बाद एक ये सारे नये प्रवर्ग वैज्ञानिक प्रयोग में प्रचलित हुए बिना ही लुप्तप्राय हो गए। नतीजा यह हुआ कि उस खोज की दिशा बदल गई। ज्ञान की एक संपूर्ण तथा स्थैतिक तथा, परिणामस्वरूप, अवास्तविक प्रणाली की खोज करने के बजाय अब इस प्रयास का उद्देश्य किसी ऐसी कार्यविधि का पता चलाना था जो संज्ञान की प्रक्रिया में वास्तविक अंतर्द्वंद्वों को उचित रूप से प्रतिबिंबित करे तथा उसके साथ ही विकसित हो सके। गणित विद्या ने भी इसी अवधि में आत्म संज्ञान की आवश्यकता महसूस की, जिसने विज्ञान को स्वयं अपने विकास के नियमों के अध्ययन की दिशा अपनाने पर ऐसी ही कार्य-विधि प्रदान की। डेल्फी में अपोलों के मंदिर पर जो तीन सूत्र अंकित थे उनमें एक था 'स्वयं का ज्ञान कर', और अब ढाई हजार वर्ष बाद अचानक ये ज्ञात हुआ कि विज्ञान तथा उसकी गणितीय भाषा की आगे की प्रगति का यह एक अति आवश्यक नियम है।

आवश्यक कार्य-विधि प्रदान की अधिगणितिकी ने, सबसे बढ़कर समुच्चयों के सिद्धांत तथा उस पर आधारित तंत्रों के सिद्धांत ने। प्रमुख सोवियत गणितज्ञ अ. अ. ल्यापुनोव की 60वीं जन्मतिथि के अवसर पर लिखते हुए य. वासीलियेव ने कहा : "समुच्चयों के सिद्धांत में गणितीय पद्धति का उपयोग समग्र रूप से गणितिकी का, उसकी मूल अवधारणाओं का तथा उस आधार पर, पूरे गणितिकी की संरचना करने के बुनियादी प्रश्नों का, विश्लेषण करने के लिए किया जाता है। ...कोई आदमी कह सकता है कि जैसे मनुष्य आत्मनियंत्रण तथा आत्माधिकार की आवश्यकता का अनुभव करने लगता है उसी प्रकार गणितशास्त्र, एक बिंदु पर आने पर समुच्चय का सिद्धांत प्राप्त करता है।" गणित के गणित ने विज्ञान के विज्ञान को एक स्वाभाविक भाषा प्रदान की।

संरचना, जिसके द्वारा श्रेणीबद्ध स्तरों में अनंत का स्तरण उस हद तक होता है जिस हद तक उस पर समुच्चयों का सिद्धांत हावी है, विज्ञान के विकास के सिद्धांत और विशेषकर उसके संगठन के सिद्धांत के लिए एक अत्यंत लाभदायक धारणा थी। न. न. लूजीन, अ. अ. ल्यापुनोव तथा अन्य सोवियत गणितज्ञों ने समुच्चयों के संरचनात्मक लक्षणों तथा उनकी परस्पर संबंधित रचनाओं की प्रक्रियाओं के अध्ययन में मौलिक योगदान किया है।

प्रत्येक सांगठनिक संरचना में श्रेणीबद्ध स्तर होते हैं। विज्ञान नीति के संरचनात्मक स्तरों पर विचार किया जाए तो सहज ही पता चलेगा कि सूक्ष्म स्तर के सभी तत्व (शोध एवं प्रारूपण संस्थाएँ, विकास कार्यालय, उनके क्षेत्र, विभाग एवं प्रयोगशालाएँ) अधिस्तर के, उसके उपतंत्रों (अथवा, यदि बूल के बीजगणित--ऐलजेबरा--की भाषा तथा समुच्चयों के सिद्धांत का प्रयोग किया जाए तो, उपसमुच्चय) के भी तत्व हैं। अपने तौर पर, अधिस्तर के सभी तत्व (विज्ञान केंद्र, व्यापक शोध एवं विकास कार्यक्रम, अंतर्क्षेत्रीय समस्या पर परियोजनाएँ, संस्थाएँ, फर्म) राजकीय विज्ञान नीति के वृहत स्तर के उपतंत्र (उपसमुच्चय) का भाग हैं। इनमें से किसी भी उपतंत्र का उस तंत्र (समुच्चय) के प्रसंग के बाहर, जिसमें उसका प्रवर्धन होना है, न तो अवबोधन किया जा सकता है और न विवरण। विज्ञान संगठन के सूक्ष्म स्तर का विश्लेषण वैज्ञानिक ताने-बाने के अधिस्तर तक उसका प्रवर्धन करके, और इस ताने-बाने को विज्ञान नीति के वृहत स्तर तक प्रवर्धित करके ही किया जा सकता है। यह बात समुच्चय के सिद्धांत एवं अधिगणित के मूल प्रमेयों से उद्भूत है।[23]

"**ज**$_1$ में एक कथन **अ** ऐसा है कि न तो **अ** और न--**अ को ज**$_1$ की सूक्तियों से सिद्ध किया जा सकता है",[24] अथवा ग्युडेल के प्रसिद्ध अपूर्णता

प्रमेय के अनुसार ''प्रत्येक **व**–सुसंगत तथा उपयुक्त गणितीय तर्क अपूर्ण है'' ।[25] हम यह उल्लेख कर दें कि इस **प्रमेय** का भौतिक अर्थ ठीक वही है जो आइन्सटाइन के सापेक्ष सिद्धांत का है, जिसके अनुसार भौतिकी के सभी नियम उन निकायों के भीतर समान है। जिनका संचलन एक दूसरे के संबंध में सहज रेखात्मक तथा एकसार गति का होता है। यही कारण है कि किसी एक निकाय में स्थित एक प्रेक्षक इस निकाय के संचलन का अनुमान इस निकाय के भीतर सीमित प्रेक्षणों द्वारा नहीं कर सकता। ग्युडेल के अपूर्णता प्रमेय का पूरा भौतिक अर्थ निएल बोहर के संपूर्णता सिद्धांत में मिलता है जिसका अनुप्रयोग असाधारण रूप से व्यापक है।[26]

पूरकता के सिद्धांत तथा ग्युडेल के अपूर्णता प्रमेय से **बाह्य पूरक सिद्धांत** की उत्पत्ति हुई, जिसको प्रसिद्ध संतांत्रिकी-विशेषज्ञ (साइबर्नेटिक्स विशेषज्ञ) स्टैफर्ड बियर ने सूत्रबद्ध किया। इस सिद्धांत के अनुसार, किसी भी नकाय का अवबोधन या विवरण स्वयं उसकी परिधि के भीतर नहीं किया जा सकता। ऐसा करने के लिए, प्रदत्त निकाय **अ** की परिधि के बाहर जाना, और एक उच्चतर कोटि के निकाय से उसकी संपूर्ति करना आवश्यक है। अथवा, दूसरे शब्दों में, किसी निम्न कोटि के निकाय की अपर्याप्तता एक उच्चतर कोटि के निकाय (अधिनिकाय) में संक्रमण द्वारा दूर की जा सकती है। यह अधिनिकाय उस निम्न-कोटि निकाय का पथ तय करता तथा उसकी परिधि के भीतर असमाधेय अंतर्विरोधों को हल करना संभव बनाता है। सिद्धांततः इस संक्रमण की संभावना ग्युडेल के पूर्णता प्रमेय द्वारा सिद्ध हो चुकी है जिसके अनुसार : ''मान लीजिए कि **स कथनों** का एक सुसंगत समुच्चय है। तब **स** का एक प्रतिदर्श (माडेल) मौजूद है जिसकी गणनवाचकता **स** के अपरिमित होने पर **स** में कथनों की संख्या से अधिक नहीं हो सकती, तथा **स** के परिमित होने की स्थिति में यह गणनीय हैं।[27]

हम यह ध्यान रखें कि स्वयं समुच्चयों का सिद्धांत अपने प्रमेयों तथा इन पर आधारित बाह्य संपूरक सिद्धांत सहित, स्वयं अपने उपनिकायों (उपसमुच्चयों) की भाँति, गणित के अन्य सभी विभागों से संबंधित है। अतः बाह्य पूरक सिद्धांत का गहन रूप से मौलिक स्वरूप तथा इसके कार्यचलन का क्षेत्र असीमित है जो केवल प्रकृति की ही नहीं, बल्कि समाज की नियमितताओं पर भी हावी है। सच तो यह है कि एक दर्जन विश्वविद्यालयों की तुलना में व्यावहारिक तकनीकी आवश्यकता विज्ञान को कहीं अधिक तेजी से आगे बढ़ाती है और इसका सबूत अब 'वृहत विज्ञान' के अनुभव से मिलता है। कारण यह कि

व्यवहार की आवश्यकताएँ वैज्ञानिक ज्ञान की सैद्धांतिक क्षमता के बाह्य संपूरक के रूप में कार्य करती हैं। इसकी पूर्ति स्थैतिक स्थिति में नहीं, बल्कि गत्यात्मक प्रक्रिया में होती है। मानव ज्ञान के विस्तृत एवं गहन होने के साथ-साथ बाह्य तत्व आंतरिक तत्व में अधिकाधिक रूपांतरित होता जाता है, और फिर एक उच्चतर स्तर पर बाह्य तत्व के रूप में पुनः परिवर्तित होता है। इस प्रकार एक नए चक्र का प्रारंभ होता है। इतिहास साक्षी है कि बाह्य पूरक के माध्यम से, नियंत्रण के एक उच्च कोटि की व्यवस्था में संक्रमण द्वारा ही मानव जाति ने अपनी समस्याओं का समाधान किया है, उन्हें बाह्य क्षेत्र से आंतरिक क्षेत्र में ले आई है, और फिर उन्हें बाह्य क्षेत्र में पहुँचाया है।

कहा जा सकता है कि मनुष्यों ने सहजबुद्धि से काम लेकर बाह्य पूरक सिद्धांत का प्रयोग संतांत्रिकी द्वारा उसका प्रतिपादन होने के बहुत पहले ही प्रारंभ कर दिया था। झगड़ों का निपटारा करने के उद्देश्य से उन्होंने न्यायालय स्थापित किए, और इस प्रकार समाज के हाथों में अपने सदस्यों के बीच टकरावों को समाप्त करने के लिए एक जरिया दिया। इस बीच, बड़े किस्म के झगड़ों का निबटारा करने की जिम्मेदारी राज्य ने संभाली जो न्यायालयों की भांति ही, शासक वर्गों के हाथों में नियंत्रण का एक साधन थी। अंततः, राज्यों के बीच झगड़ों का निबटारा करने के लिए अंतर्राष्ट्रीय कानून बनाए गए जिनमें युद्ध एवं शांति का कानून भी शामिल है। परंतु ये सब भी अपर्याप्त सिद्ध हुए, अतः एक और 'वरिष्ठ तंत्र'—चर्च—स्थापित किया गया। परंतु चर्च भी सामाजिक विकास से उत्पन्न होने वाले टकरावों का निबटारा करने में असमर्थ रहा। विचारधारात्मक तथा सामाजिक क्रांतियों ने इसकी जड़ें खोद डालीं, तथा विश्व के प्रमुख धर्म स्वयं अनेक छोटे-छोटे धार्मिक गुटों में विभाजित हो गए।

आज, वैज्ञानिक एवं तकनीकी क्रांति के इस युग में यह विचार व्यापक रूप से व्याप्त है कि विज्ञान सर्वोच्च अधितंत्र के प्रकार्यों को संभालने लगा है। जैसा कि विख्यात सोवियत वैज्ञानिक, अकादमीशियन व. इ. वर्नादस्की ने कहा है, न तो विश्व धर्म और न दर्शनशास्त्र ही मानवजाति के समक्ष उठने वाली समस्याओं का समाधान करने में समर्थ हुआ। ''वैज्ञानिक विचार—जो सभी के लिए समान हैं—तथा वैज्ञानिक पद्धतियों ने भी, जो सभी के लिए समान हैं, अब समस्त मानव जाति को अपनी पकड़ में ले लिया है, वे पूरे जीव मंडल में फैल रही हैं, और उसे एक ज्ञानमंडल में रूपांतरित कर रही हैं।

''यह एक नई संघटना है जो विज्ञान की वर्तमान प्रगति को, वैज्ञानिक सृजनात्मकता के विस्फोट को विशेष महत्व प्रदान कर रही है।''[28]

महान भौगोलिक अन्वेषणों ने जहाँ मानवजाति के पार्थिव क्षितिजों को विस्तारित किया, उसे इस भूमंडल की एक अधिक व्यापक तथा प्रवर्धित अवधारणा प्रदान की, वहीं महान अंतरिक्ष-संबंधी अन्वेषणों ने उसे ब्रह्मांड की अनंतता की तथा उसके भीतर 'मानवों के भूमंडल' के वास्तविक स्थान की एक ठोस अनुभूति प्रदान की है। यह ध्यान रहे कि अंतरिक्ष का अन्वेषण आवश्यक तथा संभव तभी हुआ जब मानव द्वारा प्राप्त ऊर्जा क्षमताओं तथा उड़ान की गतियों के कारण भूमंडल बहुत छोटा लगने लगा। सोवियत तथा अमरीकी अंतरिक्ष कार्यक्रमों द्वारा केवल अंतर्राष्ट्रीय कानून को ही नहीं (जिसके भीतर अंतरिक्ष कानून का भी विकास एक शाखा के रूप में हुआ है), बल्कि समकालीन राजनीतिक चिंतन को भी एक उच्चतर स्तर पर ले जाने में सहायता मिली है।

परिणामस्वरूप, परिस्थितियाँ जैसी भी हों, हमें विकास की सामान्य तथा व्यापक दिशा को आँखों से ओझल नहीं होने देना चाहिए, जिससे बाह्य पूरक सिद्धांत के आधार पर विज्ञान नीति की मूल समस्याओं का समाधान प्राप्त होता है। लेनिन ने कहा है : ''जो कोई भी सामान्य समस्याओं को पहले से तय किए बिना विशिष्ट समस्याओं से निबटता है, उसे अनिवार्यतः तथा प्रत्येक कदम पर, अनजाने ही इन सामान्य समस्याओं का 'सामना करना पड़ेगा'। अलग-अलग प्रत्येक स्थिति में आँख मूंद के उनका सामना करना अपनी नीतियों को सबसे घटिया ढुलमुलपन एवं सिद्धांतहीनता का शिकार बना देना है।''[29] इस नियम को सामने रखते हुए, विज्ञान नीति में किसी निम्न कोटि की व्यवस्था की अपर्याप्तता को एक उच्चतर कोटि की नियंत्रण व्यवस्था (अधितंत्र) में संक्रमण द्वारा दूर किया जा सकता है।

दूसरे शब्दों में, वे अंतर्द्वंद्व, जिनका समाधान किसी नियत व्यवस्था की परिधि के भीतर नहीं हो सकता है, सिद्धांततः एक ऐसी अधिक बड़ी व्यवस्था की परिधि के भीतर हल किए जा सकते हैं जो नियत व्यवस्था का पथ तय करती है। व्यवस्था के पूर्ण वर्णन के लिए भाषा की अपर्याप्तताएँ अधिव्यवस्था के अनुरूप एक अधिभाषा के सहारे दूर की जा सकती हैं। बाह्य पूरक सिद्धांत को, जिसका तात्पर्य यह है कि किसी भी वास्तविक (परंतु कृत्रिम नहीं) अंतर्द्वंद्व को अंततः हल किया जा सकता है, भलीभांति आशावाद के सिद्धांत की संज्ञा दी जा सकती है।

जो भी हो, अंतर्विरोधों (समस्याओं) को सिद्धांततः निबटाने की संभावना तथा उनके वास्तविक समाधान में आम तौर पर काफी दूरी रहती है। संभावनाओं

को वास्तविकता में बदलने का काम बाकी रहता है, तथा बाह्य पूरक सिद्धांत यदि वास्तविक अंतर्विरोधों पर गंभीरतापूर्वक विचार करने की अपनी मांग की उपेक्षा करे तो वह स्वयं के प्रति सच्चा नहीं रहेगा।

यही कारण है कि संतांत्रिकी में इस बात का पूरा ध्यान रखा जाता है कि किसी समस्या का एक नियत निकाय की परिधि से किसी अधिनिकाय की अधिक व्यापक परिधि में स्थानांतरण केवल अनिश्चितता लागू करने की कीमत पर ही किया जा सकता है, या अधिक सही शब्दों में कहा जाए तो, बाह्य नियंत्रण के पूरक क्रम में 'काल कक्ष'[30] को शामिल करके किया जा सकता है।

जैसे-जैसे हम वैज्ञानिक तथा तकनीकी क्रांति के रचना कौशल में नियंत्रण के विषय के रूप में (तथा कर्ता के रूप में भी) विज्ञान के विश्लेषण की ओर बढ़ते हैं, गणितीय (और केवल परिमाणात्मक ही नहीं) भाषा की सीमाएँ तथा इनको अधिगणितीय भाषा की सहायता से दूर करने की संभावनाएँ उभर कर सामने आती हैं। आइए हम इस विश्लेषण का आरंभ वैज्ञानिक कार्यकलाप के प्राथमिक आधार से, विज्ञान के मनुष्य से तथा वैज्ञानिक संगठन के साथ उसके संबंधों से करें।

संदर्भ

1. **फ्रांसिस बेकन की रचनाएँ,** खंड 2, लंदन, 1826, पृ. 361 (अंग्रेजी में)।
2. विज्ञान का स्व-विकास, वास्तव में, मानवजाति की गूढ़तम सामाजिक आवश्यकता की एक अभिव्यक्ति है, 'अर्थात जानो ताकि योग्य बनो।' इस आवश्यकता का विकास प्रकृति के विकास में प्रथम शक्ति के रूप में मनुष्य तथा मानव समाज की रचना के साथ हुआ है, जिसने निष्क्रिय नहीं, बल्कि सक्रिय रूप में अपने आप को वातावरण के अनुकूल बनाया है। अधिकाधिक पूर्ण तथा अधिक प्रामाणिक ज्ञान की उत्सुकता मानव जाति की सामाजिक प्रगति से अलग नहीं की जा सकती। हमारे युग में, ज्ञान अर्जन सामाजिक उत्पादन की पहले एक समान और फिर प्रमुख शाखा बन जाती है। जैसा कि मार्क्स ने पूर्वानुमान किया था, उत्पादन प्रक्रिया का एक कारक, और यह भी कहा जा सकता है कि, उसका प्रकार्य बन रहा है।
3. सोवियत सांख्यिकी प्रणाली यह है कि शोधकर्ताओं की संख्या में अकादमीशियन, सभी अकादमियों के पूर्ण सदस्य तथा संवादी सदस्य; विज्ञान के उपाधि प्राप्त डाक्टर तथा प्रार्थियों को अथवा प्रोफेसर, सहायक प्रोफेसर, वरिष्ठ शोध सहयोगी, कनिष्ठ शोध सहयोगी तथा सहायक की पदवी-प्राप्त लोग, चाहे उनके कार्य का स्थान एवं स्वरूप कुछ भी हो; वैज्ञानिक संस्थानों में शोधकार्य में तथा उच्चतर शिक्षा के संस्थानों में

शिक्षण तथा वैज्ञानिक कार्य में रत व्यक्ति, चाहे वे वैज्ञानिक उपाधि अथवा वैज्ञानिक पदवी प्राप्त हो या न हों, और साथ ही बिना वैज्ञानिक उपाधि प्राप्त या बिना वैज्ञानिक. पदवी-प्राप्त विशेषज्ञ, जो औद्योगिक उद्यमों तथा प्रारूप संगठनों में शोध कार्य करते हैं, शामिल किए जाते हैं (1975 में सोवियत संघ का अर्थतंत्र, मास्को, 1976, पृ. 780, रूसी में)।

4. 1975 में सोवियत संघ का अर्थतंत्र, पृ. 533।
5. व. अ. पोक्रोव्स्की, 'वैज्ञानिक तथा तकनीकी प्रगति के संचालन में **आर्थिक पद्धतियों के सुधार की समस्याएँ'। वैज्ञानिक तथा तकनीकी प्रगति के आर्थिक प्रश्नों के संबंध में अंतर-जनतंत्रीय वैज्ञानिक सम्मेलन की कार्यवाहियाँ में** प्रकाशित, भाग 1, येरेवान, 1973 (रूसी में)।
6. मानकीय उसे कहते हैं जो एक ऐसे **मानक** के अधीन होती है, जिसे एक स्वतंत्र परिवर्ती माना जाता है—सामान्यतया, योजना की पूर्ति द्वारा प्राप्त लक्ष्य। लक्ष्य को प्राप्त करने के उपाय तथा साधन ही सब मिला कर योजना के प्रकार्य हैं (देखिए व. ग. अफनासियेव, **सामाजिक सूचना तथा समाज का प्रशासन,** मास्को, 1975, पृ. 119-20 रूसी में)।
7. व. ई. क्रेम्यान्स्की **जैव पदार्थ के जीवन के संरचनात्मक स्तर,** मास्को, 1969, पृ. 10 (रूसी में)।
8. देखिए, **विज्ञान के संचालन तथा संगठन के सिद्धांत एवं व्यवहार के प्रश्न, मास्को,** 1975 (रूसी में)।
9. मार्क्सवादी राजनीतिक अर्थशास्त्र में 'उत्पादन संबंधों' के शब्दों का प्रयोग उन संबंधों के लिए किया जाता है जो भौतिक पदार्थों के सामाजिक उत्पादन में लोगों के बीच स्थापित होते हैं और जिनका स्वरूप, सर्वोपरि, इससे निर्धारित होता है कि उत्पादन साधनों का स्वामी कौन है। उत्पादन साधनों में निजी संपत्ति उन लोगों के श्रम का शोध करना संभव बना देती है जिनके पास कोई निजी संपत्ति नहीं होती।
10. 'अपधर्मी का उदाहरण' जो किसी विचार प्रणाली को—'प्रतिमानों' को, टामस एस. कुहन के अनुसार, अस्वीकार करता है, विज्ञान के सूचना माडल का खंडन नहीं करता बल्कि केवल यह प्रदर्शित करता है कि यह माडल अत्यंत गतिक है और सतही नहीं है।
11. देखिए अध्याय सात।
12. **फ्रेडरिक एंगेल्स, प्रकृति का द्वंद्ववाद,** मास्को, 1974, पृ. 257 (अंग्रेजी में)।
13. **साइंस,** संख्या 146, अंक 3642, 16 अक्तूबर 1964, पृ. 351-520।
14. **साइंस,** संख्या 167, अंक 3920, 13 फरवरी 1970, पृ. 957-59।
15. **एरिश यांतश, प्रौद्योगिकी पूर्वानुमान का संदर्श, ओईसीडी,** 1967, पृ. 148-55 (अंग्रेजी में)।
16. कार्ल मार्क्स, *grundrisse der kritik der politischen Okonomie (Rohentwurf)* 1875-1858, बर्लिन, 1974, पृ. 594।
17. **1974 में सोवियत संघ के आंकड़े,** मास्को, 1975, पृ. 36 (रूसी में)।
18. **सोवियत संघ का अर्थतंत्र,** 1922-1972, मास्को, 1973, पृ. 73 (रूसी में)।
19. 1973 में **सोवियत संघ का अर्थतंत्र,** मास्को, 1974, पृ. 185-87; 1974 में **सोवियत संघ के आंकड़े,** मास्को, 1975, पृ. 75; 1975 में **सोवियत संघ का अर्थतंत्र,** पृ. 173

(रूसी में)।

20. 1975 में **सोवियत संघ का अर्थतंत्र,** पृ. 174।
21. प्रत्येक शोधकर्त्ता जानता है कि स्वयं वैज्ञानिक परिणामों के प्रकाशन को वास्तविक स्थितियों का स्वरूप हमेशा वैज्ञानिक नहीं होता। यह बात और अधिक हद तक वैज्ञानिक हवालों की नैतिकता पर लागू होती है।
22. देखिए, बी. एम. केद्रोव का **विज्ञानों का प्रवर्गीकरण,** खंड 1, मास्को, 1960; खंड 2, मास्को, 1965 (रूसी में)।
23. देखिए राबर्ट आर. स्टाल, **समुच्चय, तर्क और स्वयंसिद्ध सिद्धांत,** सन फ्रांसिस्को तथा लन्दन, 1961 (अंग्रेजी में)।
24. पाल जे. कोहेन, **समुच्चय सिद्धांत और सांतत्यक परिकल्पना,** न्यूयार्क, 1966 पृ. 39।
25. शास्त्रीय तर्क का कहना है कि एक सही निगमनिक में कम से कम एक आधारिका को सामान्य स्वीकारोक्ति या सामान्य निषेध होना चाहिए और नहीं तो परिणाम सही नहीं होगा या उसके सामान्यीकरण होने का दावा नहीं किया जा सकता। अंशव्यापी आधारिकाओं से अंशव्यापी परिणाम ही निकल सकते हैं। दूसरे शब्दों में, किसी समस्या का एक निश्चयात्मक सामान्य समाधान प्राप्त करने के लिए उसको सूत्रबद्ध करते समय ही विशिष्टताओं की परिधि के परे जाना आवश्यक है।
26. एन. बोहर, **आणविक भौतिकी और मानव ज्ञान,** न्यूयार्क, 1958, पृ. 99 (अंग्रेजी में)।
27. पाल जे. कोहेन, **समुच्चय सिद्धांत तथा सांतत्यक परिकल्पना,** पृ. 13 (अंग्रेजी में)।
28. व. ई वर्नादस्की, **वैज्ञानिक विचार एक भूमंडलीय संघटना के रूप में** (वैज्ञानिक विरासत), सोवियत संघ की विज्ञान आकदमी का अभिलेखागार (रूसी में)।
29. ब्ला. इ. लेनिन, 'पूँजीवादी पार्टियों के प्रति रुख', **संग्रहीत रचनाएँ,** खंड 12, पृ. 489 (अंग्रेजी में)।
30. यह समझने के लिए कि 'काल कक्ष' बाह्य पूरक सिद्धांत के आधार पर समस्याओं का समाधान करने में किस प्रकार काम करता है, हम एक झूठ के बारे में डुलिया के जेनो की प्रसिद्ध संशयोक्ति पर विचार करें : "क्रीट-निवासी क कहता है कि सभी क्रीट निवासी झूठे हैं। क्या क सच बोल रहा है?" इस युक्ति का समाधान अपरिमितता द्वारा समस्या की परिधि का निम्नलिखित विस्तार करके हो सकता है : क्रीट-निवासी **सभी लोगों की भाँति** कभी सच बोलते हैं, और कभी नहीं बोलते हैं। यहाँ 'सभी लोग' 'क्रीट-निवासियों' के संदर्भ में अधिनिकाय हैं, तथा 'कभी' अपनी अनियमितता के कारण 'काल-कक्ष' है (क्योंकि हम नहीं जानते कब, 'किस अवसर पर' क्रीट-निवासी क बोला है)। बहरहाल, इस अधिनिकाय में संक्रमण के फलस्वरूप हम क का कथन स्वीकार नहीं करते कि उसके दावे निरपेक्ष तथा सार्विक हैं : आखिर क भी मानव है और मानव स्वभाव के उतार-चढ़ाव के अधीन है। (देखिए, ए. ओ. माकोवेल्स्की, **तर्क शास्त्र का इतिहास,** मास्को 1967, पृ. 62, रूसी में)।

मानव तथा विज्ञान-संगठन

उत्पादक शक्तियों के विभिन्न तत्वों के विकास में प्रगति कितनी ही युगांतकारी क्यों न हो, एक व्यवस्था के रूप में उनकी संरचना का महत्व अधिकाधिक बढ़ता जा रहा है। भौतिक तथा बौद्धिक मूल्यों के सामाजिक उत्पादन में कार्यरत मानवों के बीच परस्पर संबंध, उनके श्रम के उपकरण तथा वे प्राकृतिक शक्तियाँ, जिनका वे उपयोग करते हैं, अधिकाधिक उभर कर सामने आने लगी हैं। आज उत्पादक शक्तियों की व्यवस्था के विकास में विज्ञान तथा सामाजिक श्रम एवं उत्पादन के संगठन को काफी बड़ी भूमिका अदा करनी है।

विज्ञान के कार्य क्षेत्र में अभूतपूर्व विस्तार हुआ है। आज वह सामाजिक जीवन एवं क्रियाकलाप का एक मौलिक तथा प्रमुख क्षेत्र बन गया है, और इसकी अभिव्यक्ति इस बात में होती है कि विश्व भर में शोध एवं विकास में निवेशों के निरपेक्ष तथा सापेक्ष महत्व में स्पष्ट वृद्धि हुई है। यूनेस्को (संयुक्त राष्ट्र संघ का शैक्षणिक, वैज्ञानिक तथा सांस्कृतिक संगठन) के एक अनुमान के अनुसार, विश्वव्यापी शोध एवं विकास निवेशों की मात्रा कुल मिलाकर लगभग उतनी ही है जितनी ब्रिटेन जैसे देश की राष्ट्रीय आय। इस शताब्दी के प्रारंभ से अब तक, इन निवेशों में कम से कम 50 गुना वृद्धि हुई है; औद्योगिक देशों के सकल राष्ट्रीय उत्पाद में शोध एवं विकास निवेशों का भाग 1.6 तथा 3 प्रतिशत के बीच है।[1]

इसका एक और सूचक वैज्ञानिक कर्मियों की निरपेक्ष तथा सापेक्ष संख्याओं में वृद्धि है। अभी ही, वैज्ञानिक कर्मियों की संख्या, उदाहरण के लिए नार्वे जैसे देश की जनसंख्या के बराबर पहुँच रही है। विश्व की प्रत्येक 1000

की आबादी पर एक शोधकर्ता है।

परंतु वर्तमान स्थितियों में, शोधकर्ताओं का काम सहायक एवं सेवाकर्मियों के बिना नहीं चल सकता। इनकी संख्या औसत शोधकर्ताओं की तुलना में दो या तीन गुना अधिक है।[2] आज विश्व भर में लगभग 1 करोड़ 60 लाख पुरुष और महिलाएँ विज्ञान तथा वैज्ञानिक सेवाओं में कार्यरत है।

वैज्ञानिक क्रियाकलाप के बढ़ते पैमाने, साथ ही इसके समक्ष उपस्थित कार्यभारों की जटिलता ने इसकी संगठनात्मक संरचना का विकास निर्धारित किया है। एकांकी वैज्ञानिकों का 'लघु विज्ञान', जिनकी कुछ प्रयोगशालाएँ तथा शैक्षणिक विभाग हुआ करते थे, अब बड़े वैज्ञानिक ग्रुपों के 'वृहत विज्ञान' में परिणत हो गया है। इनका संगठन उच्च स्तर का है।

और स्वयं संगठन, सर्वप्रथम सामाजिक श्रम एवं उत्पादन के संगठन का विकास, वैज्ञानिक क्रियाकलाप के विकास द्वारा अधिकाधिक निर्धारित होता है। इस प्रभाव की व्यापकता तथा गहनता का सीधा अनुपात इस बात से होता है कि विज्ञान किस हद तक उत्पादक शक्तियों का प्रमुख तत्व बन गया है और किस हद तक विज्ञान के सामाजिक प्रकार्य में वृद्धि हुई है। विज्ञान ज्यों-ज्यों अधिक संगठित होता है समाज के विकास पर उसका प्रभाव बढ़ता जाता है, और संगठन जैसे-जैसे वैज्ञानिक स्वरूप धारण करता है समाज पर उसके प्रभाव में वृद्धि होती जाती है। विज्ञान तथा संगठन के परस्पर बढ़ते हुए अंतर्बेधन के परिणामस्वरूप, समाजवादी समाज में दोनों की प्रवृत्ति वैज्ञानिक संगठन में, इस शब्द के व्यापक तथा संकीर्ण दोनों अर्थों में—समाज के वैज्ञानिक संगठन तथा स्वयं विज्ञान के वैज्ञानिक संगठन में—समालयन की होती है। केवल अत्यंत संगठित विज्ञान ही, इस शब्द के पूरे अर्थ में, आधुनिक समाज की उत्पादक शक्ति बन सकता है। और समााजिक श्रम एवं उत्पादन का वैज्ञानिक संगठन ही अपनी कार्यकुशलता के स्तर को वैज्ञानिक एवं तकनीकी क्रांति की आवश्यकताओं तथा कम्युनिस्ट निर्माण के कार्यभारों के स्तर तथा ऊँचा उठाने में सक्षम होता है।

विज्ञान तथा संगठन का संश्लेषण, व्यापक तथा संकीर्ण दोनों अर्थों में, वैज्ञानिक संगठन का विकास, उत्पादक शक्तियों की स्थिति में मौलिक परिवर्तन लाता है (और परिणामस्वरूप सामाजिक संबंधों में भी)। विज्ञान तथा संगठन के संश्लेषण के रूप में वैज्ञानिक संगठन पूरे समाज की उत्पादक शक्तियों के निर्देशक केंद्र-बिंदु के रूप में अधिकाधिक भूमिका अदा करता हैं विज्ञान एंव संगठन का तथा संगठन एवं विज्ञान का समालयन वर्तमान वैज्ञानिक एवं

तकनीकी क्रांति का प्रधान पथ है। अतः, निश्चय ही कहा जा सकता है कि संगठित विज्ञान का विकास तथा सामाजिक श्रम का वैज्ञानिक संगठन ही समाज की उत्पादक शक्तियों के समस्त तत्वों को एक वास्तविक तंत्र में परिणत करने में सहायक होते हैं।

इसकी सर्वाधिक पुष्टि 20वीं शताब्दी के उत्तरार्द्ध में वैज्ञानिक एवं तकनीकी तथा सामाजिक-राजनीतिक विकास के बीच विविध एवं गहरे अंतर्विरोधों से होती है। उत्पादक शक्तियों की व्यवस्था के तत्वों को जोड़ने वाली कड़ी अधिकाधिक आवश्यकता तथा अनविार्य प्रतीत होने लगती है। इनमें से किसी भी तत्व के एकपक्षीय तथा पृथक विकास का अपरिहार्य नतीजा होगा व्यवस्था के भीतर संतुलन की गंभीर और अक्सर होने वाली असाध्य छिन्न-भिन्नता। उत्पादक शक्ति की व्यवस्था का असमान एवं अंतर्विरोधपूर्ण विकास निश्चित स्थितियों में, सर्वाधिक, लुप्तप्राय उत्पादन संबंधों के प्रभाव का प्रतिबिंब होता है। समूचे विश्व में प्रगतिशील सामाजिक संबंधों की विजय द्वारा ही स्व-विनियमन तथा स्व-संगठन के आधार पर उत्पादक शक्तियों की व्यवस्था के सामंजस्यपूर्ण विकास की वास्तविक संभावनाएँ उत्पन्न हो सकती हैं।

परंतु आज भी, उत्पादक शक्तियों का सामाजिक स्वरूप, प्राथमिक ग्रुप से लेकर पूरे देश तक, संगठन एवं नियंत्रण के प्रत्येक स्तर पर स्वयं को प्रकट कर रहा है। यह भी जरूरी है कि उत्पादन की प्रक्रिया में तथा वैज्ञानिक एवं तकनीकी कुशलताओं को लागू करने में मानव तथा संगठन के बीच उत्पन्न होने वाली समस्याओं का समाधान करने में व्यवस्था उपागम के दृष्टिकोण से काम लिया जाए।

संगठन की साम्यस्थैतिकता तथा वैज्ञानिकों की मतांतरवादिता

आइए अब हम विज्ञान के कार्य के स्वरूप पर विचार करें। इसके विशेष लक्षण क्या हैं?

विज्ञान में कार्य मूलतः सहकारी तथा सामूहिक होता है। 'वैज्ञानिक' शब्द से तात्पर्य ही ऐसे व्यक्ति से होता है जिसे प्रशिक्षण दिया गया है तथा जिसने अपने पूर्ववर्तियों तथा समकालीन लोगों द्वारा, खासकर उसके अपने विशेष क्षेत्र में, प्राप्य वैज्ञानिक ज्ञान को अर्जित किया है। कोई वैज्ञानिक अन्वेषण कभी भी शून्य में नहीं किया जाता। यह न्यूटन ही थे जिन्होंने कहा था कि वह महान व्यक्तियों के कंधे पर खड़े हैं। वैज्ञानिक क्रियाकलाप की अभूतपूर्व गति एवं व्यापकता के इस युग में वैज्ञानिक कार्य का सहकारी स्वरूप

और भी अधिक स्पष्ट हो चुका है। इसके अतिरिक्त 20वीं शती में वैज्ञानिक कार्य, मूलतः प्रत्यक्ष सामाजिक श्रम होने के कारण, संयुक्त कार्य भी है जिसका अर्थ है कि इसमें व्यक्तियों का प्रत्यक्ष सहयोग जरूरी है।

वैज्ञानिक ज्ञान के विकास के लिए 'प्रमाण पत्रों' की आवश्यकता होती है, अर्थात कार्य-विधियों, आधारतत्व तथा आधारिकाओं का, जो समस्त वैज्ञानिक समुदाय में समान होते हैं। हवाला देने के अधिकार की आवश्यकता होती है। इन प्रमाण पत्रों के फलस्वरूप समाज किसी व्यक्ति के काम के परिणामों को वैज्ञानिक कार्यकलाप के उचित उत्पाद के रूप में स्वीकार करता है। इस प्रकार निर्वैयक्तिक रूप में इन नतीजों का समाजीकरण होता है, जो समस्त आत्मनिष्ठ लक्षणों से रहित होते हैं।

वैज्ञानिक उपलब्धियों की सामाजिक मान्यता सर्वोपरि वैज्ञानिक ग्रुपों में निहित रहती है। सभी प्रत्यक्ष सामाजिक अथवा संयुक्त श्रम की भांति, जो अपेक्षाकृत बड़े पैमाने पर संपन्न किए जाते हैं, हमारे समय के अनेक वैज्ञानिक ग्रुपों के कार्य के लिए 'संचालनकर्ता अधिकारी की न्यूनाधिक' आवश्यकता होती है, जो अलग-अलग व्यक्तियों के बीच ताल-मेल बैठा सके, और इन सामान्य कामों को कर सके जिनका करना संयुक्त संघटन के उस कार्य के कारण आवश्यक हो जाता जो इस संयुक्त संघटन के अलग-अलग अंगों के कार्य से बिल्कुल भिन्न होता है। अकेला वायलिनवादक खुद अपना संचालक होता है। परंतु वाद्यवृंद के लिए एक अलग संचालक की आवश्यकता होती है।''[3] 20वीं शताब्दी के उत्तरार्द्ध में विज्ञान की परिकल्पना विशिष्ट संगठन तथा नियंत्रण के बिना नहीं की जा सकती, और उसे प्रत्येक वैज्ञानिक, चाहे वह अकेले ही क्यों न काम करता हो, भली-भाँति महसूस करता है।[4]

परंतु, समकालीन वैज्ञानिक कार्य के इन विशेष लक्षणों से यह नतीजा निकलता है कि वैज्ञानिक, जिसकी हैसियत अभी कुछ दिनों पहले तक एक 'उदारवारी कलाकार' जैसी थी, अब परिस्थितियों के हाथों मजबूर होकर 'संगठन-व्यक्ति' बनता जा रहा है। निश्चय ही, इस रूपांतरण के रूपों तथा प्रवृत्तियों पर सामाजिक व्यवस्था के स्वरूप की छाप तो पड़ती ही है, परंतु, बहरहाल, अनेक जटिल सामाजिक-मनोवैज्ञानिक समस्याएँ भी उभरने लगती हैं।

बात यह है कि विज्ञान तथा संगठन का संश्लेषण, जिस पर ऊपर विचार किया गया है, एक बहुस्तरीय एवं पर्याप्त रूप से पेचीदा विकास के माध्यम से होता है। संगठन का स्वरूप वैज्ञानिक क्रियाकलाप की अंतर्वस्तु के प्रति तथा इसके विकास की आवश्यकताओं के संबंध में कोई तटस्थ तत्व नहीं

होता। संगठन का अध्यावरण इस उद्देश्य से जारी किया गया था कि इस क्रियाकलाप को प्रतिकूल बाहरी प्रभावों से बचाए रखा जा सके। शताब्दियों से संगठन ने काफी सफलता के साथ इस कार्य को पूरा किया है। यह अकादमिक स्वतंत्रताओं तथा 'विश्वविद्यालय स्वायत्तता' की भूमिका से स्पष्ट है। अकादमिक स्वतंत्रताओं तथा 'विश्वविद्यालय स्वायत्तता' ने विभिन्न हदों तक वैज्ञानिकों को शासन अधिकारियों, धर्मावलंबियों इत्यादि के हस्तक्षेप से सुरक्षा प्रदान की है।

निस्संदेह, यह सही है कि वैज्ञानिक संगठनों की स्वाधीनता बड़ी हद तक सापेक्ष थी, क्योंकि अकादमिक स्वतंत्रताएँ स्वयं अक्सर बिकाऊ माल बन गई थीं। शामफोर्थ ने पते की बात कही है कि फ्रांसीसी अकादमी ने अपने विशेष अधिकारों का अनुदान करके ही अपने अस्तित्व को बचाए रखा। यही बात अन्य देशों पर भी लागू होती है जहाँ प्रभावशाली व्यक्तियों को अकादमियों का सम्मानित सदस्य, यहाँ तक कि अध्यक्ष भी, चुना गया।

वैज्ञानिक संगठनों के संरक्षात्मक कार्य वर्गों द्वारा स्थापित स्वीकृत वैधानिक व्यवस्था के दायरे के भीतर सीमित रहे हैं। ज्यों ही किसी विश्वविद्यालय ने किसी 'विधर्मी या अनधिकृत मत' की रक्षा का बीड़ा उठाया, प्राधिकारियों ने 'विश्वविद्यालय स्वायत्तता' की बात तुरंत भुला दी और तब विज्ञान के विकास का ही नहीं, बल्कि विश्वविद्यालय के अस्तित्व को ही बचाने का प्रश्न उठ खड़ा हुआ। इस प्रकार, उत्तरी अमरीका में जो वैज्ञानिक संगठन अधिकांशतः विश्वविद्यालयों तथा कालेजों को परेशान करने के लिए स्थापित किए गए थे, उन्होंने अकादमियों का दर्जा प्राप्त करने का बहुधा प्रयास किया (भले ही अपने राज्य के पैमाने पर ही)।

अमरीकी दार्शनिक बैरोज़ डनहम ने टिप्पणी की है कि विज्ञान के लिए कुछ ऐसी बातें आवश्यक हैं, जो केवल संगठनों द्वारा उपलब्ध हो सकती हैं : जैसे हजारों प्रशिक्षित पर्यवेक्षक जो साथ मिलकर काम करते हों, तथा प्रयोग की व्यापक प्रविधि। परंतु इसके लिए नई सूचना प्राप्त करने की तत्परता, तथा पहले से चले आने वाले सिद्धांतों का, जो गलत सिद्ध हो चुके हों, त्याग करने अथवा उन पर पुनः विचार करने की भी आवश्यकता होती है। यदि प्रत्येक संगठन का उद्देश्य अपने अस्तित्व की संरक्षा है, यदि इस अस्तित्व के लिए सदस्यों की एकता तथा निष्ठा आवश्यक है, और यदि विश्व का एक विशेष विवरण उस एकता के लिए जरूरी है, तो उस विवरण के लिए मुख्य शर्त यथार्थ के साथ उसकी अनुकूलता नहीं रहेगी, बल्कि सदस्यों द्वारा अपने को स्वीकार कराने की क्षमता होगी। "अतः यदि...रूढ़िवादिता की रक्षा नेतृत्व

द्वारा की जाती है तो विज्ञान को सदा तथा हर जगह अपधर्मी होना पड़ेगा।"[5]

प्रत्येक संगठन अपने प्रकार्यों के फलस्वरूप, स्थायित्व की ओर उन्मुख होता है, इस अवस्था को सुरक्षित रखने की ओर जिसके अनुकूल उसकी रचना हुई है। इसी कारण वह वैज्ञानिकों सहित अपने सभी सदस्यों से यह तकाजा करता है कि वे स्थापित सिद्धांतों, नियमों तथा धारणाओं का उल्लंघन न करें। दूसरे शब्दों में, पुरातन काल से ही परंपरावाद को किसी भी संगठन की सदस्यता का मुख्य सद्गुण माना गया है।

इस 20वीं शताब्दी में भी परम्परावाद कोई विरल वस्तु नहीं, बल्कि अनेक वैज्ञानिक संगठनों में इसका बोलबाला है। अमरीका में जब प्रमुख निजी औद्योगिक वैज्ञानिक संगठनों में नए विज्ञानकर्मी नियुक्त किए जाते हैं, तो तरजीह ऐसे लोगों को दी जाती है जो हाँ-में-हाँ मिला सकें, जो अपने सहयोगियों के साथ मिलकर काम कर सकें; तरजीह उन लोगों को नहीं दी जाती जिनमें वैज्ञानिक क्षमता अधिक हो, परंतु जो झुकने को तैयार न हों। कर्मियों के चयन के प्रति इस किस्म के दृष्टिकोण से केवल रूढ़िवाद को बल मिलेगा जिसकी वृद्धि पेचीदा स्थितियों में कार्य करने वाले संगठनों में आज भी बहुत स्पष्ट हैं

हम यह लक्षित कर दें कि वैज्ञानिक संगठनों में अक्सर परंपरावादियों के साथ-साथ सभी प्रकार के मतांतरवादी या स्वतंत्र चिंतक भी मौजूद रहते हैं। प्रसिद्ध अमरीकी समाजशास्त्री नॉर्मन कैप्लान का विश्वास है कि इस प्रकार की सहिष्णुता किसी संगठन में सृजनात्मक क्रियाकलाप की आवश्यक शर्त है।[6] इससे भी बड़ी बात यह है कि कुछ अमरीकी निगमों ने ऊँचे किस्म के ख्याली गुब्बारे उड़ाने वाले व्यक्तियों को नए विचारों के निर्माताओं (तथाकथित 'आकांक्षी पक्षी') के रूप में भारी वेतनों पर नियुक्त किया है। परंतु यह एक अपवाद है जो केवल कुछ प्रमुख मतांतरवादियों के लिए किया जाता है। इससे उस सामान्य नियम की पुष्टि ही होती है जिसकी सामाजिक-राजनीतिक जड़ें बहुत गहरी हैं। साधारण जन समूह के लिए परंपरावाद तथा कुछ गिने-चुने लोगों के लिए मतांतरवाद (स्वाधीनता) उसी लक्ष्य की ओर ले जाने में सहायक होते हैं—यानी वर्तमान संगठन को ठोस बनाए रखने की दिशा में।

मतांतरवादी व्यक्तियों के प्रति सहिष्णुता एक ऐसा जरिया है जिसके द्वारा संगठन (कुछ सीमाओं के भीतर) बदलती स्थिति के अनुसार अपने आप को ढाल लेता है। "सहनशीलता जैसे गुण...स्थिरता वाले काल की विशेषता है जब संगठन किसी बड़े तनाव की स्थिति में नहीं होता। परंतु संगठन को

जैसे ही लड़ाई-झगड़े का सामना करना पड़ता है ये लुप्त होने लगते हैं और यदि संगठन को अपने अस्तित्व का खतरा हो तो सर्वथा उनका अंत हो जाता है।"[7]

लेकिन शोध कार्य का मूलतः रूढ़िवाद के साथ कोई मेल नहीं। पहले से तैयार ज्ञान पर, जो प्रायः अनुसंधान का नतीजा माना जाता है, संदेह उठाया जाता है और उसे संशोधित किया जाता है। स्वीडन के दार्शनिक हाकन त्युर्नेबोम ने जोर देकर कहा है कि वैज्ञानिक व्यवस्था की क्रियाशीलता की इन्हीं 'विसंगतियों' से अक्सर प्रमुख आविष्कार उत्पन्न होते हैं (जैसे आइंस्टाइन तथा बोअर के अन्वेषण)। वह आगे लिखते हैं : "रेत के छोटे-छोटे दाने शुक्ति के लिए बड़ी परेशानी का कारण होते हैं, परंतु उनकी सहायता से मोती का निर्माण होता है।"[8] सोवियत समाजशास्त्री इ. कोन का कहना है कि रूढ़िवादी मनोवृत्ति वैज्ञानिक दृष्टिकोण के प्रतिकूल है। वह लिखते हैं कि संज्ञान के कार्यक्षेत्र में स्वतंत्र व्यक्तियों की तुलना में परंपरावादियों की बुद्धि कम विकसित देखने में आती है। उनमें विचार के लचीलेपन का विशेष अभाव तथा विचारों की दरिद्रता पाई जाती है।[9]

परंपरावाद तथा परंपरा-विरोध का झगड़ा ही विज्ञान तथा संगठन के संश्लेषण की राह में एकमात्र अंतर्विरोध नहीं है। अन्य समस्याएँ भी हैं जो विचारों की उत्पत्ति तथा परियोजनाओं के चयन से लेकर उनकी संपूर्ण अधिप्राप्ति अथवा संपन्न होने तक कार्य की प्रत्येक अवस्था में उत्पन्न होती रहती है। इन समस्याओं का स्वरूप अधिकांशतः भीतरी कारकों द्वारा निर्धारित होता है, जैसे औपचारिक तथा अनौपचारिक लघु ग्रुपों में सामूहिकी का विभाजन, उनकी बनावट, आयु-समूह, तथा उनके नेताओं तथा प्रबंधकों का व्यक्तित्व, इत्यादि। इस प्रकार इन कारकों के प्रभाव के अंतर्गत परंपरावाद, प्रबंधन के कार्यों की बिना शर्त स्वीकृति से, प्रबंधन के विरुद्ध लक्षित किसी छोटे ग्रुप के प्रभावशाली अनौपचारिक नेताओं के दृष्टि की बिना शर्त स्वीकृति में बदला जा सकता है। निश्चय ही, इसका तात्पर्य यह है कि ऐसा नेता स्वयं मतांतरवादी होता है।

इन सभी बातों पर शक्तिशाली, मगर अस्थायी, कारकों का स्पष्ट प्रभाव पड़ सकता है। अतः, तनाव की स्थितियों में (उदाहरण के लिए, अक्सर किसी कठिन कार्य को नियमत समय के भीतर पूरा करने के लिए अत्यंत गहन प्रयास करने की आवश्यकता) परंपरावाद केवल उत्पादन में ही नहीं, बल्कि किसी वैज्ञानिक समूह में भी लाभदायक भूमिका अदा कर सकता है। प्रत्येक व्यक्ति संगठन की, जिसका साकार रूप निर्देशक होता है, इच्छा के अधीन हो तो इससे परियोजना के सफल बनाने में ही नहीं, बल्कि सामान्य रूप से समूह

की क्षमताओं को विकसित करने में भी सुविधा होती है। किसी शोध-सामूहिक में जैसे-जैसे अधिक सामंजस्य स्थापित होता है, वैसे-वैसे निर्देशक दल का विस्तार होता है और उसकी राय की उपेक्षा नहीं की जा सकती। इसका प्रभाव व्यक्तिगत रूप से प्रत्येक शोधकर्त्ता पर और कुल मिलाकर सब पर पड़ता है। निर्देशक दल का विस्तार नियत संगठन के दायरे के बाहर भी जा सकता है ('अदृश्य कालिज')। अनेक परियोजनाओं के अंतर-अनुशासनिक स्वरूप का असर उनकी विशेषता एवं व्यवसाय के दायरे बाहर भी देखा जा सकता है।

वैज्ञानिक संगठन के अंतर्विरोध उन परिस्थितियों द्वारा निर्धारित होते हैं जिनमें विज्ञान तथा संगठन का संश्लेषण होता है। वैज्ञानिक क्रियाकलाप जैसे-जैसे एक अत्यंत विशाल व्यवसाय बनता जाता है, उसमें करोड़ों स्त्री-पुरुष काम करने लगते हैं। लेकिन इनमें से मुट्ठी भर लोगों में विशेष सृजनात्मक योग्यता होती है। कुछ प्रमुख शोधकर्ता वैज्ञानिक उत्पाद के मौलिक तथा सर्वाधिक मूल्यवान अंशों का निर्माण जारी रखते हैं।[10] उस दौरान, वैज्ञानिक क्रियाकलाप (मूलतः इन्हीं वैज्ञानिकों के कारण) मौलिक रूप से सृजनात्मक रहता है, तथा वैज्ञानिक अन्वेषण संबंधित व्यक्ति की अपनी अत्यंत मूल्यवान उपलब्धि होते हैं। अतः यह कोई आश्चर्य की बात नहीं कि आज 'वृहत्-विज्ञान' का हर नया रंगरूट अपने झोले के भीतर अनुशासन-दंड लिए चलता है (या कम से कम ऐसा विश्वास करता है)। इस बात का पूरा खतरा रहता है कि वैज्ञानिक क्रियाकलाप फैशन बन जाए और इस कारण उसके विकृत होने का भी खतरा रहता है। केवल एक वैज्ञानिक संगठन ही, जिसमें सहयोगियों के बीच स्पष्ट श्रम विभाजन हो, प्रत्येक कार्यकर्ता से उसकी योग्यताओं के अनुसार काम लेने में समर्थ होता है। परंतु इसके लिए जो कीमत उसे अदा करनी पड़ती है—वह है किसी हद तक परंपरावाद का पालन, जो कुछ निश्चित सामाजिक स्थितियों में सृजनात्मक दृष्टिकोण का विरोधी होता है।

प्रक्रिया का चक्र पूरा हो गया है। परंतु विज्ञान कहीं रुकता नहीं, क्योंकि वास्तविक यथार्थ चक्र को तोड़ कर भीतर प्रवेश करता है, संगठन तथा सृजनात्मक व्यक्ति, दोनों को, परस्पर सहनशीलता से काम लेने के लिए प्रेरित करता है। पोलिश समाजशास्त्री मातेज्को के अनुसार "सृजनात्मक सामूहिकी के भीतर चलने वाली प्रक्रिया का लक्षण है दो विरोधी प्रवृत्तियों के बीच द्वंद्वात्मक संघर्ष। इनमें से एक का उद्देश्य एक निश्चित सामाजिक दल के रूप में सामूहिकी के भीतर (जो अपने सदस्यों से कमोबेश परम्परावाद का तकाजा करता है) अधिक से अधिक भीतरी संशक्ति हासिल करना होता है, तथा दूसरे का सिद्धांत

सृजनात्मकता होता है और वह ऐसे गतिरोध के विरुद्ध लक्षित रहता है जिससे संशक्ति के विकृत होकर अनम्य बन जाने का खतरा पैदा हो जाता है।

"अपने नियमों के प्रति प्रतिबद्ध तथा अपने ऐसे उद्देश्यों के प्रति सजग जिन्हें उच्चाधिकारियों द्वारा स्वीकृति प्राप्त हो चुकी होती है, एक निश्चित संगठन के दायरे के भीतर काम करने वाली सामूहिकी विज्ञान में ऊँचे से ऊँचा दर्जा प्राप्त करती है। इस दौरान, सृजनात्मकता, अभी तथा भविष्य में, मूलतः ठोस व्यक्तियों से संबंधित परिघटना होती है। ऐसी परिघटना, जिसको व्यक्तिगत स्वतंत्रता की जरूरत होती है और जो अपनी व्याख्या के ही अनुसार परंपरावाद विरोधी होती है। इसीलिए, एक ओर, सृजनात्मकता की आवश्यकताओं को युक्तिसंगत संगठन की आवश्यकताओं के साथ, और दूसरी ओर, व्यक्ति की सृजनात्मक स्वतंत्रता को सामूहिक सहयोग के सिद्धांतों के साथ समन्वित करने का कार्य बहुत ही अधिक अर्थपूर्ण होता है।"[11]

परिणामस्वरूप, कार्य यह है कि वैज्ञानिक संगठन के लिए एक गतिकीय संतुलन के पैरामीटर (प्राचल) ढूँढे जाएँ जिनके अंतर्गत नए विचारों के निर्माण तथा प्रतिपादन के लिए पर्याप्त मात्रा में स्वतंत्रताएँ संगठन की पर्याप्त स्थिरता के साथ संतुलित की जाएँ। इस प्रकार के संतुलन की आवश्यकता उस समय तक बनी रहेगी जब तक संगठन अनुसंधान कार्य के एक आवश्यक संरक्षात्मक आवरण की भूमिका अदा करता रहेगा।

ज. ड. बर्नाल ने अपनी मौलिक कृति **विज्ञान की सामाजिक भूमिका** में, जो 1939 में प्रकाशित हुई थी, कहा है कि बाकायदा संगठित विज्ञान द्वारा लोगों का जीवन बहुत सुधर जाएगा। परंतु उसे संगठित इस तरह करना है कि वैज्ञानिकगण अधिकतम कुशलता के साथ अपना कार्य कर सकें तथा समाज उनके क्रियाकलाप से अधिकतम लाभ उठा सके। एक मुख्य समस्या संगठन की आवश्यकता तथा वैज्ञानिक की व्यक्तिगत स्वतंत्रता के बीच तालमेल बैठाने की है। बर्नाल का आशय नियंत्रण की समस्या से उतना नहीं था जितना वैज्ञानिक संचार के एक संपूर्ण उपकरण को पुनर्गठित करने से, जिसे विज्ञान में वही भूमिका अदा करनी है जो सामाजिक जीवन के अन्य क्षेत्रों में प्रबंधन अदा करता है। वैज्ञानिक एकीकरण एक ओर, युक्तिसंगत संगठन द्वारा, और दूसरी ओर, दक्षतापूर्ण संचार सेवा द्वारा हासिल किया जाता है।"

पिछले कुछ वर्षों में, ठोस सामाजिक अध्ययनों ने इस समस्या के समाधान में कुछ संदर्भ बिंदु प्रस्तुत किए हैं।

अमरीका में शोध एवं विकास की कारगरता को सुधारने के उद्देश्य से

संगठनों में वैज्ञानिकों के आचरण के व्यापक अध्ययन किए गए हैं तथा उनसे तुलनात्मक विश्लेषण के लिए बहुमूल्य नतीजे प्राप्त हुए हैं।

प्रसिद्ध परामर्शदाता फर्म आर्थर डी. लिटिल, इनकौरपोरेटिड, ने पेंटागॉन के प्रतिरक्षा शोध एवं इंजीनियरिंग निदेशक के लिए एक अध्ययन में 87 में से 6 प्रतिनिधि शस्त्र प्रणालियों की छानबीन की जिनके द्वारा 'शोध एवं अन्वेषण संबंधी विकास घटनाओं' में योगदान किया गया था।[12] इसमें निष्कर्ष निकाला गया था कि इस कार्य की सफलता के लिए सबसे महत्वपूर्ण चीजें थीं—आवश्यकताओं का स्पष्ट प्रतिवादन; ऐसे संसाधनों की सुलभता जिनका उपयोग तुरंत किया जा सके (यह निष्कर्ष निकाला गया था कि एक या दो महीने का विलंब भी उत्साह ठंडा कर देता है और लोगों में विचारों की उत्पत्ति की क्षमता नहीं रह जाती, तथा छः महीने के विलम्ब के परिणाम तो भयंकर होते हैं); तथा एक अनुभवी दल।

एक स्पष्ट सूत्रित आवश्यकता संगठन के **लक्ष्य** के सिवा और कुछ नहीं है। एक स्पष्ट लक्ष्य जो लिखित रूप में दर्ज कर लिया गया हो, सुयोग्य नेतृत्व का पहला चिह्न होता है। एक निश्चित लक्ष्य, प्रमाणक पूर्वानुमान तथा योजना का प्रारंभ-बिंदु होता है जिसके बिना किसी वैज्ञानिक संगठन का न तो अस्तित्व संभव है और न चालू वैज्ञानिक तथा तकनीकी क्रांति के अंतर्गत उसका विकास हो सकता है। इसी के साथ, एक सुस्पष्ट लक्ष्य जिस तरह सृजनात्मक समूह को एक साथ नत्थी करने में सहायक होता है, इस तरह और कोई चीज नहीं होती। वह संगठन को एकताबद्ध करता है, और परंपरावाद तथा परम्परा-विरोध को परस्पर संतुलित करता है (स्वाभाविक रूप से, इस शर्त पर कि परंपरा-विरोध एवं लक्ष्य को आघात न पहुँचाए)। आशय यह है कि एक सुस्पष्ट लक्ष्य संगठन की सफलता की आवश्यक शर्त होता है।

इस प्रसंग में, प्रत्यक्ष प्रमाण 1964 में अमरीका में अनेक कंपनियों में किए गए अध्ययन से मिलता है। ये कंपनियाँ अमरीका में रसायन तथा औषधि, इलैक्ट्रानिक एरोस्पेस, प्लास्टिक्स, पेट्रोलियम, रबर, खाद्य सामग्री तथा चारा, धातुकर्मक और विनिर्माण उद्योगों में कार्यरत हैं। इस अध्ययन से यह नतीजा निकाला गया कि मतदान करने वाली कंपनियों में 94 प्रतिशत कंपनियाँ अपनी शोध एवं विकास परियोजनाओं के लक्ष्यों को सूत्रबद्ध कर लेती थीं; इनमें से 79 प्रतिशत इनको लिख लेती थीं; जिन कंपनियों में 400 से अधिक वैज्ञानिक तथा तकनीकी कार्यकर्त्ता नियुक्त थे, उनमें यह आकंड़ा 85.7 प्रतिशत तक पहुँच गया था और जिन कंपिनियों में 1 से लेकर 25 व्यक्ति तक काम करते

थे, उनमें यह आंकड़ा गिर कर 68 प्रतिशत रह गया था।[13] अधिक बड़े संगठनों के लिए, लगता है, अपने लक्ष्यों का रिकार्ड रखना अधिक आवश्यक था ताकि इन लक्ष्यों के लिए अपने शोधकर्त्ताओं तथा तकनीशियनों के दल को काम पर जुटा सकें। लक्ष्य निर्धारण का सीधा संबंध योजना से था : 75 प्रतिशत कंपनियों ने विशेष दीर्घकलीन शोध एवं विकास योजनाएँ बनाई थीं, तथा 77 प्रतिशत ने अपनी योजनाओं को लिखित दस्तावेजों के रूप में तैयार कर लिया था।[14] लगभग आधी कंपनियों की योजनाए पाँच या छः वर्षों के लिए थीं, परंतु 80 प्रतिशत कंपनियों ने, जिनके पास बड़ी प्रयोगशालाएँ थीं (जिनमें 400 से अधिक कर्मी थे) 5 से 10 वर्षों की अवधियों के लिए योजनाएँ तैयार की थीं, और लघु प्रयोगशालाओं में (1-25 व्यक्ति वाली) कंपनियों में केवल 44 प्रतिशत ने। अधिकांश कंपनियाँ (92.9 प्रतिशत) अपनी शोध एवं विकास योजनाओं पर हर तीसरे महीने या वर्ष में दो या एक बार पुनः विचार करती थीं। केवल 1 प्रतिशत कंपनियाँ एक साल से अधिक की मुद्दत पर ऐसा करती थीं, और 6.1 प्रतिशत 'आवश्यकता पड़ने पर' ही ऐसा करती थीं।[15]

शोध एवं विकास के नियोजन में बाकायदा पद्धतियों के इस्तेमाल की इच्छा पाई गई। स्टैनफोर्ड शोध संस्थान ने अब तक स्विट्जरलैंड में जितनी रसायन कंपनियों का अध्ययन किया, उनमें से लगभग आधी ने दीर्घकालीन (3 या उससे अधिक वर्षों के लिए) विकास योजनाएँ तैयार की थीं। ब्रिटेन में 75 प्रतिशत ने, नीदरलैंड में 60 प्रतिशत तथा इटली और स्विटजरलैंड में 50 प्रतिशत ऐसी कंपनियाँ थीं जिन्होंने अपने लिए दीर्घकालीन योजनाएँ बनाई थीं। औसतन, आधी से अधिक कंपनियों ने विशेष शोध एवं विकास योजनाएँ तैयार की थीं—इटली में 100 प्रतिशत, नीदरलैंड में 80 प्रतिशत, फ्रांस में 67 प्रतिशत और स्विट्जरलैंड में 60 प्रतिशत ने।[16] वैज्ञानिक तथा प्राविधिक पूर्वानुमान की आधुनिक पद्धतियों, जैसे डेल्फी, आकृतिमूलक तथा 'लक्ष्य वृक्ष' पद्धतियों का अधिकाधिक व्यापक उपयोग होने लगा है।

लक्ष्यों के निर्धारण तथा नियोजन में जो कार्यविधियाँ काम में लाई जाती हैं, उनका प्रत्यक्ष प्रभाव 'संगठन व्यक्ति' के रूप में शोधकर्ता की स्थिति पर पड़ता है। सिलर के कथनानुसार, 36.5 प्रतिशत कंपनियाँ अपने शोधकर्मियों द्वारा प्रतिमास समय-रिकार्ड पेश किए जाने का तकाजा रखती हैं; 3.9 प्रतिशत सप्ताह में दो बार; 49 प्रतिशत प्रति सप्ताह; 10.6 प्रतिशत दैनिक समय-रिकार्ड का तकाजा रखती हैं। दूसरे शब्दों में, दो-तिहाई कंपनियाँ अत्यंत कड़ा नियंत्रण, कम से कम सप्ताह में एक बार, लागू करती हैं। इन स्थितियों में सृजनात्मक

स्वतंत्रता की संभावना बहुत कम रह जाती है—विशेषकर बड़ी प्रयोगशालाओं में (जहाँ 100 से अधिक शोधकर्त्ता होते हैं), जहाँ 100 प्रतिशत कंपनियाँ समय-रिकार्ड रखती हैं। इनके मुकाबले में, 50 व्यक्तियों तक की प्रयोगशालाओं में 83.3 प्रतिशत कंपनियाँ यह रिकार्ड रखती हैं।[17]

इसका बड़ा कारण औद्योगिक प्रयोगशालाओं की विशेषताएँ हैं, जिनके शोधकर्मियों में से 96 प्रतिशत अनुप्रयुक्त शोध एवं विकास परियोजनाओं में कार्यरत हैं जिन्हें आसानी से विनियमन के अंतर्गत लाया जा सकता हैं इस प्रकार, जिन कंपनियों से प्रश्न पूछे गए उनमें से 68 प्रतिशत अपने शोधकर्मियों को 10 तथा उससे कम प्रतिशत समय छूट देती हैं (दिन के उस भाग में जब काम का बोझ अपेक्षाकृत कम होता है), तथा केवल 32 प्रतिशत में समय-छूट का अनुपात 10-20 तथा इससे अधिक प्रतिशत था। इसलिए, यह कोई आश्चर्य की बात नहीं कि कंपनियों के शोधकर्मियों द्वारा केवल 60 प्रतिशत नए विचार प्राप्त हुए तथा बाकी 40 प्रतिशत विपणन अथवा विक्रेता कर्मियों (17.3 प्रतिशत), प्रबंधकों (9.2 प्रतिशत), ग्राहकों (4.1 प्रतिशत), सरकारी एजेंसियों (3.9 प्रतिशत) तथा अन्य स्रोतों (5.5 प्रतिशत) से प्राप्त हुए।[18]

इस तरह के व्यवहार से स्वभावतः शोधकर्मियों की कार्य कुशलता कम हो जाती है। अतः, पश्चिमी योरप की 43 रसायन कंपनियों में सफल अनुसंधान परियोजनाओं की अधिकतम संख्या (31 प्रतिशत) शोधकर्मियों द्वारा प्रस्तुत की गई थी, 23 प्रतिशत शोध एवं विकास प्रबंधन द्वारा, 12 प्रतिशत विपणन एवं बिक्री विभाग द्वारा, तथा सबसे कम (6 प्रतिशत) ग्राहकों द्वारा। परंतु प्रबंधन द्वारा परियोजनाओं की स्वीकृति के सबसे महत्त्वपूर्ण कारण व्यापारिक एवं वित्तीय होते हैं तथा वैज्ञानिक कारणों को सबसे कम महत्त्व दिया जाता है।[19]

लगभग आधी कंपिनियों में काफी बड़ी संख्या में परियोजनाओं का ढेर लग गया है। परंतु केवल एक-चौथाई से कुछ ही अधिक इनका 60 प्रतिशत या उससे अधिक तक उपयोग करने के योग्य हैं।[20] इसका अर्थ है कि वैज्ञानिक संगठन के सफल कार्यचालन की दूसरी निर्णायक शर्त—(आर्थर ड. लिटिल के अनुसार) तत्काल उपयोग के लिए तैयार संसाधनों की उपलब्धता—केवल बहुत कम मामलों में पूरी हो पाती है।

परंतु यही बात तीसरी शर्त के लिए भी सही लगती है—एक अनुभवी अनुसंधान-कर्मीदल की मौजूदगी—जिसका गहरा संबंध दूसरी शर्त से है। आखिर, ऐसे किसी दल की रचना ऐसी स्थिति में मुश्किल से हो पाएगी जबकि संगठन अपने शोधकर्मियों द्वारा निर्मित विचारों के निम्नतम भाग का ही उपयोग

करता हो, और खासकर वह भी तब जब ऐसा 'अनर्थकारी' विलंब से करता हो। अनिवार्यतः, शोधकर्त्ताओं के दल में इससे निराशा फैलती है और अनेक व्यक्ति दल छोड़ कर चले जा सकते हैं (और कर्मियों की उच्च गतिशीलता के कारण इसमें सुविधा होती है)।

परिणामस्वरूप, अमरीका में केवल उद्योग के ही नहीं, बल्कि वैज्ञानिक संगठनों के भी एक लघु भाग में ही सफल कार्य की सभी स्थितियाँ पाई जाती हैं। फिर भी, ये स्थितियाँ अमरीकी वैज्ञानिक कर्मियों के एक बड़े भाग को उपलब्ध हैं, क्योंकि उस देश में वैज्ञानिक क्रियाकलाप, व्यापक रूप से विकेंद्रित होते हुए भी, कुछ अन्य उच्चस्तरीय वैज्ञानिक संगठनों में बहुत अधिक संकेंद्रित है। अमरीका की विज्ञान नीति के एक सर्वमान्य विचारक प्रोफेसर हार्वे ब्रुक्स ने मुख्य वैज्ञानिक संगठनों के निम्नलिखित लक्षणों को उजागर किया है :

1. संगठन के मुख्य व्यक्तियों द्वारा उसके प्रधान लक्ष्यों की पूर्ण जानकारी तथा सामान्य रूप से उनकी स्वीकृति।

2. नए विचारों तथा पहलकदमियों को स्वयं उनके अपने गुणों के आधार पर विचारने तथा कार्यान्वित करने की इच्छा—चाहे उनकी उत्पत्ति किसी भी सांगठनिक स्तर पर हुई हो और चाहे वे संगठन के भीतर से आए हों या बाहर से।

3. संगठन के अधिक मौलिक तथा अनुप्रयुक्त क्रियाकलापों के बीच लोगों की गतिशीलता (एक क्षेत्र से दूसरे क्षेत्र में जाने की छूट—अनु.)।

4. नए विचारों की शीघ्र स्वीकृति तथा उनके लिए वित्त का प्रबंध—कम से कम इतना कि उससे अधिक की जिम्मेदारी लेने की वांछनीयता का पता लगाया जा सके।

5. संगठन के भीतर प्रत्येक सांगठनिक स्तर पर अपनी जिम्मेदारी के संबंधित क्षेत्र में संसाधनों के पुनः बंटवारे की व्यापक स्वतंत्रता।

6. प्रारंभिक अनुसंधान से लेकर अंतिम उपयोगकर्ता तक शोध एवं विकास प्रक्रिया की सभी अवस्थाओं में पूर्ण संचार व्यवस्था।

7. संगठन तथा प्रयोगशाला के व्यापक कार्य से संबंधित स्थायी प्राविधिक समस्याओं एवं विषयों की उत्तम सांगठनिक स्मृति।

8. मान्यता तथा पुरस्कार की व्यवस्था, जो संगठन के लक्ष्यों में तकनीकी योगदान को उच्चतम महत्त्वपूर्णता प्रदान करती है।[21]

सफल अनुसंधान व्यवस्था के इन विशेष लक्षणों में कुछ आर्थर ड. लिटिल द्वारा प्रतिपादित शर्तों से सीधा संबंध रखते हैं। परंतु, इसके अतिरिक्त, इस

बात पर जोर दिया जाना चाहिए कि ये संगठन नए विचारों के अतिशीघ्र कार्यान्वयन को प्राथमिक महत्त्व देते हैं। इसे उदार विचारों के लोगों को एक स्थान से दूसरे स्थान पर जाने, पूर्ण संचार, प्रत्येक स्तर पर व्यापक वित्तीय स्वायत्तता, एक उत्तम 'सांगठनिक स्मरण शक्ति' तथा नैतिक एवं भौतिक प्रेरणाओं की एक लचीली व्यवस्था द्वारा सुनिश्चित किया जाता है। दूसरे शब्दों में, सफलता उन वैज्ञानिक संगठनों को प्राप्त होती है जो अबाध प्रवेश व्यवस्थाओं के रूप में काम करते हैं, और जो अपने शोधकर्मियों के लिए अत्यंत अनुकूल सूचना एवं संचार का वातावरण निर्मित करते हैं। ऊपर से नीचे तक समस्त शोधकर्मियों को संगठन में प्रगति के बारे में बराबर सूचित किया जाता है—बावजूद इसके कि सूचना के बाहर निकलने का (उदाहरण के लिए, प्रतिद्वंद्वियों तक पहुँचने का) खतरा मौजूद रहता है। माना यह जाता है कि यह उतना बुरा नहीं, जितना सूचना का अभाव। आदेशों तथा आज्ञाओं को छोड़कर, साधारणतया सूचना का प्रसारण अनौपचारिक प्रणालियों से अधिकृत क्रमबद्धता के बाहर होता है।

हार्वर्ड स्कूल आफ कामर्स (हार्वर्ड वाणिज्य विद्यालय) की एक अध्ययन सहायता में भावी प्रबंधकों को कुछ सुझाव दिए गए। ये सुझाव विभिन्न अमरीकी संगठनों द्वारा स्वीकृत विभिन्न कार्य नियमों के बहुत कुछ समान हैं जिनका प्रतिपादन पूर्णतः प्रयोगात्मक ढंग से किया गया है। अतः 'बेल टेलीफोन' में स्थित अमरीका की सबसे बड़ी औद्योगिक प्रयोगशाला की शर्त है कि जो वैज्ञानिक तथा शोधकर्मी इंजीनियर नियुक्त किए जाएँ, उनमें निम्नलिखित गुण होने चाहिए : ज्ञान, आत्मशिक्षा की योग्यता, खोजी दिमाग, प्रेक्षण की क्षमता, अच्छी स्मरण शक्ति तथा बौद्धिक ईमानदारी, संशयवादिता, कल्पनाशक्ति, उत्साह तथा लगन। दूसरी ओर, कार्यकर्ताओं के साथ अपने संबंधों में प्रबंधक-मंडल के सदस्यों को यह ध्यान में रखने की सलाह दी गई है कि प्रत्येक कार्यकर्ता चाहता है कि अच्छे काम के लिए उसे प्रोत्साहन प्राप्त हो, आगे की संभावनओं की उसे जानकारी प्राप्त हो, उसे यह पसंद नहीं कि दूसरे लोग उसे धक्का देकर इधर से उधर करते रहें।

यह दृष्टिकोण लाभप्रद है जैसा कि पश्चिम के उन विभिन्न वैज्ञानिकों के वक्तव्यों से देखा जा सकता है, जो 1961 वाले दशक के अंत तक अपने काम की अनुकूल स्थितियों कसे सर्वथा स्वाभाविक मानते थे। उनका विश्वास था कि वैज्ञानिक के व्यावसायिक आचार-शास्त्र के विभिन्न पहलू ही मानो एकमात्र ऐसे विषय हैं जिस पर विचार-विमर्श किया जा सकता है। इसका

एक उदाहरण **सार्वजनिक ज्ञान** शीर्षक पुस्तक है जिसे 1968 में अमरीकी भौतिकीविद ज. म. जीमन ने प्रकाशित किया था। इसके बड़े भाग में इस संबंध में नैतिक उपदेश दिए गए हैं कि एक वैज्ञानिक को अपने पेशे के लायक बनने के लिए क्या करना चाहिए। जीमन का विचार है कि विचारों की समरूपता हासिल करने का तरीका विज्ञान की भीतरी क्रिया-विधियों द्वारा निर्धारित होता है। जीमन अपने दृष्टि क्षेत्र को केवल यहीं तक सीमित रखते हैं कि कार्य-स्थलों में तथा वैज्ञानिकों की मंडलियों में क्या कुछ हो रहा है। वह यह समझने में असमर्थ रहते हैं कि ज्ञान सामाजिक व्यवहार पर निर्भर करता है।[22]

परंतु यह व्यवहार अपनी याद दिलाता रहता हैं

यह ध्यान रहे कि वैज्ञानिकों के प्रति व्यवहार के उत्तम नियम अपने पड़ोसी के साथ ईसाई धर्मानुसार प्रेम की भावना का नतीजा नहीं हैं। बल्कि उनकी उत्पत्ति के कारण शुद्ध व्यावहारिक लक्ष्य हैं। विज्ञान तथा शिक्षा को जब सामाजिक उत्पादन के तत्त्वों के रूप में पहले-पहल स्वीकार किया गया था, तभी से पश्चिमी अर्थशास्त्री इन उद्देश्यों के लिए आगत को एक नए प्रकार का निवेश, मानव में निवेश, मानने लगे। मनुष्य के पूँजी के निवेश का पात्र बन जाने पर ही पूँजीपति उसे एक 'पवित्र वस्तु' के रूप में देखने लगता है जिसके प्रति प्रबंधकों को ध्यान देने की तथा सोच समझ कर बर्ताव करने की आवश्यकता होती है। अनेक कंपनियों के विलयन के एक अनुभवी व्यवसायी ने लिखा है : "यदि आप एक और मस्तिष्क-फैक्टरी खरीदें तो, दरअसल, आप वैज्ञानिकों को खरीद रहे होंगे। तब आपको यह निश्चित कर लेना चाहिए कि वे वैज्ञानिक आपको छोड़कर न जाना चाहें।"[23]

संगठनों में काम करने वाले वैज्ञानिकों तथा इंजीनियरों की हालत के बारे में व्यावहारिक चिंता का केवल आर्थिक ही नहीं, बल्कि केवल एक व्यापक सामाजिक निहितार्थ भी होता है। प्रयोगशालाओं में सामान्य वातावरण का निर्माण, अधिकांश शोधकर्ताओं के लिए औपचारिक सहयोग का वातावरण तथा 'जंगली पक्षी' के प्रति सहनशीलता के सूक्ष्म मौसम का निर्माण, रोजमर्रा के व्यापार तथा वैज्ञानिक खोज के बीच, परंपरावाद तथा मतांतरवाद के बीच, अंतर्विरोधों को दूर करने में सहायक होता है।

साल्टलेक सिटि में ऊटा विश्वविद्यालय के मनोविज्ञान के एक प्रोफेसर काल्विन डब्ल्यू. टेलर ने कई वर्षों तक अमरीका की वायुसेना की प्रयोगशालाओं सहित, अनेक अनुसंधान तथा पूर्वेक्षण विकास प्रतिष्ठानों के वातावरण का अध्ययन किया। उन्होंने देखा कि मनोवैज्ञानिकों की अनेक सिफारिशों के

बावजूद उसमें कोई खास परिवर्तन नहीं हुआ है।[24]

टेलर ने यह सिद्ध किया है कि व्यक्तिगत शोधकर्ता की उन्नति का अर्थ है–"जिम्मेदारी के क्षेत्र' का विस्तार। एक नया कार्यकर्ता तीन या चार प्रकार के कार्यकलाप के लिए उत्तरदायी होता है, परंतु उससे उच्चतर स्तरों पर उसे 14 या 15 प्रकार के क्रियाकलापों की जिम्मेदारी लेनी पड़ती है। ऐसे में वह अपना ध्यान संकेंद्रित नहीं कर पाता तथा सृजनात्मक कार्य की उसकी क्षमता समाप्त हो जाती हैं इसके विपरीत, जिन लोगों में इसकी क्षमता होती है, उन्हें उन्नति करने का सबसे कम अवसर मिलता है। टेलर ने यह हिसाब लगाया कि एक वैज्ञानिक प्रयोगशाला के कर्मीदल के प्रत्येक सदस्य से कितने अनुप्रयुक्त नए विचार मिलते हैं तथा उसकी पदोन्नति पर इसका क्या प्रभाव पड़ता है। पता चला कि दोनों में एक दूसरे के प्रति प्रतिलोम अनुपात होता है। किसी व्यक्ति के अनुप्रयुक्त नए विचारों की संख्या जितनी अधिक थी., उतनी ही उसकी उन्नति की रफ्तार धीमी थी। टेलर ने अपने परिणामों की तुलना अन्य अध्ययनों के परिणामों से की। जूनियर स्कूल शिक्षकों के एक ग्रीष्मकालीन स्कूल ने सृजनात्मक चिंतन की परिक्षाएँ आयोजित कीं तथा उनकी तुलना शिक्षकों की सरकारी संदभ्र-संचिका से की। देखा गया कि इन परीक्षाओं में सबसे ऊँचे नंबर प्राप्त करने वालों के संदर्भ सबसे खराब थे। एक कंपनी के कर्मियों की व्यक्तिगत फाइलों के अध्ययन से मालूम हुआ कि जिन व्यक्तियों के कार्यकलाप से कंपनी को सबसे अधिक लाभ हुआ था, उनके लिए एक समय उनकी नौकरी से बर्खास्तगी की नौबत तक आ पहुँची थी; प्रबंधक मंडल उनसे प्रायः ठीक उस समय छुटकारा पाना चाहता था जब वे अपने बहुमूल्य सुझा. तैयार कर रहे होते थे।

टेलर के अनुसार, असल बात यह है कि अधिकांश संगठनों में नेताओं की दृष्टि भविष्य के बजाय वर्तमान पर रहती है। इसीलिए "सामान्यतः यह देखा गया है कि किसी व्यक्ति के विचार, उसके जीवन की किसी अवस्था में जितने अधिक सृजनात्मक होंगे, उसके मुसीबत में फंसने की संभावना उतनी ही अधिक होगी।"[25]

नए विचार अक्सर साधारण मजदूरों को सूझते हैं शायद इसका कारण यह है कि उनकी संख्या प्रबंधकों से अधिक होती है। दूसरी ओर, निचले सोपान के जिन 20 प्रबंधकों से बातचीत की गई उनमें से केवल एक अपने मातहत कार्यकर्त्ताओं की बात सुनने और किसी नए विचार को समझने का प्रयत्न करने पर तैयार था (उच्चतर प्रबंधन-स्तर पर इसका अनुपात चार में एक

था)। मान्यता तथा पुरस्कार प्रदान करने की प्रणाली साधारणतया ऐसी होती है कि प्रबंधक एक नए विचार की छानबीन करने का कष्ट उठाने के बजाए उसकी उपेक्षा करना बेहतर समझता है, क्योंकि आखिर यह खतरा तो रहता ही है कि नया विचार शायद बेकार सिद्ध हो।

आम तौर पर, अत्यंत प्रगतिशील विज्ञान प्रतिष्ठानों में भी धीरे-धीरे एक 'उत्तम रूप से समंजित' तथा रूढ़ यंत्रविधि बन जाने की प्रवृत्ति होती है, जो सृजनात्मकता को रोकती है। सृजनात्मक गतिरोध का अंतिम प्रमाण सामान्यत 'नए वैज्ञानिक कार्य नियमों तथा आदेशों' के प्रतिपादन हेतु निर्देशक की आज्ञा के रूप में सामने आता है। नौकरशाही की जीत तथा सृजनात्मक पहलकदमी पर रोक, दोनों का चोली-दामन का साथ है।

टेलर ने निम्नलिखित मानसिक प्रयोग का सुझाव दिया : सृजनात्मक पहलकदमी का यदि पूर्णतः गला घोंटना हो तो इसके लिए जिन कार्रवाइयों की आवश्यकता होगी, उनकी तालिका वैज्ञानिकगण तैयार करें। इस तालिका की तुलना अधिकांश प्रयोगशालाओं की वास्तविक स्थिति से की जाए तो पता चलेगा कि वैज्ञानिक संगठनों में रोजमर्रा के व्यवहार की स्थिति यही है। जब यह पता लगाने का प्रयास किया गया कि किसी प्रयोगश्काला में किसी नए तथा मौलिक विचार की उत्पत्ति कैसे हुई, तो हमेशा यही पता चला कि यह पहल, संगठन के बाहर किसी व्यक्ति से आई थी।[26]

गिब्ब का विश्वास है कि संगठनों में सृजनात्मक वातावरण इन चार कारणों द्वारा निर्धारित होता है : निहित भय तथा अविश्वास, संचार का सीमित प्रवाह, अभिप्रेरणा को ऊपर से थोपने का प्रयास तथा व्यवहार के नियंत्रण की चेष्टा।

जहाँ प्रबंधक अधिकारी आलोचना से डरते हैं, वे नए विचारों को अविश्वास की दृष्टि से देखते तथा उनसे बचने का प्रयास करते हैं, तथा साधारण कर्मियों की पहलकदमी से भयभीत रहते हैं, परिणामस्वरूप वहाँ आशंका तथा संदेह का वातावरण पैदा हो जाता है।

सूचना के सामान्य प्रवाह की विकृति (अकसर एक दिशा में सूचना प्रवाह के रूप में) मातहतों को अपने विचारों को छिपाने, 'उन्हें स्वयं अपने आप तक सीमित रखने' की ओर प्रवृत्त करती हैं आविष्कारशीलता प्रायः नियमों को तोड़ने-मरोड़ने, संगठन के लक्ष्यों को दरकिनार करने तथा उनकी जगह स्वयं अपने लक्ष्य स्थापित करने का मार्ग अपनाती हैं इसके बाद 'दंभदर्शी व्यवहार' एक आम बात बन जाती है और झूठमूठ का प्रदर्शन किया जाता है : ऊपर से शांतचित्त तथा युक्तिसंगत रहने तथा किसी भी मनोवेगपूर्ण कार्रवाई

को दबाए रखने की इच्छा पैदा होती है।

जहाँ किसी प्रतिष्ठान में यह अभिवृत्ति होती है कि व्यक्तियों पर अभिप्रेरणा ऊपर से थोपी जाए, वहाँ व्यक्तियों की अपनी आकांक्षाएँ अपर्याप्त मानी जाती हैं, और समझा जाता है कि उनसे कुछ काम लेना है तो उन्हें बराबर कायल करना आवश्यक है और वह भी किसी वित्तीय प्रलोभन द्वारा, तो वहाँ इसका नतीजा रूढ़िबद्ध विचारों के रूप में, उदासीनता में तथा कार्य के आदेशों को दोहराने में ("अपना मुँह बंद रखो...तथा हर चीज की 6 प्रतियाँ तैयार करो") व्यक्त होता है।[27] कभी-कभी, मातहत कर्मी अपने भीतर प्रतिरोध की भावना महसूस करते हैं, परंतु अधिकांशतः इसकी अभिव्यक्ति पूरे संगठन के हित में लाभप्रद उपलब्धियों के बजाय विद्रोहात्मक व्यवहार तथा अनुशासनहीनता के रूप में होती है।

प्रतिष्ठान में व्यवहार पर जितना कड़ा तथा कठोर नियंत्रण होगा उतनी ही अधिक संभावना इस बात की रहेगी कि कार्यकर्त्ताओं में परंपरावादी व्यवहार पैदा हो जाए, उनकी चिंतन क्रिया पर ओस पड़ जाए तथा उनकी सृजनात्मकता की चिंगारी बुझ जाए।

ऐसे प्रतिष्ठानों के नेता साधारणतया यह मानतकर चलते हैं कि : अधीनस्थ लोग अनुशासन को सख्ती से लागू करने वालों का ही सम्मान करते हैं; पुरस्कार तथा मान्यता का वितरण बड़ी सावधानी से किए जाने की आवश्यकता है, क्योंकि यही मुख्य प्रोत्साहन होता है; किसी व्यक्ति से जब सृजनात्मक चिंतन का आग्रह किया जा रहा हो तो उसे बराबर निर्देशन की, नैतिकता के नियमों का निरंतर उपदेश देते रहने की, आवश्यकता होती है। अगर उसे निरंतर प्रेरित नहीं किया जाता, तो वह आलसी, गैर-जिम्मेदार होने लगता है, परंपरावाद, सुस्ती तथा निष्क्रियता का शिकार बनने लगता है। इन सब बुराइयों को केवल एक 'सशक्त नेता' द्वारा ही दूर किया जा सकता है।

पिछला अनुभव बतालाता है कि निजी उद्यम के अंतर्गत विज्ञान तथा संगठन के बीच अंतर्विरोध आर्थिक उछाल के समय सबसे बड़े तथा सबसे सफल संगठनों में (जैसे प्रमुख औद्योगिक निगमों तथा उनकी प्रयोगशलाओं में) धीमा हो जाता है। परंतु जैसे ही आर्थिक स्थिति तेजी के बजाय तलबिंदु पर आ पहुँचती है, छोटों का तो कहना ही क्या, बड़े कारोबारों में भी परिस्थिति में मूलगामी परिवर्तन आने लगता है। निवेशों में कटौती की जाती है, परियोजनाएँ रद्द कर दी जाती हैं तथा प्रयोगशालाएँ बंद कर दी जाती हैं। बढ़ती हुई मुद्रास्फीति से निपटने के उद्देश्य से निवेशों में कटौती का प्रभाव

वैज्ञानिकों तथा इंजीनियरों सहित अनुसंधान में कार्यरत सभी लोगों पर पड़ता है। बढ़ती बेरोजगारी भी उनकी स्थितियों को प्रभावित करती है। 1971 वाले दशक में अमरीका में हजारों वैज्ञानिक तथा इंजीनियर अपनी नौकरियों से हाथ धो बैठे तथा उन्हें अन्य क्षेत्रों में कार्य की तलाश में भटकना पड़ा। अनुकूल आर्थिक संभावनाओं तथा उज्ज्वल अवस्था के लालच में 1951 तथा 1961 वाले दशकों में अमरीका पहुँचने वाले विशेषज्ञ भी योरप वापस जाने लगे, यह प्रक्रिया तब तक जारी रही जब तक योरप भी अर्थिक मंदी की चपेट में नहीं आ गया।

सामाजिक-आर्थिक अंतर्विरोधों के बढ़ने का प्रभाव वैज्ञानिक संगठनों के वातावरण पर भी पड़ा।

1971 वाले दशक में अमरीका के सर्वोच्च न्यायालय ने निर्णय दिया कि सरकारी कर्मचारी यदि अपने ऊपर के अधिकारियों की आलोचना करें अथवा सार्वजनिक रूप से प्रशासन के कार्यकलाप के लिए हानिकारक वक्तव्य दें तो संघीय प्रशासन को उन्हें नौकरी से निकालने का अधिकार होगा। इस घटनाक्रम की भविष्यवाणी आर्थिक सहयोगी एवं विकास संगठन विशेषज्ञों ने अमरीका की विज्ञान नीति-संबंधी एक रिपोर्ट में 1968 में ही कर दी थी।[28]

विज्ञान तथा मानव आवश्यकताएँ शीषर्क यूनेस्को[29] की एक रिपोर्ट में कहा गया है कि वैज्ञानिकों द्वारा अपने कार्य-संबंधी हितों की सुरक्षा तथा उन्नति के लिए स्थापित किए गए निकाय अब वैज्ञानिक संगठनों का एक विशेष ग्रुप बन गए हैं। पहले यह प्रकार्य वैज्ञानिक संस्थाओं द्वारा किया जाता था, परंतु विगत कुछ वर्षों में वैज्ञानिकों की ट्रेड यूनियनों तथा अन्य संगठनों का गठन 'विज्ञान के सर्वहाराकरण' से संबंधित है। यह प्रक्रिया विशेषकर इस बात में अभिव्यक्त होती है कि वैज्ञानिकों को अपने काम के संगठन को प्रभावित करने का अवसर बहुत कम मिलता है। यह अधिकाधिक स्पष्ट हो गया कि ये संस्थाएँ वैज्ञानिक कर्मियों में बढ़ती बेरोजगारी को रोकने तथा उनकी बिगड़ती स्थितियों को सुधारने में असमर्थ रही थीं। वैज्ञानिक प्रतिष्ठानों तथा उच्चतर शिक्षा के संस्थानों में कार्यरत कर्मी अपने श्रम-संबंधी अधिकारों की रक्षा के लिए अधिकाधिक उत्साहपूर्वक ट्रेड यूनियन आंदोलन में सम्मिलित होते गए हैं।[30]

निम्नलिखित आंकड़ों से ट्रेड यूनियन संगठनों की प्रगति का अनुमान लगाया जा सकता हैं 1966 में, अमरीका में उच्चतर शिक्षा के केवल 5 संस्थानों में यूनियनें थीं, जिनके सदस्यों की संख्या 2,600 थी, परंतु 1973 में ऐसे 288 संस्थानों में यूनियनें स्थापित हो चुकी थीं और उनकी सदस्य संख्या 80,000

तक पहुँच गई थी।

1973 में, उच्चतर विद्यालयों की यूनियनों में शामिल तथा यूनियनों में गैर-शामिल अध्यापकों का अनुपात 1:10 था, और 65 पूर्णकालिक स्टाफ शिक्षकों में केवल 1 यूनियन का सदस्य हुआ करता था। इन दोनों आंकड़ों में अंतर का कारण यह तथ्य है कि जिन देशों में सबसे बड़े विश्वविद्यालय हैं, वहाँ स्टाफ-शिक्षकों का अंश बहुत कम है। 1973 में, अमरीका के लगभग 12 प्रतिशत शैक्षणिक संस्थानों में यूनियनें स्थापित हो चुकी थीं। वास्तव में, लगभग 40 प्रतिशत संस्थानों में फैकल्टी (प्रभाग) के सभी कर्मियों द्वारा वेतनों की सामूहिक सौदेबाजी होने लगी थी।[31] वैज्ञानिक कार्यकलाप में संलग्न कर्मियों में ट्रेड यूनियनों की स्थापना अतलांतिक सागर के इस पार (अर्थात पश्चिमी योरप में) भी होने लगी है।

फ्रांस के वैज्ञानिक शोधकर्ताओं के राष्ट्रीय सिंडीकेट के महासचिव, गिरार्द वेर्गनॉ, ने लिखा है कि वैज्ञानिक अनुसंधान के राष्ट्रीय केंद्र की उन्मुखता वैज्ञानिकों के लिए अत्यंत प्रतिकूल थी। केंद्र के साथ सहयोग के लिए विश्वविद्यालय प्रयोगशालाओं तथा ग्रुपों के चयन की प्रथा अत्यंत कड़ी थी और इसी के साथ अनुसंधान हेतु विश्वविद्यालय अनुदानों में भारी कटौती की गई। परिणाम यह हुआ कि जो प्रयोगशालाएँ राष्ट्रीय केंद्र की शर्तों को पूरा करने में असमर्थ रहतीं, उनकी सर्वथा उपेक्षा की जाती थी।

'परिवर्धन समझौते' की अवधियों को सीमित करने तथा केंद्रीय प्रयोगशालाओं के लिए एक विशेष परीक्षा पद्धति पर, जो हर पाँचवें वर्ष दोहरायी जाती, बल इस धारणा के अनुसार दिया जाता था कि वित्तीय सहायता इस अवधि के लिए है जो अत्यंत निश्चित कार्यों की पूर्ति के लिए आवश्यक है। 'विषय द्वारा निर्धारित कार्यों' के विस्तार का उद्देश्य भी यही था। वेर्गनॉ का कहना है कि इससे विज्ञान के सफल विकास की मूल शर्त, अर्थात स्थायी वैज्ञानिक ग्रुपों के अस्तित्त्व का उल्लंघन होता है।

अनुसंधान की सार्थकता के मूल्यांकन का प्रश्न अत्यंत महत्त्वपूर्ण है। परंतु यह ध्यान में रखना चाहिए कि यदि विज्ञान के कुछ परिणामों को तत्काल उपयोग में नहीं लाया जाता तो दोष वैज्ञानिकों का नहीं, बल्कि 'निजी उद्यमों तथा तत्काल मुनाफों की खोज में रहने वाले प्रशासकों का' है।[32] वैज्ञानिक शोधकर्त्ताओं की यूनियन का विश्वास है कि केंद्र के कर्मियों की अवस्था पर पुनः विचार करने की आवश्यकता है, और सरकारी कर्मचारियों का दर्जा मिलने पर ही केंद्र के वैज्ञानिकों को वे गारंटियाँ प्राप्त हो सकती हैं जिनका उन्हें

अधिकार हैं।

वैज्ञानिक अनुसंधान के राष्ट्रीय केंद्र में शोधकर्ता विभाग की सचिव लूई मेरी शाउने ने लिखा है कि केंद्र की नीति का विश्लेषण करने से यह प्रकट हो गया कि उसे 'तकनीकतंत्रीय रूढ़िवाद' की संज्ञा देने का आचित्य मौजूद है। ''वैज्ञानिकों के काम की कुशलता पर नियंत्रण की वस्तुगत विधियाँ, तकनीकी कर्मियों की उन्नति के लिए आंकड़ों की स्वचालित गणना तथा प्रकाशनों के इलैक्ट्रानिक कंप्यूटर द्वारा विश्लेषण की पद्धति'' जारी करने के प्रयासों को भी इसी प्रकार रूढ़िगत माना गया है।[33] शाउने जोर देकर कहती हैं कि ऐसी प्रथाओं को लागू करने से हो सकता है कि राष्ट्रीय केंद्र की जनवादी सोपान-बद्धता विकृत होकर नियंत्रण एवं निर्णय करने की तकनीकतंत्रीय सोपानबद्धता का रूप धारण कर ले।

केंद्र की नई हैसियत के संबंध में यूनियन ने यह मांग रखी कि उसकी हैसियत का आधार ''शोधकर्ताओं की आवश्यकताओं का वास्तविक विश्लेशण होना चाहिए, अधिकारियों के प्रति अनुकूलतावाद नहीं।''[34]

वैज्ञानिक उत्पादकता की सांगठनिक शर्तें

संगठन को शोधर्मियों की विभिन्न सृजनात्मक क्षमताओं तथा विभिन्न अनुसंधान अभिवृत्तियों के साथ एकाकार करने का सबसे उत्तम उपाय क्या है? संगठन से संबंधित दो अमरीकी वैज्ञानिकों, डोनाल्ड सी. पेल्ज तथा फ्रंक एम. एंड्रयूज ने यह सिद्ध किया है कि मानसिक अभिवृत्ति, योग्यता, कौशल और अनुभव की समानता एक ग्रुप के भीतर सहयोग तथा प्रयासों के समन्वय में सहायक होते हैं। परंतु इसका परिणाम सुखद जीवन के बावजूद उत्पादकता गिरावट में भी व्यक्त हो सकता है। इसके विपरीत, इन सहकर्मियों के बीच सहयोग में बाधा उपस्थित हो सकती है जिनके विचारों में विषमता होती है। लेकिन इसके बावजूदइ वे नई तथा जटिल समस्याओं के समाधान में एक दूसरे को प्रेरित कर सकते हैं। समस्याओं के प्रति दृष्टिकोण में भिन्नता (अमूर्त बनाम ठोस, व्यापक बनाम संकीर्ण, तत्काल बनाम दीर्घकालिक समाधानों पर बल, इत्यादि) के कारण उत्पादकता में वृद्धि की प्रवृत्ति रहती है। यह सर्वथा स्वाभाविक है, क्योंकि यह पूरकता सिद्धांत के अनुरूप है।

अनुसंधान ग्रुपों के विपरीत, तकनीकी विकास संगठनों में इस प्रकार का संबंध नहीं पाया गया। विकास इंजीनियरों की उत्पादकता पर सकारात्मक प्रभाव केवल वृत्तिक उन्मुखता (वैज्ञानिक बनाम प्रबंधकीय) में भिन्नता द्वारा

पड़ा। इस बीच, विकास इंजीनियरों तथा वैज्ञानिकों की उत्पादकता में, अभिप्रेरणा के स्रोतों की समानता (मसलन, किसी समस्या को हल करने में समान उत्साह) के फलस्वरूप, कमी होने के बजाय, वृद्धि हुई। हम यह ध्यान रखें कि अपने सहकर्मियों के विपरीत, प्राधिकारी के साथ अभिप्रेरणा की समानता अथवा भिन्नता का कोई विशेष प्रभाव उत्पादकता पर दिखाई नहीं दिया।

परिणामस्वरूप, यह भली-भाँति कहा जा सकता है कि किसी वैज्ञानिक ग्रुप की उत्पादकता को प्रोत्साहित करने में अभिप्रेरणा की समानता की तुलना में अधिक सहायता अभिप्रेरणा की भिन्नता से प्राप्त होती है। हम यह भी मान सकते हैं कि इसका कारण एक प्रणाली के रूप में संगठन की बढ़ती हुई विविधता है, जिसके परिणामस्वरूप इसके कार्यकलाप की स्वतंत्रता की मात्रा में वृद्धि होती है।

यह कर्मियों की उत्पादकता तथा उनके प्रकार्यों के दायरे के बीच सह-संबंध के आंकड़ों से भी सिद्ध होता है। उत्पादकता पर वैज्ञानिक तथा सांगठनिक प्रकार्यों के बीच समय के वितरण के प्रभाव का विश्लेषण करने से यह भी देखा गया कि उत्पादकता में वृद्धि, आबंटित समय-अंश के अनुपात में ही हुई, मगर केवल उसी बिंदु तक जहाँ इसने समग्र कार्य-समय बजट का 75 प्रतिशत ले लिया और उसके उपरांत उत्पादकता में कमी होने लगी; विकास इंजीनियरों में यह अवसीमा रेखा 50 प्रतिशत रही। नतीजा यह है कि उसी पूरकता सिद्धांत (बाह्य पूरक) के अनुसार सांगठनिक प्रयास पर लगे समय का काफी हिस्सा वैज्ञानिक उत्पादकता के लिए लाभदायक साबित हुआ।

इसी प्रकार का परस्पर संबंध विशेषीकरण क्षेत्रों की संख्या के लिए भी पाया गया जहाँ एक से तीन तक संख्या बढ़ने से वैज्ञानिक उत्पादकता में लगभग 35 से 65 प्रतिशत तक वृद्धि हुई। पेशेवर प्रकार्यों की पूर्ति की संख्या के अनुपात में उत्पादकता में भी वृद्धि तो हुई, परंतु केवल कुछ हद तक : जहाँ ऐसे प्रकार्यों की संख्या 4 से अधिक थी, उत्पादकता अनुसंधान प्रयोगशालाओं में अधिक तेजी से गिरी तथा तकनीकी प्रयोगशालों में कम तेजी से (जबकि विकास इंजीनियरों में इसमें वृद्धि हुई) ज्ञात हुआ कि अनुसंधान के लिए कार्य-समय का इष्टतम आबंटन आधे से तीन चौथाई तक था, विकास के लिए आठवें भाग से एक-तिहाई तक (तथा तकनीकी प्रयोगशालाओं में विज्ञान के डाक्टरों के लिए आधे तक), तथा तकनीकी सेवाओं (प्रयोगों की प्रत्यक्ष तैयारी, उनको अभिलेखबद्ध करने, इत्यादि) के लिए लगभग आठवाँ भाग। केवल एक परियोजना (विषय) पर काम करने वाले शोधकर्मियों की तुलना

में दो या तीन परियोजनाओं पर एक साथ काम करने वाले कर्मियों में, समग्र रूप से, उत्पादकता कुछ अधिक थी।

निश्चय ही, उत्साह–अभिप्रेरणा-शक्ति–बहुत महत्त्वपूर्ण होता है। अनुसंधानकर्ता के संलग्न होने के कारण कार्य का 'महत्त्व' नहीं, बल्कि विषय-वस्तु में उसकी दिलचस्पी होती है। अनुसंधानकर्ता की पहलकदमी का स्रोत जो भी हो–चाहे स्वयं वैज्ञानिक हो अथवा उसका वातावरण–परियोजना के प्रति उसके प्रशासन अधिकारी तथा उसके सहकर्मियों के रवैये का प्रत्यक्ष प्रभाव उसकी कार्य मनोवृत्ति पर पड़ता है। फिर भी, इष्टतम परिणामों की प्राप्ति व्यक्तिगत पहल पर ही निर्भर करती है।वैज्ञानिक शोध अभिप्रेरणा पर (तकनीकी प्रयोगशालाकर्मियों में जो अधिक आम है) प्रशासकीय वृत्ति का हावी होना ऐसे बिंदु पर वैज्ञानिक उत्पादकता को नुकसान पहुँचाने लगता है जब वह विज्ञान के हितों से सीधे टकराता है। इसी के साथ पेशे में अपनी हैसियत को सुधारने तथा ऊँचा करने जैसी अभिप्रेरणाओं का असर वैज्ञानिक उत्पादकता पर बहुत कम पड़ता है। पेल्ज तथा ऐन्ड्रयूज को अपने अध्ययन में 'राष्ट्रीय कल्याण' जैसी अभिप्रेरणा से कोई सह-संबंध नहीं दिखाई दिया।

वैज्ञानिक उत्पादकता के सभी चारों पैरामीटरों (प्राचलों) में[35], प्रत्येक प्रकार की प्रयोगशाला तथा शोधकर्मी प्रवर्ग के साथ अभिप्रेरणा के अंतः स्रोतों के अंश का सीधा संबंध था। डाक्टर की उपाधि प्राप्त शोधकर्ताओं की उत्पादकता के लिए स्वयं अपने विचारों को स्वतंत्रतापूर्वक प्रतिपादित करने की इच्छा वैज्ञानिक उन्मुखता की तुलना में भी बहुत अधिक शक्तिशाली अभिप्रेरणा साबित हुई (तकनीकी प्रयोगशालाओं में यह अभिप्रेरणा कम महत्त्वपूर्ण साबित हुई)। नेतृत्व पर निर्भरता का तथा जिम्मेदारी से बचने की इच्छा का, सभी मामलों में, उत्पादकता पर नकारात्मक प्रभाव पड़ा। इसी के साथ, कुछ अभिप्रेरणाएँ हैं जैसे देखने में स्वतंत्र लगने की इच्छा, या फिर 'कुशल सहकर्मी' प्राप्त करने की इच्छा, व्यवहार की, ग्राहकों की आवश्यकताएँ पूरी करने और अंत में विशेषज्ञों की कृतियों से लिए गए विचारों का प्रतिपादन करने की इच्छा। इस तरह की अभिप्रेरणाओं का उत्पादकता पर कोई खास प्रभाव नहीं दिखाई देता। इससे भी अधिक यह कि, यह अंतिम बात डाक्टर की उपाधि वाले शोधकर्ताओं में लगन के अनुपात में साबित हुई। परंतु विकास इंजीनियरों के मामले में यह बात नहीं थी। उनकी प्रवृत्ति पिटेपिटाए रास्ते पर चलते रहने की थी।

प्रयोगशालाओं में अनुसंधानकर्मियों की उत्पादकता तथा उनके कार्य के

लिए समस्त आवश्यक चीजों की व्यवस्था के बीच संबंध का तथा उनकी प्रगति और उनके आत्म-मूल्यांकन के बीच अनुरूपता का भी, अध्ययन्न करने से कुछ अप्रत्याशित परिणाम सामने आए। व्यक्तिगत इच्छा तथा सांगठनिक तकाजों के प्रति अनुरूपता अनुसंधान प्रयोगशालाओं में सबसे अधिक विज्ञान के डाक्टरों में (0.5) थी, उसके बाद उन लोगों में थी जिनको डाक्टर की उपाधि प्राप्त नहीं थी (0.4-0.3) और सबसे कम तकनीकी प्रयोगशालाकर्मियों में (0.3) पाई गई। उत्पादकता की वृद्धि[36] आवश्यक कार्य-स्थितियों की उपलब्धि पर (0.33) अधिक निर्भर करती थी तथा समग्र संतुष्टि पर उससे कम (0.24)। यह देखा गया कि वैज्ञानिक उत्पाद के सबसे बहुमूल्य भाग की उत्पत्ति ऐसी स्थितियों में हुई जब संगठन से शोधकर्ता का किसी न किसी हद तक मतभेद था, और यह कि (विकास परियोजनाओं को छोड़कर) सबसे उच्च कोटि के शोधकर्ताओं के लिए संगठन से कुछ मतभेद अभिप्रेरक सिद्ध हुए। परंतु असंतोष के लाभदायक प्रभाव की निश्चित सीमाएँ थीं। शोधकर्मियों की एक स्थान से दूसरे स्थान पर चले जाने की कुछ मिसालों के अध्ययन से जाहिर हुआ कि इसका एक मुख्य कारण यह था कि संगठन को छोड़कर जाने वाले कर्मियों को उनके सहकर्मी जितना ऊँचा आंकते थे (दर्जे तथा वेतन की दृष्टि से) संगठन उन्हें उससे कहीं कम आंकता था।

परंतु, सब मिला कर, यह कहा जा सकता है कि वैज्ञानिक उत्पादकता पर, भीतरी अभिप्रेरणाओं के अतिरिक्त, असंतोष द्वारा डाले गए प्रभाव के ये आंकड़े, परंपरा-विरोध तथा परंपरावाद के पुराने अंतर्विरोध का ही एक संकेत हैं, और वे विज्ञान तथा संगठन के बीच अंतर्विरोध का प्रतिबिंब हैं।

इस आम धारणा के विपरीत कि वैज्ञानिक उत्पादकता हमेशा सृजनात्मक स्वतंत्रता से सानुपातिक होती है, देखा यह गया कि यह बात केवल कुछ सीमाओं के भीतर सही है। अनुसंधान तथा विकास कार्य दोनों में, विज्ञान के डाक्टरों ने विज्ञान में अधिकाधिक योगदान केवल तभी किया जब उनकी स्वतंत्रता (स्वायत्तता) में वृद्धि 49 प्रतिशत तक पहुँच गई। विकास इंजीनियरों, सहायक कर्मियों तथा बिना डाक्टरी उपाधि वाले शोधकर्ताओं के लिए 90 प्रतिशत तक स्वायत्तता का प्रभाव उत्पादकता पर लाभदायक सिद्ध हुआ, और उसके बाद उसमें तेजी से गिरावट आई। स्वायत्तता की इष्टतम मात्रा इस तथ्य पर निर्भर करती थी कि उत्पादकता के सबसे बुरे संकेतांक, शोधकर्ताओं के प्रयास का प्रशासन अधिकारी द्वारा व्यक्तिगत, एक व्यक्ति द्वारा निर्देशन, के परिणाम थे, तथा सबसे उत्तम संकेतांक उन निर्णयों का परिणाम थे जिन्हें प्रशासन

अधिकारी तथा शोधकर्त्ता (विकासकर्त्ता) ने मिलकर अथवा शोधकर्त्ता ने अपने सहकर्मियों के सहयोग से लिए थे। परंतु शोधकर्ता की वैज्ञानिक अभिरुचियाँ जितनी व्यापक होंगी उतने ही अधिक व्यापक स्वायत्तता के लाभ होंगे।

निश्चय ही, इन टिप्पणियों के प्रति आलोचनात्मक दृष्टिकोण अपनाना जरूरी है।

कार्नेल विश्वविद्यालय में समाज-विज्ञान के प्रोफेसर गेराल्ड गोर्डन ने चिकित्सा समाज विज्ञान में कार्यरत 245 वैज्ञानिकों से भेंट की। उन वैज्ञानिकों के कार्य का मूल्यांकन दो कसौटियों के अनुसार किया गया : नव प्रवर्तन तथा उत्पादकता। ''नव प्रवर्तन :शोध कार्य की नई प्रणालियों के माध्यम से अनुसंधान द्वारा हमारे ज्ञान में की जाने वाली वृद्धि की मात्रा अथवा नए सैद्धांतिक विवरणों का—उन खोजों का जो पुराने सिद्धांतों में स्पष्ट नहीं थे—विकास।'' ''उत्पादकता : शोध-कार्य की स्थापित प्रणालियों के आधार पर अनुसंधान द्वारा हमारे ज्ञान में वृद्धि की मात्रा अथवा पहले के सिद्धांत का विस्तार।''[37]

विभिन्न चिकित्सा-समाजशास्त्रीय प्रयोगशालाओं तथा ग्रुपों के प्रधानों को आमंत्रित किया गया कि शोध-कार्य संबंधी 25 रिपोर्टों का मूल्यांकन करें। ये रिपोर्टें बिना किसी पूर्वधारणा के, यों ही ले ली गई थीं। मूल्यांकन का आधार एक 10-सूत्री पैमाना था। उद्देश्य इन 25 रिपोर्टों का मूल्यांकन करना उतना नहीं था जितना मूल्यांकन करने के लिए आमंत्रित व्यक्तियों की मनोभावना की जानकारी प्राप्त करना। मालूम हुआ कि उनमें से हर एक ने पूरे 10-सूत्री पैमाने का प्रयोग नहीं किया था। कईयों ने अपने को तीन मौलिक चिह्नों तक ही सीमित रखा था (5 तथा उससे कम—'बुरे', 6 से 9—'ठीक-ठीक', तथा 10—'उत्तम')। इस प्रकार, गोर्डन ने इन लोगों को दो ग्रुपों में बाँटा : 'उच्च प्रभेदक' तथा 'निम्न प्रभेदक'। पता यह चला कि जिन वैज्ञानिक ग्रुपों का नव प्रवर्तन का स्तर ऊँचा था, वे 'उच्च प्रभेदकों' के अंतर्गत आते थे। इसके बाद गोर्डन ने एक 'पदक्रम वर्गीकरण' लागू किया। इसके अंतर्गत समान पदों पर काम करने वाले सभी व्यक्तियों का वर्गीकरण अनौपचारिक कार्यकुशलता के अनुसार किया गया।

'निम्न प्रभेदक' अपने मातहतों का मूल्यांकन करने में असमर्थ सिद्ध हुए। पेटेंटों, आविष्कारों तथा अनुप्रयुक्त शोध एवं विकास सुझावों की संख्या को सृजनात्मक योग्यता का पर्याप्त सूचक मानने पर यह पाया गया कि 'निम्न प्रभेदक', न केवल अत्यंत कुशल तथा अक्षम कर्मियों के बीच भेद को देखने में असमर्थ रहे थे, बल्कि अक्सर उन्होंने सृजनात्मक कर्मियों को अयोग्य बताया

तथा अकुशल को कुशल।

गोर्डन का विश्वास है कि मेदनिक सुदूर सहचारी परीक्षण (मेदनिक रिमोट एसोसिएट्स टेस्ट) तथा 'प्रभेदन' परीक्षण से अलग-अलग योग्यताओं को मापने में सहायता मिलती है और इस कारण उन्हें एक दूसरे से जोड़ा नहीं जा सकता। 'प्रभेदन' किसी समस्या को जानने, उसकी ओर ध्यान आकृष्ट करने की क्षमता का सूचक है। मेदनिक परीक्षण से किसी अन्य व्यक्ति द्वारा सुझाई गई अथवा ढूँढ़ निकाली गई समस्याओं को हल करने की क्षमता का पता चलता है। यही कारण है कि अकसर ऐसा होता है कि स्वयं अपनी शोध समस्याओं को सफलतापूर्वक हल कर लेने वाला वैज्ञानिक जब किसी प्रशासकीय पद पर नियुक्त होता है तो अपने कर्तव्यों को पूरा करने में असमर्थ रहता है। इसके विपरीत भी सही है : हो सकता है कि कोई वैज्ञानिक जिसने किसी विशेष सृजनात्मक योग्यता का परिचय नहीं दिया है, प्रयोगशाला का बहुत अच्छा प्रधान सिद्ध हो।

गोर्डन के व्यावहारिक निष्कर्ष से निम्नलिखित धारणा बनती है : जब ग्रुपों तथा दलों की रचना की जाए तो उनमें ऐसे व्यक्तियों को लेना चाहिए जो एक दूसरे के पूरक हों। कारण यह कि इससे ग्रुप की सृजनात्मक क्षमता को बढ़ाने में सहायता मिल सकती है।[38]

इस क्षेत्र में विज्ञान के सोवियत छात्रों द्वारा प्रस्तुत सिफारिशें भी पूरकता (बाह्य पूरक) सिद्धांत के अनुरूप हैं। इस प्रकार प्रोफेसर व. स. सोमिन्स्की के निर्देशन में तैयार किये गए एक अध्ययन **अनुसंधान परियोजनाओं की कार्यकुशलता में वृद्धि की आर्थिक समस्याएँ** में कहा गया है कि सोवियत संघ में, जहाँ वैज्ञानिक प्रतिष्ठानों में काम का पारिश्रमिक व्यक्ति के पद के साथ जुड़ा हुआ है, यह स्पष्ट है कि प्रत्येक वैज्ञानिक चाहे कितनी ही विलक्षण प्रतिभा से संपन्न क्यों न हो—विभाग का प्रधान नियुक्त नहीं किया जा सकता। दूसरी ओर, किसी बड़े वैज्ञानिक विभाग के प्रधान की जिम्मेदारियाँ एक योग्य संगठनकर्ता वैज्ञानिक द्वारा सफलतापूर्वक निभाई जा सकती हैं—हालांकि हो सकता है कि वह स्वतंत्र रूप से किसी सैद्धांतिक परियोजना को चलाने या कोई मौलिक प्रयोग करने में सक्षम न हो। कार्य पारिश्रमिक की वर्तमान व्यवस्था के कारण, अनुसंधान संस्थाओं, विकास कार्यालयों तथा उच्च शिक्षण संस्थानों में अधिक से अधिक प्रयोगशालाएँ, विभाग, आचार्य पद, इत्यादि स्थापित करने की प्रवृत्ति होती है। कारण यह कि विशेषज्ञों के कार्यों के लिए उनके पारिश्रमिक में वृद्धि करने का यही एकमात्र उपाय है।

सोवियत संघ के अनुसंधान प्रतिष्ठानों में कर्मियों के लिए नई वेतन योजना विभागीय संस्थानों में 1970 में तथा कुछ शैक्षणिक संस्थानों में दो वर्ष बाद जारी की गई। इस योजना द्वारा कर्मियों की मूल श्रेणियों के बीच मौजूद वेतन की विसंगति को ठीक किया गया तथा साथ ही उनके पारिश्रमिक का सामान्य स्तर ऊँचा किया गया।[३८]

वैज्ञानिक संगठनों में अभिप्रेरणा

विज्ञान एवं प्रविधि में मानव तथा संगठन के बीच संबंध, विज्ञान के विज्ञान में अध्ययन का एक काफी नया क्षेत्र है। कुछ विश्लेषणकर्ता वैज्ञानिक तथा प्राविधिक सृजनात्मकता के अंतर्गत अभिप्रेरणा पर सामूहिकी के प्रभाव को समाजवादी सृजनात्मक ग्रुपों द्वारा मुहैया किए गए आंकड़े के आधार पर आंकते हैं। ये ग्रुप जिन स्थितियों में काम करते हैं वे पूँजीवादी देशों में काम करने वाले समान ग्रुपों की स्थितियों से बुनियादी रूप में भिन्न हैं।

ओम्स्क टायर कारखाने के 'मजदूर-शोधकर्त्ता सामाजिक संस्थान' तथा अखिल-साइबेरियाई भौतिकी-गणितीय एवं रसायन प्रतियोगिता के ग्रीष्मकालीन स्कूलों के एक अध्ययन के आधार पर, फ्रोलोव सर्वाधिक स्थिरता प्रथम कोटि की अभिप्रेरणाओं में पाते हैं : कार्यकलाप की विषयवस्तु के अनुसार जांच, संज्ञान तथा पूर्वेक्षण की भावना। "आविष्कारक के सृजनात्मक चिंतन की गति, अनिवार्यतः, कार्यकलाप के कुछ निकटवर्ती क्षेत्रों से 'उलझ' जाती है। इनमें एक अधिक उच्च कोटि के सैद्धांतिक क्षेत्र (प्रतीकों की अधिक जटिल प्रणाली सहित) भी शामिल होते हैं। इन क्षेत्रों का स्वांगीकरण करना अक्सर व्यक्ति के बूते के बाहर सिद्ध होता है। इसके फलस्वरूप सामूहिकी को उस प्रकार के ज्ञान का वाहक बनना पड़ता है जो सफल सृजनात्मक कार्यकलाप के लिए आवश्यक होता है। यहाँ जोर देने योग्य महत्त्वपूर्ण बात यह है कि सृजनात्मक व्यक्ति की विशेष अनुकूल स्थितियाँ इस अर्थ में भी उपलब्ध रहती हैं कि आवश्यक सूचना सदा 'मौजूद' रहती है और आवश्यकता पड़ते ही हमेशा उपलब्ध हो जाती है।" सामाजिक संस्थान की परिधि के भीतर मजदूर-आविष्कारकों तथा इंजीनियरों एवं तकनिशियनों के बीच सर्वाधिक सृजनात्मक सहयोग को ध्यान में रखते हुए, फ्रोलोव लिखते हैं : "इस प्रकार के ज्ञान की, 'सुई लगाने' से, जो 'कई तरफा-प्रोत्साहनों' की प्रणाली के केवल एक भाग के विशेष अनुभव पर आधारित हो, उसका परंपरावाद नष्ट हो सकता है। लेकिन सूचना, जिसका उपयोग उस समय तक ढर्रे की कार्रवाइयों में होता रहा है, सृजनात्मक कार्यों

में नया जीवन प्राप्त कर लेती है।"[40]

लेखक अपनी दिलचस्प टिप्पणियों के समर्थन में संस्थान के सदस्यों द्वारा (जो 'इंजीनियर-मजदूर-इंजीनियर' व्यवस्था के भीतर कार्यरत हैं) एक कम खर्च तथा अधिक क्षमता वाले टायर सुरक्षक के अन्वेषण का विश्लेषण करता है। लेखक का कहना है कि 'कई तरफा प्रोत्साहनों' का उपयोग करने वाला ग्रुप, आविष्कार अथवा अन्वेषण की प्रक्रिया को तेज कर देता है तथा जांच-पड़ताल की भावना को जागृत या संतुष्ट करने में अधिक योगदान करता है। इस प्रकार अतिरिक्त सृजनात्मक अभिप्रेरणाओं को जन्म देता है।"[41] यहाँ इस बात को लक्षित किया जाना चाहिए कि 'सामाजिक संस्थान' ने जो ऐसा रूप धारण किया जिससे मजदूर-नव प्रवर्तकों, इंजीनियरों तथा औद्योगिक वैज्ञानिकों के सृजनात्मक प्रयासों को एकजुट करने में सहायता मिलती है, वह सामाजिक व्यवस्था के विशेष लक्षणों का प्रतिबिंब है। इसका ढाँचा इतना व्यापक सिद्ध होता है कि संगठन के भीतर संचार को एक सामूहिक 'सूचना बैंक' के स्तर तक उठा दे तथा वैज्ञानिक सूचना प्रक्रियाओं को सृजनात्मक स्वरूप प्रदान कर दे और साथ ही 'कई तरफा प्रोत्साहनों' की प्रणाली द्वारा परंपरावाद में काफी कमी कर दे (शोधकर्ता इंजीनियर मजदूरों में नऐ विचार प्रेरित करता है और बदले में वे भी इंजीनियर में नए विचार उत्प्रेरित करते हैं)। इस प्रकार, संगठन तथा विज्ञान के बीच अंतर्विरोध को दूर करने का एक वास्तविक आधार स्थापित होता है।

दूसरी कोटि की अभिप्रेरणाओं में अपना व्यक्तिगत सरोकार, स्व-आग्रहता, अनुसरण तथा सफलता शामिल हैं। अमरीकी मनोविज्ञान द्वारा इन अभिप्रेरणाओं पर विशेष जोर दिया जाता है। परंतु विचाराधीन परिस्थितियों में इनमें काफी परिवर्तन हो जाता है। "प्रत्यक्ष भौतिक लाभ, महत्त्वाकांक्षाओं तथा स्वार्थपूर्ण भावनाओं से संबंधित अभिप्रेरणाएँ निश्चित रूप से पृष्ठभूमि में धकेल दी जाती हैं। भाग लेने वालों को कोई प्रत्यक्ष भौतिक प्रोत्साहन प्राप्त नहीं होता। सामूहिकी (अर्थात सामाजिक संस्थान–लेखक) में शामिल होने का मतलब ही यह है कि कुछ व्यक्तिगत लाभों और हितों को सामाजिक हितों के पक्ष में दरकिनार किया जाए।"[42] इसकी प्रतिपूर्ति कैसे होती है? इसकी प्रतिपूर्ति निर्भीक और प्रायः खतरनाक प्रयोगों आयोजन द्वारा तथा, व्यापक अर्थ में, सृजनात्मक कार्यकलाप में शामिल होने के अवसर द्वारा होती है।इसके अतिरिक्त, सामाजिक संस्थान के सफल कार्यकलाप से उसमें भाग लेने वालों को अपने स्व-मूल्यांकन तथा अंतःप्रेरणा को बढ़ाते हुए उत्पादन समूहिकी में विशेषज्ञों की हैसियत

से अपने आप को स्थापित करने में मदद मिलती है।

तीसरी कोटि की अभिप्रेरणाओं में अधिक उच्च सामाजिक प्रोत्साहन तथा पूरे समाज को लाभ पहुँचाने की भावना शामिल रहती है। ये अभिप्रेरणाएँ विशेष रूप से लाक्षणिक हैं।

व. व. पोशातायेव के अनुसार, ''सामूहिकी पुरुषों तथा महिलाओं का एक ऐसा संकाय होती है जिसकी लाक्षणिकता उद्देश्यों और हितों की समानता तथा समाज के हित में संयुक्त क्रियाकलाप होती है। इसमें संगठन, अनुशासन और व्यक्तियों के बीच पारस्परिक जिम्मेदारी तथा बिरादराना सहयोग के संबंध रहते हैं।''[43]

पेल्ज एवं एन्ड्रयूज को वैज्ञानिक उत्पादकता तथा 'राष्ट्रीय कल्याण' जैसी अभिप्रेरणाओं में कोई संबंध नहीं दिखाई दिया। फ्रोलोव ने अपने लेख में दिखाया है कि समाजवाद के अंतर्गत इस अभिप्रेरणा द्वारा एक शृंखलाबद्ध प्रक्रिया शुरू होती है जिसमें प्रथम तथा द्वितीय श्रेणियों की अभिप्रेरणाएँ शामिल होती हैं और जो यदा-कदा सृजनात्मक प्रक्रिया की अगली अवस्थाओं में प्रमुख भूमिका अदा करती हैं।[44]

विज्ञान एवं प्रविधि में मानव तथा संगठन के बीच संबंध के कुछ पहलू सोवियत संघ में शोधकर्मियों की एक मतगणना द्वारा सामने आए हैं। यह मतगणना **लितेरातूरनाया गजेयता** नामक पत्रिका द्वारा आयोजित की गई थी। उसके 15 जुलाई 1970 के अंक में इस मतगणना के परिणाम ''काम करने में आपको कैसा महसूस होता है?'' शीर्षक के अंतर्गत प्रकाशित किए गए थे। प्रश्नावलियों के लगभग 4,000 उत्तर प्राप्त हुए जिनमें अनेक के साथ लंबे पत्र (कुछ लंबे लेखों के रूप में) शामिल थे और इनमें वैज्ञानिक कार्य के संगठन तथा मूल्यांकन की महत्त्वपूर्ण समस्याओं पर विचार किया गया था। देश के अनेक शहरों के छः शोध संस्थानों में विभिन्न दलों ने स्वयं अपनी पहल पर इस प्रश्नावली का उपयोग करके अपने स्टाफ की मतगणना आयोजित की। इनमें दो तकनीकी संस्थान (जज़कज़गान का अलौह धातुकर्म शोध एवं प्रारूपण संस्थान तथा लेनिनग्राद का पल्जुनोव की स्मृति में नामकृत केंद्रीय बॉयलर एवं टर्बाइन शोध संस्थान), दो प्रकृति विज्ञान संस्थान (कीयेव स्थित उक्राइनी हाइड्रोमीटियोरालॉजिकल शोध संस्थान तथा मास्को स्थित अखिल संघीय न्यूक्लियर जियोफिजिक्स तथा जियोकैमिस्ट्री शोध संस्थान), एक चिकित्सा संस्थान (अल्माअता स्थित कजाखस्तान सार्वजनिक स्वास्थ्य मंत्रालय का चिकित्सा, एवं प्रयोगात्मक सर्जरी संस्थान) तथा एक समाज विज्ञान संस्थान

(ताल्लीन स्थित एस्तोनियाई जनतंत्र की विज्ञान अकादमी का अर्थशास्त्र संस्थान) शामिल थे।

संस्थान की रूपरेखा जो भी रही हो, जिन लोगों से प्रश्न पूछे गए उनमें से 50 से 80 प्रतिशत अपने सहकर्मियों से केवल यदा-कदा संपर्क रखना ही पसंद करते थे तथा बाकी अधिकांश को एकांत एवं पूर्ण शांति पसंद थी; केवल 10 प्रतिशत अपने सहकर्मियों के साथ नियमित रूप से संपर्क रखना चाहते थे। तकनीकी संस्थानों के अग्रणी लोगों की प्रवृत्ति मानविकी संस्थानों के अग्रणी लोगों की तुलना में एकांत तथा शांत वातावरण की ओर बहुत कम थी (क्रमशः 10 प्रतिशत तथा 60 प्रतिशत) तथा उनमें नियमित संपर्क की प्रवृत्ति अधिक थी (20 प्रतिशत तथा 0 प्रतिशत)। तकनीकी विज्ञानों में ऐसे संपर्कों की आवश्यकता स्वयं कार्य के स्वरूप से उत्पन्न होती है। परंतु मानविकी सहित अन्य क्षेत्रों में, यह भावना थी कि अपने आपको तनाव से बचाया जाए जो अनिवार्यतः वर्तमान 'सूचना विस्फोट' के अंतर्गत बड़ी संख्या में लोगों से नियमित संपर्क रखने से पैदा होता है। यदि अधिक संख्या में बाहरी उत्तेजन मौजूद हों तो मौलिक एवं सृजनात्मक अनुसंधान करना और अपने विचारों को संकेंद्रित तथा क्रमबद्ध करना असंभव हो जाता है।

जिन लोगों से भेंट की गई उनमें आधे लोगों का विश्वास था कि उत्पादकता कम होने का मुख्य कारण खामोशी का अभाव था; मानविकी तथा विकास-संबंधी संस्थानों के 40 प्रतिशत नेताओं तथा तकनीकी संस्थानों के वरिष्ठ शोध सहकारियों, मानविकीय संस्थानों के 20 प्रतिशत वरिष्ठ इंजीनियरों तथा 25 प्रतिशत वरिष्ठ शोध सहकारियों की धारणा थी कि निम्न उत्पादकता का ऐसा ही एक कारक बैठकों तथा सम्मेलनों की अत्यधिक संख्या है। विकास संस्थानों के 60 प्रतिशत वरिष्ठ इंजीनियरों, 35 प्रतिशत वरिष्ठ शोध सहकारियों, 30 प्रतिशत ग्रुप प्रधानों तथा एक अर्थशास्त्र संस्थान के 30 प्रतिशत ग्रुप प्रधानों का विचार था कि सृजनात्मक उत्पादकता पर सूक्ष्म सामूहिकी के भीतर के वातावरण एवं संबंधों का प्रभाव पड़ता है।

जिन लोगों से भेंट की गई उनमें अधिकांश (80-90 प्रतिशत) ने अपने काम के सर्वाधिक महत्त्वपूर्ण प्रोत्साहनों पर विचार करते समय सबसे उच्च स्थान संज्ञान तथा सृजनात्मक की प्रक्रिया से प्राप्त होने वाले संतोष को दिया (जो उपरोक्त आंकड़ों के अनुरूप ही है)। परिणामस्वरूप, विज्ञान में नैतिक प्रोत्साहन का स्थान प्रथम तथा भौतिक प्रलोभनों का स्थान दूसरा है। यह भी ज्ञात हुआ कि परंपरागत अभिप्रेरणाओं, जैसे प्रतिष्ठा एवं ख्याति, का महत्त्व

केवल 15 प्रतिशत के लिए था। अपने सहकर्मियों की राय (यह भी एक नैतिक अभिप्रेरणा है) पर 25 प्रतिशत लोगों ने जोर दिया। तीन वैज्ञानिक प्रतिष्ठानों में एक प्रश्नावली के उत्तरों से प्राप्त निम्नलिखित आंकड़ों द्वारा कुछ इसका अनुमान लगाया जा सकता है कि शोध संस्थान के स्टाफ के सदस्यों में अपने संगठनों की स्थितियों के प्रति संतोष की भावना कितनी थी। एक भी उत्तर ऐसा नहीं था जिसमें यह कहा गया हो कि नियोजित विषय के अंतर्गत अनुसंधान, शोधकर्त्ताओं की वैज्ञानिक अभिरुचियों के 'सर्वथा अनुकूल नहीं था' या 'बहुत कम अनुकूल था'। इन शोधकर्त्ताओं में विज्ञान के डाक्टर तथा प्रार्थी एवं ग्रुप नेता शामिल थे। जिनसे भेंट की गई उनमें 66 में सें केवल तीन व्यक्तियों ने कहा कि उन्हें विषय में केवल आंशिक अभिरुचि है, 29 ने 'मुख्यतया' तथा 34 ने 'पूर्णतया' अभिरुचि बताई। इसके विपरीत, बिना वैज्ञानिक उपाधि वाले जिन जूनियर शोध सहकारियों से बातचीत की गई उनमें अधिक प्रतिशत ऐसे लोगों का था जिन्होंने नियोजित विषय पर अपने काम से असंतोष प्रकट किया, जिसका मुख्य कारण उनकी अपनी दक्षता का निम्न स्तर था।[45]

आइए, अब हम प्रधान अभिप्रेरणाओं को श्रेणीबद्ध करें। इसके लिए यह उपयुक्त होगा कि (नेताओं तथा सहकर्मियों द्वारा व्यक्त) मत के प्रत्यक्ष आत्मनिष्ठ मूल्यांकनों की तुलना, मूलतः वस्तुनिष्ठ बाधाओं के संबंध में, कम आत्मनिष्ठ मूल्यांकनों से की जाए। वस्तुनिष्ट बाधाओं में हैं, उदाहरण के लिए, निरुत्साहपूर्ण विषय। इस बात का पता कि वैज्ञानिक संगठन में वास्तविक स्थिति क्या है और किसी हद तक इस बात का पता भी कि नेतृत्व का स्तर कैसा है, इस विषय के स्वरूप से, जिस पर कार्य हो रहा है और शोधकर्त्ताओं के दल की उस विषय में अभिरुचि से चल सकता है।

ऊपर जिन छः संस्थानों के नाम दिए गए हैं उनके आंकड़ों की तुलना प्रश्नावलियों के चंद नमूनों के परिणामों से करना दिलचस्प है। प्रत्येक समाचार पत्र पाठक जिसने बिना नाम बताए उत्तर दिया, 'संगठन का आदमी' नहीं जान पड़ा, यानी वह किसी निश्चित प्रतिष्ठान का सदस्य नहीं था, बल्कि एक स्वतंत्र व्यक्ति था (विशेषकर इस दृष्टि से कि प्रश्नावली जुलाई में, गर्मी की छुट्टियों के बीचोबीच प्रकाशित हुई थी)। मेरा विश्वास है कि उनके विचारों का मूल्यांकन करने से अपने संगठन के संबंध में व्यक्ति का मूल्यांकन का काफी प्रत्यक्ष तथा वस्तुनिष्ठ अंदाजा मिल जाएगा। वैज्ञानिक सार्वजनिक विचार की इस अभिव्यक्ति से एक ओर वैज्ञानिक नेताओं के तथा दूसरी ओर सहकर्मियों

के विचारों के प्रेरणादायक महत्त्व के बारे में तथा इनके काम पर रूखे विषयों के हानिकारक प्रभाव के बारे में क्या मालूम होता है?

आइए, हम एक जनसांख्यिकीय विश्लेषण से प्रारंभ करें। जिन महिलाओं की राय ली गई उनमें 13.41 प्रतिशत अथवा पुरुषों के 7.44 प्रतिशत की तुलना में लगभग दो गुनी संख्या ने अपने से तत्काल ऊपर के अधिकारियों की राय के प्रेरणादायक प्रभाव पर जोर दिया। दूसरी ओर, 50 प्रतिशत से अधिक महिलाओं ने (पुरुषों के 12.98 प्रतिशत की तुलना में 18.45 प्रतिशत महिलाओं ने) अरुचिकर विषयों की शिकायत की। अपने सहकर्मियों के विचार के प्रेरणादायक महत्त्व का मूल्यांकन लगभग समान था (क्रमशः 35.88 तथा 33.95 प्रतिशत)। प्रत्यक्षतः महिलाओं में परंपराविरोध की प्रवृत्ति कम होती है। अतः सोवियत संघ के वैज्ञानिक अनुसंधान संगठनों में काम करने वाली महिलाओं की, जिनकी संख्या पश्चिम की तुलना में कई गुना अधिक है, बढ़ती हुई संख्या का प्रभाव समग्र रूप में, उन संगठनों के स्थायित्व को कमजोर करने के बजाय उन्हें मजबूत बनाता है। जैसा कि मैं कह चुका हूँ, इसके सकारा मक (साथ ही हानिकारक भी) पहलू हैं।[46]

तालिका-2

अपने तत्काल प्रधान (अ. त. प्र.) के मत तथा अपने सहकर्मियों (अ. सह.) के मत के प्रेरणादायक महत्त्व का, तथा काम पर अरुचिकर विषयों (अ. वि.) के नकारात्मक प्रभाव का मूल्यांकन–आयु समूहों, योग्यता स्तरों (वैज्ञानिक उपाधियों) एवं वैज्ञानिक पदों के प्रतिशत के रूप में

	अ. त. प्र.	अ. सह.	अ.वि.
आयु के आधार पर			
25 घर्ष से कम	17.54	25.44	17.54
25 से 35 वर्ष	11.40	34.78	17.46
35 से 45 वर्ष	8.08	38.83	14.10
45 से 60 वर्ष	5.15	33.60	9.21
60 वर्ष से ऊपर	3.89	32.30	10.12
वैज्ञानिक उपाधियों के आधार पर :			
बिना वैज्ञानिक उपाधि वाले	13.47	32.61	21.07
विज्ञान के प्रार्थी	6.97	37.73	11.39

विज्ञान के डाक्टर	2.59	34.20	6.37
वैज्ञानिक पदों के आधार पर :			
इंजीनियर	12.26	25.81	27.74
जूनियर शोध सहकारी	15.20	32.60	18.41
वरिष्ठ इंजीनियर	9.55	32.27	25.45
वरिष्ठ शोध सहकारी	9.29	38.00	15.53
प्रयोगशालाओं एवं विभागों के प्रधान	6.46	37.78	11.87
वैज्ञानिक प्रतिष्ठानों के प्रधान	—	40.66	7.69

आइए, अब हम इस तालिका में दिए गए आंकड़ों पर विचार करें।

ये आंकड़े दर्शाते हैं कि 25 वर्ष से कम आयु के समूह में जिन लोगों के मत लिए गए उनमें 17.54 प्रतिशत ने बताया कि अपने प्रधान की राय से उन्हें अभिप्रेरणा मिली; यही मत 25-35 वर्ष के आयु-समूह में 11.40 प्रतिशत ने; 35-45 के आयु-समूह में केवल 8.08 प्रतिशत ने; 45-60 के आयु-समूह में 5.15 प्रतिशत ने; तथा 60 से ऊपर के आयु-समूह में 3.89 प्रतिशत ने अभिव्यक्त किया। परिणामस्वरूप, आयु के बढ़ने के साथ इस मूल्यांकन में लगातार तथा प्रत्यक्ष रूप से कमी होती गई। अरुचिकर विषयों की शिकायत करने वालों का भाग भी कम हुआ। दूसरी ओर, आयु के बढ़ने के साथ-साथ अपने सहकर्मियों के विचारों का महत्त्व भी बढ़ता गया। 25 वर्ष से कम आयु-समूह में 25.44 प्रतिशत से लेकर 25-35 वर्ष के आयु-समूह में 34. 78 प्रतिशत तक तथा 35-45 वर्ष आयु-समूह में 38.83 प्रतिशत तक वृद्धि हुई है।अधिक आयु वाले ग्रुपों में इसमें कमी हुई (45-60 वर्ष के आयु-समूह में 33.60 तथा 60 से अधिक आयु वालों में 32.30 प्रतिशत), परंतु, समग्र रूप से, युवा वैज्ञानिकों की तुलना में यह अनुपात बहुत अधिक बना रहा।

योग्यता (वैज्ञानिक उपाधियों) के अनुसार वर्गीकरण करने से भी यही चित्र सामने आता है। उपाधि बढ़ने के साथ-साथ अपने से तत्काल वरिष्ठ अधिकारियों के मत के मूल्यांकन में इसका अनुपात बिना वैज्ञानिक उपाधि वालों में 13.47 प्रतिशत से प्रार्थियों में 6.97 प्रतिशत तथा विज्ञान के डाक्टरों में 2.59 प्रतिशत था। परंतु यह बात लाक्षणिक है कि अरुचिकर विषयों के बारे में (जिसका अपने तत्काल वैज्ञानिक अधिकारी से हमेशा प्रत्यक्ष संबंध होता है) शिकायतों का भाग उसी अनुपात में कम होता जाता है। परंतु अपने सहकर्मियों की राय का मूल्यांकन ऊँचा होता जाता है; क्रमशः 32.61 प्रतिशत

से 37.73 प्रतिशत तथा 34.20 प्रतिशत तक।

दूसरे शब्दों में, केवल जीवन के अनुभव से ही नहीं, बल्कि वैज्ञानिक योग्यता के कारण भी एक व्यक्ति अपने अधिकारियों की तुलना में अपने आप पर अधिक निर्भर करने लगता है, और साथ ही, उन लोगों की राय को जो संगठन में उसी के बराबर दर्जा रखते हैं, अधिक मूल्यवान मानने लगता है। पदों के अनुसार मूल्यांकनों का वर्गीकरण करने से भी यही सबित होता है। अपने तत्काल प्रधान की राय को इंजीनियर (12.26 प्रतिशत) तथा जूनियर अनुसंधान सहकारी (15.20 प्रतिशत) अधिक महत्त्व देते हैं। इसकी तुलना में वरिष्ठ इंजीनियर (9.55 प्रतिशत) तथा वरिष्ठ अनुसंधान सहकारी (9.29 प्रतिशत), तथा प्रयोगशालाओं एवं विभागों के प्रधान (6.46 प्रतिशत) कम महत्त्व देते हैं। परंतु सहकर्मियों की राय को वरिष्ठ इंजीनियरों (32.27 प्रतिशत) की तुलना में इंजीनियर (25.81 प्रतिशत) कम महत्त्व देते हैं, तथा वरिष्ठ अनुसंधान सहकारियों (38 प्रतिशत), प्रयोगशालाओं के प्रधान (37.78 प्रतिशत) की तुलना में जूनियर अनुसंधान सहकारी (32.60 प्रतिशत) उन्हें कम मूल्यवान मानते हैं।

यहाँ यह नोट किया जाना भी जरूरी है कि इंजीनियरों में (अर्थात्, मुख्यतः तकनीकी क्षेत्रों में काम करने वालों में) सांगठनिक मूल्यांकन के ये दोनों प्रमापक एक भिन्न चित्र उपस्थित करते हैं : परिशुद्ध, प्राकृतिक तथा समाज विज्ञानों के शोधकर्ताओं की तुलना में सहकर्मियों की राय को कम महत्त्व दिया जाता है तथा उनमें अरुचिकर विषयों के बारे में शिकायतें भी अधिक पाई जाती हैं। मूल्यांकनों का विभाजन ज्ञान के क्षेत्रों के अनुसार करने पर भी मुख्यतया यही बात पाई जाती है (देखिए तालिका 2-2)

तालिका 2-2

अपने तत्काल प्रधान (अ. त. प्र.) के मत और अपने सहकर्मियों (अ. सह.) के मत के प्रेरणादायक महत्त्व का, तथा काम पर अरुचिकर विषयों (अ. वि.) के नकारात्मक प्रभाव का भी मूल्यांकन वैज्ञानिक शास्त्रों के प्रतिशत रूप में

वैज्ञानिक शास्त्र	अ.त.प्र.*	अ. सह.**	अ. वि.
चिकित्सा	14.21	32.99	15.48
रसायन	13.06	34.68	13.96
गणित	11.71	37.84	14.41
अर्थशास्त्र	11.02	30.61	16.10

भौतिक शास्त्र	9.71	37.54	11.33
जीव विज्ञान	7.89	36.86	9.32
मानविकी विज्ञान	6.97	34.16	11.91
तकनीकी	6.96	35.97	15.94
भूविज्ञान	6.47	39.36	15.60
शिक्षा विज्ञान	6.17	29.63	8.64

अपने तत्काल प्रधान की राय की प्रेरणादायक भूमिका का सबसे ऊँचा मूल्यांकन चिकित्सा विभाग के लोगों ने किया (14.21 प्रतिशत), इनके उपरांत रसायन कर्मियों ने (13.06 प्रतिशत), गणितज्ञों ने (11.71 प्रतिशत), तथा अर्थशास्त्रियों ने (11.02 प्रतिशत)। इसके बाद आते हैं : भौतिकीविद् (9.71 प्रतिशत), जीवविज्ञानी (7.89 प्रतिशत), मानविकी विज्ञानों में काम करने वाले (6.97 प्रतिशत) तथा तकनीशियन (6.96 प्रतिशत), भूवैज्ञानिक (6.47 प्रतिशत) तथा शिक्षक (6.17 प्रतिशत)। अपने सहकर्मियों की राय के मूल्यांकन का सोपान बिल्कुल भिन्न है। इसमें पहला स्थान भूवैज्ञानिकों का है (39.36 प्रतिशत), गणितज्ञ दूसरे स्थान पर आते हैं (37.84 प्रतिशत), तथा भौतिकीविद् (37. 54 प्रतिशत) तीसरे स्थान पर। इनके बाद आते हैं : जीवविज्ञानी (36.86 प्रतिशत), तकनीशियन (35.97 प्रतिशत), रसायनविद् (34.68 प्रतिशत) तथा मानविकी विज्ञान में काम करने वाले (34.16 प्रतिशत)। तालिका में सबसे नीचे चिकित्सा विभाग के लोग (32.99 प्रतिशत), अर्थशास्त्री (30.61 प्रतिशत) तथा शिक्षक (29.63 प्रतिशत) आते हैं। दूसरी ओर अरुचिकर विषयों की शिकायत करने वालों में 14-16 प्रतिशत चिकित्साकर्मी, रसायनविद्, गणितज्ञ, अर्थशास्त्री, तकनीशियन तथा भूवैज्ञानिक, 11-12 प्रतिशत भौतिकीविद तथा मानव-विज्ञान में लगे लोग, और 9 प्रतिशत जीव विज्ञानी तथा शिक्षक हैं।

परिणामस्वरूप, नेतृत्व का मानांकन धीरे-धीरे कम होता जाता है। सबसे ऊँचा मूल्यांकन चिकित्सा के विशेषज्ञों का किया जाता है, उससे कम प्रकृति तथा विशुद्ध विज्ञानों के विशेषज्ञों का, और उससे भी प्रत्यक्ष रूप में कम मानविकी विज्ञानों के विशेषज्ञों का। परंतु इस नियम के अपवाद भी हैं। इनको अलग करने के लिए हम यह मान लें कि मत देने वालों में 10 प्रतिशत उन

* औसत 10 प्रतिशत

** औसत 35 प्रतिशत

नमूनों का, जो छः संस्थानों में लिए गए हैं, औसत मूल्यांकन हैं। हम देखेंगे कि चिकित्साकर्मियों, रसायनविदों, गणितज्ञों तथा अर्थशास्त्रियों में नेतृत्व का मूल्यांकन औसत से अधिक है, तथा भौतिकीविदों, जीव वैज्ञानिकों, भूवैज्ञानिकों, तकनीशियनों, मानविकी क्षेत्र के कर्मियों तथा शिक्षकों में औसत से कम। अभी यह कहना कठिन है कि इस विभाजन पर एक ओर अर्थशास्त्र तथा अन्य विज्ञानों के 'गणितीकरण' का, तथा दूसरी ओर कुछ प्रकृति एवं मानविकी विज्ञानों पर 'तकनीकीकरण' का कितना प्रभाव पड़ा है।

इसका यह तात्पर्य भी नहीं है कि यदि प्रत्येक क्षेत्र में एक स्पष्ट अल्पसंख्या नेतृत्व के मूल प्रकार्यों, अर्थात विषयों के चयन तथा कार्य की मात्रा के विनियमन से असंतुष्ट होती है तो नेताओं में व्यापक अयोग्यता है। कुछ त्रुटियों की, जैसे अरुचिकर विषयों की (तथा विषयों की अत्यधिक संख्या एवं काम की अत्यधिक मात्रा की), शिकायत मत देने वालों में 16-18 प्रतिशत ने की है। परिणामस्वरूप, यह मानने का कोई आधार नहीं कि समुचित रूप से वैज्ञानिक नेतृत्व का स्तर नीचा है।

एक अन्य सांगठनिक पैरामीटर—अपने सहकर्मियों की राय—का वर्गीकरण करने में 35 प्रतिशत मत देने वालों को औसत मूल्यांकन के रूप में स्वीकार करना स्वाभाविक है। औसत से ऊपर मूल्यांकन करने वालों में भूवैज्ञानिक सबसे पहले आते हैं, जबकि नेतृत्व के विचार का मूल्यांकन करने में इनका स्थान निम्नतम से 1 दर्जा ऊपर था। उनके बाद आते हैं : गणितज्ञ, भौतिकीविद, जीव वैज्ञानिक तथा तकनीशियन। औसत से नीचे के स्तर पर रसायनविदों, मानविकी क्षेत्र के कर्मियों, चिकित्सा कर्मियों, अर्थशास्त्रियों तथा शिक्षकों द्वारा मूल्यांकन हैं।

प्रत्येक वैज्ञानिक क्षेत्र के कर्मियों द्वारा अपने तत्काल प्रधान की राय के प्रेरणादायक महत्त्व का अपेक्षाकृत निम्न (7-14 प्रतिशत) मानांकन, एक हद तक, वैज्ञानिक क्रियाकलाप की बढ़ती हुई सामूहिकता का नकारात्मक परिणाम है। कारण यह कि अपने से तत्काल ऊपर के अधिकारी को प्रायः 'अपने में से एक' माना जाता है। अंतर केवल इतना ही होता है कि उसे अधिकार सौंपा गया होता है। इसी कारण उसका कर्तव्य होता है कि वह त्रुटियों से परे रहे। इसके अतिरिक्त, अनुसंधान का मतांतरवादी स्वरूप, तत्काल अधिकारी की राय को एक महत्त्वपूर्ण प्रेरणादायक की हैसियत से देखने में बाधक होता है। हो सकता है कि यह पहलू चिकित्साकर्मियों में (14.21 प्रतिशत), रासायनविदों में (13.06 प्रतिशत), गणितज्ञों में (11.71 प्रतिशत)

तथा अर्थशास्त्रियों में (11.02 प्रतिशत) उतना मुखर न हो।

यह सच ही कहा गया है कि पैगम्बरों का स्वयं अपने देश में आदर नहीं किया जाता। प्रश्नावली के लगभग सभी सवालों के जवाब, एक ओर, प्रयोगशालाओं अथवा ग्रुपों के प्रधानों का मूल्यांकन तथा दूसरी ओर, वरिष्ठ अनुसंधान सहकारियों (वरिष्ठ इंजीनियरों) का मूल्यांकन, दोनों, एक दूसरे के बहुत निकट अथवा समान थे। ऐसा लगता है कि आत्मनिष्ठ दृष्टिकोण से, एक प्राथमिक अनुसंधान ग्रुप का नेता, प्रमुख शोधकर्त्ताओं से, जो उसके अधीन होते हैं, बहुत कम भिन्न होता है। वे साधारणतया उसे अपने से श्रेष्ठ नहीं, बल्कि 'अपने में से एक' मानते हैं जिसे केवल अतिरिक्त प्रशासकीय जिम्मेदारियाँ सौंपी गई हैं (और वह भी एक निश्चित पारिश्रमिक के साथ)। शोधकर्मियों तथा इंजीनियरों में अधिकांश लोगों का यही दृष्टिकोण रहता है। इसलिए यह कोई आश्चर्यजनक की बात नहीं कि नेता के संभावनापूर्ण विचारों एवं सही निर्णयों को भी कोई विशेष महत्त्व नहीं दिया जाता। फिर यह भी आश्चर्यजनक नहीं कि उसके बेकार या गलत विचारों, और खासकर 'अनुचित' फैसलों पर अप्रसन्नता जाहिर की जाती है। इसका विशेष कारण उसके साथ घनिष्ठ संबंध होना होता है। शायद इसका उचित कारण मौजूद है कि अपने तत्काल अधिकारियों की राय को लगभग वही महत्त्व दिया जाता है जो अपने घनिष्ठ सहकर्मियों की राय को, क्योंकि जब कोई व्यक्ति बराबर साथ रहे तो उसे असाधारण मानना कठिन हो जाता है।[47]

वैज्ञानिक उत्पादकता की सर्वाधिक स्वीकार्य कसौटियों की तालिका में सबसे ऊपर व्यावसायिक ख्याति का स्थान है : छः संस्थानों के मत देने वाले लोगों में से आधे से अधिक ने विशेषज्ञों द्वारा मान्यता प्राप्त प्रकाशनों की संख्या पर अधिक बल दिया, और यह बात विज्ञान में तुलनात्मक सहयोग के उस सूचकांक के निकटतम पहुँचती है जिसे पेल्ज एवं ऐन्ड्रयूज ने तैयार किया था। संगठन के लिए व्यापक लाभ जैसे पैरामीटर (परिमाप) की तुलना प्राप्त आर्थिक नतीजे से की जा सकती है, तथा छात्रों एवं अनुयायियों की मौजूदगी से भी। राय देने वालों में औसतन 40 प्रतिशत ने आर्थिक नतीजे पर बल दिया, और यह संख्या विकास इंजीनियरों के नेताओं (तथा वरिष्ठ इंजीनियरों) में 60 प्रतिशत तक, तथा जूनियर अनुसंधान अर्थशास्त्रियों में 80 प्रतिशत तक पहुँच गई थी (इन अर्थशास्त्रियों ने भी मान्यता-प्राप्त प्रकाशनों की संख्या पर बल दिया)। दूसरी ओर, ताल्लीन अर्थशास्त्र संस्थान में मानविकीय ग्रुपों के नेताओं तथा वरिष्ठ अनुसंधान सहकारियों में अनुपात इससे कम, अर्थात

30 प्रतिशत (इसकी तुलना में प्रकाशनों की संख्या के लिए 70 प्रतिशत) था; तकनीकी संस्थान के वरिष्ठ अनुसंधान सहकारियों में यह संख्या कम होकर 25 प्रतिशत रह गई थीं परिणामस्वरूप, सबसे अधिक योग्य तथा अनुभवी अकादमिक अर्थशास्त्रियों का एवं तकनीकी विज्ञानों में काम करने वालों के एक भाग का भी, विश्वास था कि वैज्ञानिक काम के मूल्यांकन के लिए आर्थिक नतीजे की कसौटी व्यापक अथवा विश्वसनीय नहीं है। उन्होंने विशेषज्ञों द्वारा मान्यता-प्राप्त प्रकाशनों की संख्या को, यानी सामाजिक परिणाम की दृष्टि से एक व्यापक मूल्यांकन को तरजीह दी। इसी तरह मतदाताओं में 18 प्रतिशत ने उत्पादकता के द्योतक मानदंड के रूप में छात्रों एवं अनुयायियों की मौजूदगी पर बल दिया।

केवल 12 प्रतिशत ने उत्पादकता के मापदंड के रूप में प्रकाशनों की संख्या का समर्थन किया, जबकि 20 प्रतिशत ने हवालों की संख्या को तरजीह दी, यानी इस बात को कि अमुक लेखक की कृति का हवाला अन्य लेखकों की कृतियों में कितनी बार दिया गया है। न तो प्रथम सूचक को (जो अब तक उत्पादकता का मुख्य अधिकृत मानदंड है), और न दूसरे सूचक को, जिसे कुछ लेखकों ने पेश किया था, स्वयं अपने तौर पर, काफी समर्थन प्राप्त हो सका। परंतु इससे यह सिद्ध नहीं होता कि ये मापदंड उत्पादकता के अनुपूरक सूचकों के रूप में (प्रकाशनों के वितरण के सांख्यिकीय कानून को देखते हुए) उपयोगी नहीं हो सकते।

विशेषज्ञों की राय वैज्ञानिकों तथा इंजीनियरों को सूचना-विस्फोट की स्थिति में अपना संतुलन बनाए रखने में सहायता देती है। एक ओर, अपने सहकर्मियों की राय वैज्ञानिक सृजनात्मकता की मूल अभिप्रेरणाओं में से एक, तथा विशेषज्ञों द्वारा वैज्ञानिक प्रकाशनों की मान्यता, मूल्यांकन की एक मूल कसौटी सिद्ध हुई, तो दूसरी ओर, विशेष साहित्य का अध्ययन (चाहे उनकी रूपरेखा कुछ भी हो) मत देने वालों में 80 प्रतिशत के लिए, सूचना का सबसे बहुमूल्य स्रोत बना हुआ है। संदर्भ पत्रिकाएँ, वैज्ञानिक तथा तकनीकी सूचना के अखिल-संघीय संस्थान के प्रकाशन दूसरे स्थान पर थे (अनुप्रयुक्त संस्थानों में लगभग 70 प्रतिशत, तथा मानविकी में 45 प्रतिशत), जबकि प्रायोगिक अनुसंधान का स्थान सूचना के स्रोत के रूप में तीसरा था (तकनीकी संस्थानों में 45 प्रतिशत तथा मानविकी संस्थानों में 20 प्रतिशत)

वैज्ञानिक गोष्ठियों तथा सम्मेलनों में सूचना का संकेंद्रण करने की क्षमता होती है, परंतु केवल ऐसी स्थिति में जब इन गोष्ठियों और सम्मेलनों का

आयोजन काफी उच्च स्तर पर किया जाए। 65 प्रतिशत वरिष्ठ अनुसंधान सहकारियों तथा तकनीकी संस्थानों के वरिष्ठ इंजीनियरों ने, और मानविकियों में 55 प्रतिशत विभागीय प्रधानों एवं वरिष्ठ अनुसंधान सहकारियों ने उन्हें सूचना की एक बहुमूल्य प्रणाली के रूप में स्वीकार किया। उनका मूल्यांकन अनुप्रयुक्त ग्रुपों के नेताओं (30 प्रतिशत), तथा मानविकियों में जूनियर अनुसंधान सहकारियों द्वारा (20 प्रतिशत) काफी कम किया गया है। ऐसा प्रतीत होता है कि जन लोगों द्वारा ऊँचा मूल्यांकन किया गया उन्हें गोष्ठियों तथा सम्मेलनों में अनौपचारिक संपर्क के समग्र रूप से अधिक अवसर प्राप्त हुए। इससे उनके लिए चुनी हुई सूचना का खुलासा प्राप्त करना संभव हुआ।

परिणामस्वरूप, विज्ञान तथा प्रविधि में मानव एवं संगठन की समस्या, सामाजिक उत्पादक शक्तियों की व्यवस्था के भीतर, विज्ञान एवं संगठन की समस्या से घनिष्ठ रूप से जुड़ी हुई है। सच तो यह है कि उत्पादक शक्तियाँ केवल विज्ञान तथा संगठन के संश्लेषण के आधार पर ही व्यवस्था का रूप धारण करती हैं। परंतु इस संश्लेषण का मार्ग लंबा तथा कठिन होता है, जो अंतर्विरोधों के समाधान से होकर जाता है। इनको हल करने का एकमात्र उपाय है : वैज्ञानिक संगठन को एक सृजनात्मक ग्रुप में परिणत किया जाए जिससे विविधता तथा चयन का, व्यक्तिगत तथा सामाजिक का इष्टतम संयोजन प्राप्त हो सके। केवल वह समाज ही जो इसको अपने निर्देशक सिद्धांत के रूप में स्वीकार करता है तथा जो सांगठनिक उपशमकों से संतुष्ट होने से इंकार करता है—विज्ञान एवं संगठन के संश्लेषण का तथा वैज्ञानिक संगठन के भीतर मानव समस्याओं के समाधान का मार्ग प्रशस्त कर सकता है।

संदर्भ

1. **विज्ञान सूचकांक 1972। राष्ट्रीय विज्ञान बोर्ड की रिपोर्ट 1973,** वाशिंगटन, 1973 पृ. 4 (अंग्रेजी में)।
2. इ. ए. मेजेल, **विज्ञान का समाजशास्त्र : समस्याएँ एवं संभावनाएँ, लेनिनग्राद,** 1974, पृ. 3-4 (रूसी में)।
3. कार्ल मार्क्स, पूंजी, खंड 1, मास्को, पृ. 375।
4. अक्सर, वैज्ञानिक कार्य की बढ़ती सामूहिकता इस तथ्य से साबित होती है कि ऐसी कृतियों की संख्या बढ़ती जा रही है जिनके दो, तीन यह अधिक लेखक होते हैं। और दूसरी ओर, विभिन्न वैज्ञानिकों द्वारा एक साथ की जाने वाली खोजों और अन्वेषणों

को लेकर इस तरह के झगड़े बहुत कम हो गए हैं कि ऐसी खोज एवं अन्वेषण पहले किसने किया।

5. बैरोज डनहम, **नायक तथा विधर्मी। पश्चिमी चिंतन का राजनीतिक इतिहास,** न्यूयॉर्क, 1964, पृ. 304, 305 (अंग्रेजी में)।
6. एन. कैप्लान द्वारा संपा., **विज्ञान तथा समाज**, शिकागो, 1965, पृ. 219 (अंग्रेजी में)।
7. बैरोज डनहम, **पूर्वोक्त,** पृ. 229 (अंग्रेजी में)।
8. ह. त्युर्नेबोम, "Badania Zunifikowane", Zagadnienia naukoznawstwa, वारसा, 1993, खंड 9, भाग 2, पृ. 178।
9. ई. स. कोन, व्यक्ति का समाजशास्त्र, मास्को, 1967, पृ. 89, 92 (रूसी में)।
10. **विज्ञान का विज्ञान,** मास्को, 1966, पृ. 322 (रूसी में)।
11. ए. मातेज्को, **सृजनात्मक कार्य के लिए शर्तें,** मास्को, 1970, पृ. 6 (रूसी में)।
12. ज. ड. बर्नाल, **विज्ञान की सामाजिक भूमिका,** 1939, लन्दन पृ. 292 (अंग्रेजी में)।
13. एरिश यांतश, **संदर्श का तकनीकी पूर्वानुमान,** पृ. 74 (अंग्रेजी में)।
14. आर. ई. सिलर, **शोध एवं विकास की कारगरता का उन्नयन,** न्यूयार्क, 1965, पृ. 51-52 (अंग्रेजी में)।
15. वही, पृ. 68-70।
16. **पूर्वोक्त,** पृ. 71-72।
17. जे. ओलिन, 'शोध एवं विकास संचालन व्यवहार : **योरप में रसायन उद्योग''शोध एवं विकास संचालन में,** खंड 3, संख्या 3, ऑक्सफोर्ड, जून, 1973, पृ. 127 (अंग्रेजी में)।
18. र. इ. सिलर, पूर्वोक्त, पृ. 120-21 (अंग्रेजी में)।
19. **वही,** पृ. 132-33।
20. जे. ओलिन, **पूर्वोक्त,** पृ. 131।
21. सिलर, „ **पूर्वोक्त,** पृ. 136-137।
22. **हार्वे ब्रुक्स, विज्ञान का प्रशासन,** कैम्ब्रिज (मेस्सा.), 1968, पृ. 319-23 (अंग्रेजी में)।
23. ज. म. जीमन, सार्वजनिक ज्ञान (अंग्रेजी), कैम्ब्रिज, 1868। जीमन दरअसल क्रून की अवधारणा को मान कर चलते हैं, जिसके अनुसार विज्ञान का विकास इसके ठोस क्षेत्रों में अपनाएँ गए प्रतिमानों पर निर्भर करता है। परंतु क्रून जहाँ ज्ञान के अधिक से अधिक व्यापक परिप्रेक्ष्यों की उत्पत्ति पर विचार करते हैं वहाँ जीमन नियम प्रतिमान के भीतर श्रमसाध्य वैज्ञानिक खोज के पर्यवेक्षण तक ही अपने आप को सीमित कर लेते हैं। यही कारण है कि जीमन विज्ञान को प्रतिमान की समानता पर आधारित विचारों की समरूपता प्राप्त करने की प्रेरणा मानते हैं। विचारों की समरूपता का सिद्धांत इस बात की ओर संकेत करता है कि वैज्ञानिक ज्ञान सामूहिक अनुभव का परिणाम होता है, वैज्ञानिक अपनी समस्या का संरूपण करने से पहले ही अपने आप को संबंधों के ताने-बाने के भीतर पाता है जो उसके मत को पहले से विद्यमान मतों से जोड़ते हैं।
24. किस्टाफर रैंद, **कैम्ब्रिज, अमरीका। एक नए विश्व की धड़कन,** न्यूयार्क, 1964, पृ. 25 (अंग्रेजी में)।

25. जैक र. गिब्ब कहते हैं : किसी प्रतिष्ठान में सृजनात्मक वातावरण को बदल कर बेहतर बनाना बहुत कठिन है। यद्यपि प्रत्येक व्यक्ति या लगभग प्रत्येक व्यक्ति सिद्धांततः यह समझता है और मनोवैज्ञानिकों की सिफारिशें स्वीकार करता है, फिर भी प्रबंधक के लिए अपने आपको नए सांचे में ढालना अत्यंत कठिन होता है। किसी प्रबंधक का कभी यह लक्ष्य नहीं होता कि वह अपनी देखरेख के प्रतिष्ठान में सृजनात्मक कार्य में लग जाए।
26. **सृजनात्मकता के लिए वातावरण,** सृजनात्मकता संबंधी सातवें राष्ट्रीय अनुसंधान सम्मेलन की रिपोर्ट, न्यूयार्क, 1972, पृ. 10 (अंग्रेजी में)।
27. **वही,** पृ. 1-22।
28. **वही,** पृ. 26।
29. जूलियस जे. हरवड, 'व्यापारिक उद्यमों में अनुसंधान की बदलती शैली', शोध संचालन में, खंड 16, अंक 5, न्यूयार्क, 1973 (अंग्रेजी में)।
30. **आर्थिक सहयोग एवं विकास संगठन। अमरीका की राष्ट्रीय विज्ञान नीति की समीक्षाएँ,** पेरिस, 1968 (अंग्रेजी में)।
31. यूनेस्को अर्थात संयुक्त राष्ट्र संघ का शैक्षिक, वैज्ञानिक एवं सांस्कृतिक संगठन।
32. **विज्ञान तथा मानव आवश्यकताएँ,** यूनेस्को, पेरिस, 1974, पृ. 16 (अंग्रेजी में)।
33. बी. ऑसिकर और जे. डब्ल्यू. गारबारिनो, 'प्रभाग ट्रेड यूनियनवाद का आंकन : परिमाण एवं गुण।' औद्योगिक संबंध पत्रिका में, खंड 12, अंक 2, बर्कले, मई, 1973, पृ. 117-24 (अंग्रेजी में)।
34. "Ou va te CNRS ? La reponse des syndicats" In *La Recherche,* खंड 4, सं. 34, 1973, पृ. 501-03।
35. **वहीं,** पृ. 502।
36. वही।
37. वैज्ञानिक प्रकाशनों की संख्या; अप्रकाशित कृतियों की संख्या; अपनी प्रयोगशाला को कुल फायदा; विज्ञान को कुल योगदान।
38. यहाँ, विज्ञान को योगदान तथा कुल उत्पादित सुलाओं का गणितीय औसत।
39. **सृजनात्मकता के लिए वातावरण,** पृ. 113।
40. **सृजनात्मकता के लिए वातावरण,** पृ. 115।
41. **अनुसंधान परियोजनाओं की कार्यकुशलता में वृद्धि की आर्थिक समस्याएँ** (रूसी में), लेनिनग्रद, 1972।
42. **वैज्ञानिक सृजनात्मकता,** मास्को, 1969, पृ. 276 (रूसी में)।
43. **वही,** पृ. 277।
44. **वैज्ञानिक सृजनात्मकता,** पृ. 277।
45. द. पोशातायेव, **क्या व्यक्ति को आधुनिक ल्योनार्डो बनना है?** मास्को, 1970, पृ. 28-29 (रूसी में)।
46. **वैज्ञानिक सृजनात्मकता,** पृ. 279।
47. **विज्ञान की सामाजिक-मनोवैज्ञानिक समस्याएँ। वैज्ञानिक एवं वैज्ञानिक-दल,** मास्को,

1973, पृ. 148-49 (रूसी में)।

48. विपर्यास के तौर पर, जिन सभी लोगों ने अपने तत्काल प्रधान की राय को अभिप्रेरणा का स्रोत बताया उनमें 66.77 प्रतिशत पुरुष थे और 33.23 प्रतिशत महिलाएँ, अर्थात् महिलाओं की संख्या आधी थी। जिन लोगों ने सहकर्मियों की राय पर बल दिया, उनमें 79.28 और 20.72 का अनुपात था, अर्थात पुरुषों की तुलना में चौगुना अधिक। इस प्रत्यक्ष भिन्नता का कारण यह था कि इस मतदान में भाग लेने वालों में 2,943 पुरुष तथा 813 अर्थात लगभग एक चौथाई महिलाएँ थीं। इस मतदान में भाग लेने वाले पुरुषों एवं महिलाओं की कुल संख्या में 'समीकरण' के फलस्वरूप पूर्वोक्त पैरा के आंकड़ों के आधार पर वैज्ञानिक सार्वजनिक मत का अधिक समुचित चित्र मिलेगा।

विज्ञान में श्रम-विभाजन

वर्तमान वैज्ञानिक तथा तकनीकी क्रांति के फलस्वरूप सामाजिक श्रम-विभाजन गहन हुआ है, श्रम के इस्तेमाल के नए क्षेत्र सामने आए हैं तथा तेजी से उनकी प्रगति हो रही है। इससे श्रम की नई किस्मों का आविर्भाव होता है। ऐसा लगता है कि कृषि तथा निस्सारक उद्योगों में काम करने वालों का अंश घट रहा है, तथा विनिर्माण, गृह निर्माण और विशेषकर विज्ञान तथा वैज्ञानिक सेवाओं सहित, भौतिक एवं गैर-भौतिक, दोनों सेवाओं के क्षेत्र में काम करने वालों का अंश बढ़ता है। श्रम के समाजीकरण में वृद्धि हुई है : उत्पादन की वैज्ञानिक, प्राविधिक तथा सांगठनिक जटिलता के बढ़ने के साथ सामूहिक श्रम की संरचना स्पष्ट रूप से व्यापक हुई है। इसी के साथ, श्रम की गुणवत्ता में बहुत बदलाव आया है। यह अधिकाधिक जटिल होता जा रहा है। मार्क्स ने लिखा है, "और परिमाणात्मक दृष्टि से जहाँ प्रत्यक्ष श्रम के अंश में गिरावट आ रही है, वहाँ गुणात्मक दृष्टि से उसकी परिणति, आवश्यक होते हुए भी, एक गौण तत्व में होती जा रही है—एक ओर सार्विक वैज्ञानिक श्रम के संबंध में, प्रकृति विज्ञान के प्राविधिक अनुप्रयोग के संबंध में, ठीक उसी प्रकार जिस प्रकार सार्विक उत्पादन शक्ति के संबंध में जिसका आरंभ सामूहिक श्रम का एक प्राकृतिक उपहार-सा दीख पड़ता है (यद्यपि वह एक ऐतिहासिक पैदावार होता है)।"[1]

इन प्रक्रियाओं को शक्तिशाली प्रोत्साहन औद्योगीकरण ने प्रदान किया। पहले, विभिन्न प्रकार के सामाजिक उत्पादन कार्यकलापों के अनुरूप एक **व्यावसायिक** श्रम-विभाजन उत्पन्न हुआ। इस कार्यकलाप के मुख्य क्षेत्रों के बीच श्रम-विभाजन को मार्क्स ने श्रम का सामान्य विभाजन कहा है, जो विशेष

उपप्रकारों में उप-विभाजित होता है। दूसरी ओर, एक श्रम-विभाजन की उत्पत्ति विभिन्न तकनीकी प्रकार्यों (विशिष्टताओं) के अनुरूप हुई, जो नियत तथा अन्य व्यवसायों के ढाँचे के भीतर अदा किए जाते हैं। श्रम के तकनीकी विभाजन के साथ कर्मशाला के भीतर का एकात्मक श्रम विभाजन (जैसे एक टूल सेटर तथा एक मशीन टूल चालक के बीच संबंध) घनिष्ठ रूप से संबंधित रहता है।

पूँजीवादी उत्पादन में वृद्धि के साथ, तथा पहले राष्ट्रीय और फिर विश्वमंडियों के निर्माण के साथ-साथ **क्षेत्रीय एवं अंतर्राष्ट्रीय श्रम-विभाजन** स्थापित होता जाता है। सामाजिक श्रम-विभाजन के सीधे सोपान की अनुपूर्ति देश के भीतर प्रादेशिक श्रम-विभाजन से होती है, तथा उसके बाहर के संबंधों में अंतर्राष्ट्रीय श्रम-विभाजन से।

वर्तमान वैज्ञानिक एवं तकनीकी क्रांति के दौरान, वैज्ञानिक संगठन (विज्ञान तथा संगठन का संश्लेषण) की छाप समाज की उत्पादक शक्तियों तथा श्रम के सामाजिक विभाजन की स्थिति और उसके आगे के विकास की संभावनाओं पर पड़ती है। इसकी एक अत्यंत महत्त्वपूर्ण अभिव्यक्ति सामाजिक दृष्टि से संगठित विज्ञान की उत्पत्ति में, राष्ट्रीय अर्थतंत्र के एक मुख्य क्षेत्र के रूप में **वैज्ञानिक क्रियाकलाप** की उत्पत्ति में हुई। इसका विकास समूचे उत्पादन के वैज्ञानिक रूपांतरण से अभिन्न रूप से जुड़ा हुआ है। परिणामस्वरूप, अभी ही यह संभव हो गया है कि श्रम के सामाजिक विभाजन में एक नई तथा मुख्य अवस्था के आगमन पर विचार किया जाए जिसका संबंध सर्वोपरि समाज के विकास में विज्ञान तथा वैज्ञानिकों की बढ़ती हुई भूमिका से है।

वर्तमान वैज्ञानिक एवं तकनीकी क्रांति द्वारा निर्धारित सामाजिक श्रम-विभाजन की नई अवस्था, स्वयं विज्ञान को भी प्रभावित कर रही है। इसका निर्धारण समाज तथा विज्ञान के बीच क्रिया-प्रतिक्रिया की समूची व्यवस्था से होता हैं। विज्ञान सामाजिक उत्पादक शक्तियों का एक प्रमुख तत्व बन गया है। सामाजिक जीवन के विभिन्न क्षेत्रों में वैज्ञानिक ज्ञान तथा पद्धतियों की बढ़ती हुई मांग, सर्वोपरि, सामाजिक उत्पादन का 'विज्ञानीकरण', तथा राजकीय नीति के एक मुख्य विषय तथा साधन के रूप में विज्ञान की परिणति स्वयं वैज्ञानिक कार्यकलाप के ढाँचे में पर्याप्त परिवर्तन ला देती है।

संरचना काल तथा सार-तत्व

वैज्ञानिक कार्य अन्य प्रकार के मानव कार्यकलाप में प्रमुख स्थान उस ऐतिहासिक आवश्यकता के फलस्वरूप ग्रहण करने लगा जो सामाजिक श्रम-विभाजन के

पूरे विकास की विशेषता रही है। विज्ञान का प्रारंभ, सर्वप्रमुख, सामाजिक उत्पादन की आवश्यकताओं से हुआ। सामाजिक उत्पादन उस समय तक इतना जटिल हो चुका था कि उसका भावी विकास शुद्ध आनुभविक आधार पर, परीक्षण और त्रुटि प्रणाली द्वारा संभव नहीं रहा था। यही कारण है कि मानव ज्ञान के संचय का इतिहास हजारों वर्ष पुराना होते हुए भी, आधुनिक अर्थ में विज्ञान की उत्पत्ति आमतौर पर 17वीं शताब्दी, अर्थात नए युग के आरंभ से बताई जाती है। यही समय था जब फ्रांसिस बेकन ने प्रथम पूँजीवादी क्रांति के देश में घोषणा की थी : ''ज्ञान तथा मानव शक्ति पर्यायवाची हैं, क्योंकि कारण की अज्ञानता कार्य को विफल कर देती है''।[2]

बेकन ने अपनी प्रसिद्ध कल्पनावादी कृति, **न्यू एटलांटिस** में 'सौलोमन भवन' के सदस्यों में श्रम के एक बहुत सूक्ष्म तकनीकी विभाजन का चित्र प्रस्तुत किया। यह भवन लंदन की रायल सोसाइटी का एक आदि प्रारूप है। बेकन ने लिखा है, ''हमारे लोगों के विभिन्न पेशों तथा कार्यालयों के लिए हमारे पास 12 ऐसे हैं जो विदेशों को जाते हैं...जो हमारे लिए पुस्तकें, सार पुस्तिकाएँ तथा अन्य सभी भागों के प्रयोगों के नमूने लाते हैं।...हमारे पास तीन ऐसे हैं जो सभी पुस्तकों से प्रयोगों को इकट्ठा करते हैं।...हमारे पास तीन ऐसे हैं जो सभी यांत्रिक कलाओं के प्रयोगों का तथा उदार विज्ञानों के प्रयोगों का भी, तथा उन पद्धतियों का भी जिन्हें कलाओं में नहीं लाया गया है, संग्रह करते हैं।...हमारे पास तीन ऐसे हैं जो अपने साथियों के प्रयोगों पर निगाह डालने में झुके रहते हैं तथा इस बात के यत्न में लगे रहते हैं कि उनसे मानव जीवन एवं ज्ञान के लिए, तथा कार्यों के लिए भी, साथ ही कारणों के सहज प्रदर्शन के लिए उपयोगी एवं व्यावहारिक वस्तुएँ, स्वभाविक पूर्वानुमानों के साधन, तथा निकायों के गुणों एवं अंगों के सहज तथा स्पष्ट अन्वेषण की उपलब्धि कैसे की जाए।''

सौलोमन भवन के सदस्यों की साधारण बैठकों में इन सभी कार्यों पर विचार करने के बाद ''तीन ऐसे हैं...जो नए प्रयोगों के निर्देशन की ओर ध्यान देते हैं, जिनका प्रकाश उच्चतर होता है, जो प्रकृति में पहले की तुलना में अधिक प्रवेश करते हैं''। फिर ''अन्य तीन ऐसे हैं जो निर्देशन के अनुसार प्रयोग करते तथा उनकी रिपोर्ट देते हैं''। अंत में ''तीन ऐसे हैं जो पूर्व के अन्वेषणों का स्तर प्रयोगों द्वारा ऊँचा करके उन्हें वृहत प्रेक्षणों, सूक्तियों तथा व्याख्याओं का रूप देते हैं''। सौलोमन भवन में ''नौसिखिए तथा प्रशिक्षणार्थी भी होते हैं ताकि पहले से कार्यरत व्यक्तियों का स्थान लेने वालों का क्रम

टूटने न पाए : इनके अतिरिक्त, बड़ी संख्या में चाकर एवं सेवक, पुरुष और महिलाएँ होते हैं।"[3]

भौतिक उत्पादन की तरह विज्ञान में श्रम के सामाजिक विभाजन का विकास उन कर्मियों के सहयोग का आधार बन गया जिन्हें प्रारंभिक वैज्ञानिक संस्थाओं, अकादमियों तथा विश्वविद्यालयों की परिधि के भीतर लाया गया था। इस सहयोग के फलस्वरूप, इसके विकास की प्रारंभिक अवस्थाओं में भी, आंकड़ों का संग्रह करने, तथा प्राप्त परिणामों पर विचार-विमर्श करने, प्रकाशनों तथा विचारों के आदान-प्रदान की अवधि में वैज्ञानिक श्रम की उत्पादकता की वृद्धि, में सहायता प्राप्त हुई।

ऐडम स्मिथ उन लोगों में से हैं जिन्होंने पहले-पहल श्रम के सामाजिक विभाजन के सिद्धांत का प्रतिपादन किया। उन्होंने अपनी मुख्य कृति में विज्ञान में श्रम-विभाजन पर विशेष रूप से विचार किया। उन्होंने लिखा है, "किसी अन्य व्यवसाय की भाँति, इसका भी उप-विभाजन बड़ी संख्या में विभिन्न शाखाओं में किया गया है, जिनमें से प्रत्येक दर्शनशास्त्रियों के एक खास कबीले अथवा वर्ग को कार्य प्रदान करता है। अन्य सभी कारोबारों के साथ-साथ, दर्शनशास्त्र में भी काम के इस उप-विभाजन से दक्षता बढ़ती है तथा समय की बचत होती है"।[4]

विज्ञान में श्रम के गहरे होते हुए विभाजन के, समग्र रूप में श्रम के सामाजिक विभाजन की भाँति, नकारात्मक पहलू भी होते हैं। इस प्रकार, एंगेल्स के अनुसार 19वीं शताब्दी के पहले तीन दशकों में विज्ञान में संकीर्णता तथा अनुभववाद के उत्पन्न होने का कारण श्रम-विभाजन था जो उस समय प्रकृति विज्ञान पर हावी हो चला था, "जिसने प्रत्येक व्यक्ति को कमोबेश उसके अपने विशेष क्षेत्र में सीमित कर दिया था। बहुत कम लोग ऐसे रह गए थे जिनका व्यापक दृष्टिकोण इसके कारण छीन नहीं लिया गया था।"[5] यह बात, विशेषकर सामंती रूप में खंडित जर्मनी के विश्वविद्यालयों के प्रोफेसरों पर लागू होती है, जिनकी लिख्तेनबर्ग ने बड़ी खिल्ली उड़ायी।[6]

गहन होता तकनीकी श्रम-विभाजन

पूरी 19वीं शताब्दी तथा 20वीं शताब्दी के पूर्वार्द्ध में, विज्ञानों के अधिक विभेदीकरण तथा विशेषीकरण की प्रवृत्ति की क्षतिपूर्ति उनके एकीकरण की प्रतिप्रवृत्ति द्वारा नहीं हो रही थी। इसका परिणाम था कि निरंतर खंडित ज्ञान क्षेत्रों के अनुरूप—जो विशिष्ट शब्दावली के 'शब्दरोध' के कारण एक दूसरे

से अलग-थलग पड़ जाते हैं—वैज्ञानिकों तथा अनुसंधान प्रतिष्ठानों का अधिकाधिक संकीर्ण विशेषीकरण। इसी के द्वारा विज्ञान में **श्रम के पेशेवर विभाजन** की सीमाओं का विकास निर्धारित हुआ।

इसी के साथ, संस्थानों तथा प्रयोगशालाओं के नए अनुसंधान उपकरणों एवं यंत्रों से सुसज्जित होने का, तथा इलैक्ट्रानिक कंप्यूटरों के उपयोग का तकाजा था कि सिद्धांतकारों तथा प्रयोगकर्त्ताओं के बीच, प्रयोगशाला सहायकों तथा शोधकर्मियों के बीच, और फिर वरिष्ठ तथा जूनियर अनुसंधान सहकारियों के बीच, तथा ग्रुपों प्रयोगशालाओं व संस्थानों के प्रधानों के बीच भी श्रम का **तकनीकी एवं स्थितीय** विभाजन और गहन किया जाए। आधुनिक विज्ञान में श्रम-विभाजन की समग्र स्थिति असाधारण रूप से पेचीदा हो गई हैं यह पेचीदगी, जो ज्ञान के विभेदकीरण तथा एकीकरण से मिलकर और भी महत्त्वपूर्ण ढंग से जटिल हो गई है, विविध प्रकार तथा उप-प्रकार के समकालीन वैज्ञानिक क्रियाकलापों का विवरण करने वाली व्याख्याओं की प्रचुरता में विशेष रूप से प्रतिबिम्बित होती है। दो सोवियत लेखकों का कहना है : "आज की वैज्ञानिक समस्याओं तथा तकनीकी प्रणालियों की पेचीदगी का नतीजा है अनुसंधान के क्षेत्र के अनुसार, विज्ञान में विषय प्रणाली के आधार पर, साथ ही वैज्ञानिक कार्य के प्रकार के अनुसार, प्राविधिक प्रणाली के आधार पर, एक संकीर्ण विशेषीकरण। ऐसी जटिल समस्याएँ उठने पर, जिनके लिए विशेषीकृत क्षेत्रों के मिल कर काम करने की आवश्यकता होती है, ऐसी प्रशासन प्रणाली अपनाए जाने का प्रश्न उठ खड़ा होता है जिसके द्वारा विशेषीकरण की प्रतिबंधी प्रवृत्तियों पर पार पाया जा सके।"[7]

य. ज. मिर्स्काया ने अपनी दिलचस्प पुस्तक **वैज्ञानिक तथा आधुनिक विज्ञान**[8] में उचित ही विज्ञान के विभेदीकरण का संबंध **'ज्ञान की अंतर्वस्तु** के अनुरूप विशेषज्ञों के विभेदीकरण' तथा मौजूदा ज्ञान का उपयोग जिस पद्धति से किया जाता है उसके अनुसार वैज्ञानिकों के विभेदीकरण (सिद्धांतकार-प्रयोगक, विश्लेषणकर्त्ता-संश्लेषक, इत्यादि) से भी जोड़ा है। 'वृहत विज्ञान' की जटिल समस्याओं सहित, उसकी स्थितियों में ये फर्क प्रकार्यात्मक श्रम विभाजन द्वारा—जो कर्मी दलों में जड़ पकड़ चुका है—कई गुना बढ़ जाता है। लेखिका ने 'स्वाभाविक' श्रम विभाजन में—जो (क) वैज्ञानिक विशिष्टता तथा (ख) वैज्ञानिकों के व्यक्तिगत गुणों पर आधारित होता है—तथा 'अस्वाभाविक' श्रम विभाजन में—जो 'सांगठनिक तथा प्रकार्यात्मक' सिद्धांतों के अनुसार होता है—भेद किया है। उनका कहना है : "हम इसे 'अस्वाभाविक' इसलिए कहते

हैं कि प्रथमतः, इसका संबंध स्वयं विज्ञान की आवश्यकताओं से नहीं, बल्कि उसके संगठन के वर्तमान रूपों की आवश्यकताओं से है; दूसरे, इसलिए कि यह ग्रुप के सदस्यों को एक निश्चित प्रकार का काम सौंपता है जो सदा उनकी क्षमताओं तथा अभिरुचियों के अनुकूल नहीं होता; और तीसरे, इसलिए कि यह श्रम-विभाजन आज के विज्ञान की स्पष्टतः एक अस्थायी एवं असाधारण परिस्थिति स्थापित करता है जिसमें काम करने वालों का बड़ा भाग असृजनात्मक कार्य में लगता रहता है।''[9]

परंतु यह तर्क सर्वथा अकाट्य नहीं है। एक तो यह कि 'स्वयं विज्ञान' की आवश्यकताओं तथा 'उसके संगठन के समकालीन रूपों' में विभेद करते समय यह नहीं भूला चाहिए कि विज्ञान तथा संगठन के सारे अंतर्विरोधों के बावजूद उनका संश्लेषण—वैज्ञानिक संगठन—आज की वैज्ञानिक एवं प्राविधिक क्रांति का सार-तत्व है तथा 'वृहत विज्ञान' की एक मूल जरूरत प्रतिबिंबित करता है। दूसरे, ''निश्चित प्रकार का काम जो सदा उनकी क्षमताओं तथा अभिरुचियों के अनुकूल नहीं होता'', लिंग तथा आयु पर आधारित सबसे आदिकालीन श्रम-विभाजन में भी, ग्रुप के सदस्यों के सुपुर्द किया जाता था। परंतु इस कारण उनके स्वाभाविक होने से (तथा कहे जाने से) इंकार नहीं किया गया। सच्ची बात यह है कि इस शब्द का औचित्य उससे कहीं अधिक है जितना लेखिका के इस्तेमाल से जाहिर होता है।

और अंत में, तीसरे यह कि ''आज जो विज्ञान की परिस्थिति, जिसमें काम करने वालों का बड़ा भाग गैर-सृजनात्मक कार्य में लगा हुआ है'', शायद ही 'स्पष्टतः अस्थायी तथा असाधारण' कही जा सकती है। सच तो यह है कि अतीत के 'लघु विज्ञान' के विपरीत, हमारे युग का 'वृहत विज्ञान' एक विशाल तथा सामूहिक परिघटना है। स्पष्टतः, आधुनिक विश्व में 40 लाख अनुसंधानकर्ताओं की विशाल संख्या में केवल 'सृजनात्मक व्यक्ति', जिस अर्थ में 'लघु विज्ञान' में काम करने वाले होते थे, नहीं हो सकते (और न होने चाहिए)। परंतु इसका तात्पर्य यह भी नहीं है कि अधिकांश वैज्ञानिक कार्यकर्ता, सामान्य रूप से, सृजनात्मक प्रयासों में नहीं लगे हैं। श्रम-विभाजन सर्वथा भिन्न प्रभाव उत्पन्न करता है : एक नए वैज्ञानिक सिद्धांत का प्रतिपादन करने वाले शोधकर्त्ता की सृजनात्मकता अब प्रयोगकर्ता की सृजनात्मकता के बिना संभव नहीं, ठीक उसी तरह जैसे प्रयोगकर्त्ता की सृजनात्मकता वैज्ञानिक उपकरणों के डिजाइनर की सृजनात्मकता के बिना, और इन सब की सृजनात्मकता इलेक्ट्रानिक कंप्यूटर निर्माताओं की सृजनात्मकता के बिना संभव नहीं। दूसरे

शब्दों में, सृजनात्मक कार्य अत्यंत विविध रूपी हो गया है, उसके लक्षण तथा विशेषताएँ बहुत भिन्न हैं, तथा इनका निष्पादन अलग-अलग स्तरों पर होता है। इसका अर्थ कदापि वैज्ञानिक कार्यकलाप का 'मूल्य ह्रास' नहीं। वैज्ञानिक जीवन में सृजनात्मकता की बहुत गुंजाइश है तथा हमेशा रहेगी।

यूनेस्को की रिपोर्ट में कहा गया है : "अनुसंधान में सक्रिय रूप से संलग्न प्रयोगशाला का वातावरण उत्साहपूर्ण होता है। वैज्ञानिक के लिए, कार्य सर्वाधिक मनोरंजक खेल है; उसकी स्वतंत्र कल्पना शक्ति नियम बना सकती तथा उन्हें बदल सकती है ताकि उसकी असीम जिज्ञासा को टिकाव तथा संतोष प्राप्त हो सके। वैज्ञानिक भाग्यवान खिलाड़ी होता है क्योंकि वह जिस खिलौने से खेलता है उसमें बराबर तब्दीली होती रहती है तथा इसकी कोई सीमाएँ नहीं होतीं : यह खिलौना है—ब्रह्मांड।"[10] इन्हीं विचारों को कैप्लार आइन्स्टाइन तथा जेम्स ड. वाट्सन ने (अपनी प्रसिद्ध आत्मकथा The Double Helix में अभिव्यक्त किया है।)

परंतु विज्ञान मुट्ठीभर चुने हुए लोगों का सरोकार नहीं। जैसा कि ओर्तेगा परिकल्पना में कहा गया है। "इस असाधारण परंतु अकाट्य वास्तविकता पर बल देना आवश्यक है कि प्रयोगात्मक विज्ञान की प्रगति का श्रेय बड़ी हद तक ऐसे लोगों के काम को जाता है जो आश्चर्यजनक रूप से साधारण तथा साधारण से भी कम हैं। कहने का मतलब यह कि आधुनिक विज्ञान में, जो हमारी वास्तविक सभ्यता की जड़ तथा उसका प्रतीक है, बौद्धिक दृष्टि से साधारण व्यक्ति का भी स्थान होता है तथा वहाँ उसे भी सफलतापूर्वक काम करने का अवसर उपलब्ध रहता है। इस प्रकार, अधिकांश वैज्ञानिक अपनी प्रयोगशाला की संकीर्ण कोठरी में मधु छत्ते में मधुमक्खी की भाँति, अथवा चक्के के भीतर सींख की भाँति, बंद रहकर विज्ञान की सामान्य प्रगति में योगदान करते हैं। और मधुमक्खी के नृत्यों को देखते हुए कहा जा सकता है कि वह अपने छत्ते के भीतर प्रफुल्लित है।"[11] 1967 में रसायन विज्ञान में नोबेल पुरस्कार विजेता ब्रिटिश वैज्ञानिक रोनाल्ड नौरिश ने जैसी कि सलाह दी है, कुछ उच्च-स्तरीय सिद्धांतकारों तथा नए अन्वेषणों का मार्ग प्रशस्त करने वाले व्यक्तियों के बीच विज्ञान में भी, संगठन में श्रम-विभाजन को स्वीकार करना तथा उसको औपचारिक रूप देना आवश्यक है। "ऊँची उड़ान भरने वाले पक्षियों' को प्रोत्साहित करते हुए, उन अनिवार्य पुरुषों तथा महिलाओं का मूल्य भी पहचाना तथा उनका सम्मान किया जाना चाहिए, जो 'आविष्कारक' तो नहीं, परंतु जो विज्ञान में कुशल तथा सुयोग्य तकनीशियनों एवं कारीगरों

की भूमिका अदा करने में सखम हैं। इन लोगों को पूर्वोक्त लोगों से अलग किया जाना चाहिए तथा शिक्षा की भिन्न धाराओं में एक साथ लाया जाना चाहिए।

इस सिफारिश को केवल एक शर्त के साथ स्वीकार किया जा सकता है—वरना तो इससे लाभ के बजाय हानि ही अधिक पहुँच सकती है। उदाहरण के लिए, एक ब्रिटिश समाजशास्त्रीय प्रयोग के अत्यंत प्रतीकात्मक परिणामों का उल्लेख किया जा सकता है जिसमें साधारण सहायकों तथा प्रयोगशाला के तकनीशियनों को पूरी स्वतंत्रता दे दी गई थी और उन्होंने थोड़े ही समय में अनेक बहुमूल्य वैज्ञानिक विचार एवं तकनीकी आविष्कार प्रस्तुत किए। इनमें से एक आविष्कार राष्ट्रीय महत्त्व का था।

विज्ञान में श्रम विभाजन द्वारा सृजनात्मक जनवाद के इस सिद्धांत का किसी तरह भी उल्लंघन नहीं होना चाहिए।

वैज्ञानिक कर्मियों के विश्व-संघ द्वारा 1939 में स्वीकृत, 'वैज्ञानिक कर्मियों की अधिकार संबंधी घोषणा' में कहा गया है : "एक वैज्ञानिक कर्मी ऐसा उचित योग्यता प्राप्त व्यक्ति माना जाता है, जो, प्रकृति, प्राविधिक अथवा समाज विज्ञान में पेशेवर काम में, मूल अथवा अनुप्रयुक्त विज्ञान में, तथा विज्ञान के शिक्षण में संलग्न होता है।...

"एक पेशेवर वैज्ञानिक कर्मी योग्यता-प्राप्त तब समझा जाता है जब उसके पास किसी एक विज्ञान में कोई विश्वविद्यालय उपाधि अथवा उसके समकक्ष कोई डिप्लोमा हो।

"इस बुनियादी शर्त के बावजूद और सामान्य स्तर को नीचा किए बिना, ऐसे व्यक्ति भी जिनके पास कोई औपचारिक शैक्षणिक सर्टीफिकेट न हो, बहुमूल्य अनुभव प्राप्त होने के कारण तथा उच्च वैज्ञानिक उपलब्धियों वाले जिम्मेदारी के पदों पर नियुक्त होने अथवा प्रकाशनों या सर्वमान्य स्तर की उपलब्धियों के फलस्वरूप सुयोग्य माने जा सकते हैं।"[12]

मेरे विचार से यह अधिक सही होगा कि आधुनिक वैज्ञानिक ग्रुपों में श्रम विभाजन को प्रकार्यों अथवा सांगठनिक प्रकार्यों की दृष्टि से नहीं, बल्कि प्रविधि तथा अवस्था की दृष्टि से सोचा-समझा जाए।

तकनीकी श्रम-विभाजन अनुसंधान प्रक्रिया के एक स्वतःस्फूर्त सीमाकन पर आधारित है, जिसके अनुसार अध्ययनों को किसी वैज्ञानिक विचार की उत्पत्ति से लेकर किसी-न-किसी रूप में उसकी कार्यान्विति तथा मंजिल-दर-मंजिल क्रमबद्ध किया जाता हैं यह सीमांकन प्रसिद्ध अंतर्राष्ट्रीय वर्गीकरण—अर्थात

मौलिक अनुसंधान, अनुप्रयुक्त अनुसंधान तथा विकास–में प्रतिबिंबित है।

निश्चय ही, यह अब भी सही है, जैसा कि अकादमीशियन प. ल. कपित्सा ने एक बार कहा था, कि "इस विभाजन को बड़ी हद तक कृत्रिम मानना चाहिए, क्योंकि यह ठीक-ठीक बताना बहुत कठिन है कि बुनियादी विज्ञान का अंत कहाँ होता है और कहाँ अनुप्रयुक्त विज्ञान शुरू होता है।...इस विभाजन...का अधिक संबंध वैज्ञानिक कार्य का वित्त प्रबंधन, नियोजन तथा नियंत्रण करने की आवश्यकता से है।...बहुतेरे प्रमुख वैज्ञानिकों के कार्यकलाप में यह निर्धारित करना कठिन है कि कब उनके समक्ष कोई अनुप्रयुक्त लक्ष्य था और कब उनके मन में संज्ञानात्मक उद्देश्य था।"[13] स्वयं अकादमीशियन कपित्सा एक ऐसे वैज्ञानिक हैं जो विज्ञान की बुनियादी समस्याएँ तथा प्रमुख इंजीनियरिंग कार्यभार, दोनों को निपटाते हैं[14] और यह बिल्कुल स्वाभाविक है। प्रत्येक वास्तविक (सच्चा) वैज्ञानिक विचार सामाजिक उत्पादन में साकार होने की दिशा में प्रयत्नशील होता है–वैज्ञानिक के मन में इसके आविर्भाव से लेकर, समाज के हित में किसी रूप में उसके उपयोग तक का मार्ग चाहे कितना लंबा तथा कंटीला क्यों न हो।

वैज्ञानिक कार्यकलाप में तकनीकी तथा व्यावसायिक श्रम-विभाजन की दृष्टि से प्रकृति तथा समाज विज्ञानों के लक्षणों से तकनीकी विज्ञानों के लक्षणों की तुलना दिलचस्प है। यह एक प्रश्नावली द्वारा उभर कर सामने आया। इस तथ्य से आश्चर्य होता है कि विज्ञान के विभिन्न क्षेत्रों के, और, परिणामस्वरूप, सामान्य बड़े पैमाने पर विज्ञान तथा प्रविधि के कर्मियों द्वारा प्राप्त उत्तरों के वितरण में बड़ी समानता है। यह उस धारणा के विपरीत है जिसके अनुसार विज्ञान तथा प्रविधि के बीच, अनुसंधान तथा विकास कार्य के बीच, खाई होती है।[15]

स्टैनफोर्ड अनुसंधान संस्थान द्वारा प्रस्तावित वर्गीकरण के अनुसार, 'प्रविधि के सीधे परिवर्तन' का संचलन अन्वेषण अवस्था एवं सृजनात्मक अवस्था से (जिसके द्वारा आविष्कार होता है) तात्विक अवस्था एवं विकास अवस्था (जिसका परिणाम, उदाहरण के लिए, एक मूल रूप हो सकता है) तक होता है। इसके उपरांत इंजीनियरिंग अवस्था आती है (जो प्रकार्यात्मक प्राविधिक व्यवस्था में ले जाती है)।[16] परंतु इसी मार्ग को छोटा करने तथा इसकी अनावश्यक बाधाओं को दूर करने के लिए जरूरत है कि अनुसंधान की विभिन्न अवस्थाओं में श्रम-विभाजन में प्रभेद किया जाए। इस हद तक, विज्ञान में सामाजिक श्रम-विभाजन को कार्यान्वित करते हुए, मौलिक अनुसंधान,

अनुप्रयुक्त अनुसंधान, तथा विकास कार्य की विशिष्टताओं पर नजर रखनी चाहिए।

यहाँ पर हमें 'मौलिक विज्ञान' तथा 'मौलिक अनुसंधान' (जिसकी व्युत्पत्ति अन्य सभी प्रकार के अनुसंधान हैं) की अवधारणाओं के बीच सीमांकन पर विचार कर लेना चाहिए।

वैज्ञानिक परिकल्पनाओं तथा सिद्धांतों की शुद्धता एवं प्रामाणिकता उनके आधारभूत मौलिक ज्ञान के ठोसपन पर निर्भर करती हैं मौलिक विज्ञान पदार्थ (भूत) की संरचना के, तथा इसका संचलन एवं विकास जिन नियमों के अधीन है, उनके मौलिक ज्ञान को संचित तथा क्रमबद्ध करने में सहायक होता है। आदिकाल से ही, मौलिक विज्ञानों में गणित, यांत्रिकी तथा भौतिक विज्ञान तथा आगे चलकर रसायन विज्ञान और जीव विज्ञान भी शामिल रहे हैं। अनुप्रयुक्त विज्ञानों का संबंध, जैसा कि उसके नाम से ही प्रकट होता है, विभिन्न व्यावहारिक समस्याओं के समाधान पर मौलिक वैज्ञानिक ज्ञान को लागू करने से है; जैसा कि तकनीकी, कृषि-संबंधी तथा चिकित्सा-संबंधी विज्ञानों में किया जाता है।

परंतु पिछली शताब्दी के दौरान पता चला कि उस समय के स्वीकृत अर्थों में मौलिक तथा अनुप्रयुक्त विज्ञानों का विभाजन (जो विशेषकर, वैज्ञानिक श्रम से उत्पन्न होने वाले व्यावसायिक विभाजन का आधार था) बहुत ही अंतरिम था। एक तो, कुछ मौलिक अन्वेषणों का व्यावहारिक अनुप्रयोग तत्काल, अनुप्रयुक्त विज्ञान के माध्यम से गुजरे बिना, कर लिया गया था, तथा इसके विपरीत, ऐसे कुछ अन्वेषण (जैसे रेडियो) अनुप्रयुक्त विज्ञानों में ही किए गए थे।[17] दूसरे, जर्मन दर्शनशास्त्र अंग्रेजी राजनीतिक अर्थशास्त्र तथा फ्रांसीसी सामाजिक चिंतन, और खासकर इन उपलब्धियों के आधार पर सामाजिक विकास के वैज्ञानिक सिद्धांत के विकास से मौलिक विज्ञानों के क्षेत्र को विस्तारित करने में सहायता मिली। इसमें अब शुद्ध तथा प्रकृति विज्ञानों के साथ सामाजिक विज्ञान भी शामिल हैं, यद्यपि अभी तक इस बात को सामान्य रूप से स्वीकार नहीं किया जाता। विज्ञानों के सामाजिक स्वर के कारण अनिवार्यतः व्यक्तिगत रूप से वैज्ञानिकों में, तथा विभिन्न सामाजिक ग्रुपों में उनके प्रति एक आवेगपूर्ण भाव पैदा होता है।

आज मौलिक तथा अनुप्रयुक्त **विज्ञानों** के बजाय बुनियादी तथा अनुप्रयुक्त **अनुसंधान** कहने का अधिक रिवाज है। इस तरह का अनुसंधान विज्ञान के शुद्ध प्राकृतिक एवं सामाजिक सहित, किसी भी क्षेत्र में हो सकता है, किंतु

प्रायः वह विज्ञानों के समूचे समुच्चयों पर हावी होता है और यह विशेषकर आज विज्ञान का लक्षण है। **बुनियादी अनुसंधान** 'शुद्ध हो सकता है जिसमें शोधकर्त्ता एक शुद्ध संज्ञानात्मक समस्या का समाधान (जैसे किसी प्रमेय का प्रमाण) तलाश करता है, अथवा 'वस्तुनिष्ठ अनुसंधान' हो सकता है जिसमें वह अपने समक्ष एक **वैज्ञानिक** लक्ष्य रखता है। यह साधारणतया एक ऐसा लक्ष्य होता है जिसका प्रत्यक्ष संबंध व्यवहार से नहीं होता। बुनियादी अनुसंधान की समस्याओं को निपटाने में जिन पद्धतियों का उपयोग किया जाता है, वे प्रयोगात्मक अथवा सैद्धांतिक हो सकती हैं, यद्यपि बुनियादी अनुसंधान को अक्सर सैद्धांतिक विधियों से संबद्ध माना जाता है।[18] इसके विपरीत, **अनुप्रयुक्त अनुसंधान** का काम मूलतः नया ज्ञान प्राप्त करना उतना नहीं है। जितना प्राप्त-ज्ञान का उपयोग करके किसी व्यावहारिक लक्ष्य तक पहुँचना (जैसे दूरवर्ती शक्ति संचार में ऊर्जा अपव्यय कम करना)।

लेकिन, अनुप्रयुक्त अनुसंधान से भी विज्ञान तथा उत्पादन के संयोजन की समस्या पूर्णतः हल नहीं होती। कारण यह कि यह दायित्व दरअसल विकास कार्य का है, अर्थात प्रयोगात्मक तथा प्रारूपण कार्य का जो अनुप्रयुक्त अनुसंधान के परिणामों को उद्योग, कृषि, परिवहन, सार्वजनिक स्वास्थ्य, इत्यादि में व्यावहारिक उपयोग में लाता है।

मूल अनुसंधान, अनुप्रयुक्त अनुसंधान तथा विकास कार्य में आजकल स्वीकृत विभाजन का सुझाव केवल प्रबंधकीय उद्देश्यों से, पहले अमरीका के राष्ट्रीय विज्ञान प्रतिष्ठान ने, और फिर यूनेस्को तथा आर्थिक सहयोग एवं विकास संगठन द्वारा प्रस्तुत किया गया था। कहा जा सकता है कि यह विभाजन जिस अवस्था में पहुँच गया उसकी तुलना 19वीं शताब्दी में विज्ञानों के वर्गीकरण के विकास की अवस्था से की जा सकती है। 19वीं शताब्दी में, अकादमीशियन ब. म. किद्रोव के अनुसार, "विज्ञानों में विभेदीकरण क़ी ओर समग्र प्रवृत्ति, जिसके फलस्वरूप उनका विस्तृत विशेषीकरण और परिणामतः एकांगीपन पैदा हुआ, विज्ञान के वर्गीकरण की समस्या के समाधान में उपयोग की गई ठोस पद्धतियों में भी प्रतिबिंबित हुई।...यह कहा जा सकता है कि विज्ञान के वर्गीकरण के सिद्धांतों का स्वयं विभेदीकरण हुआ, जिसके फलस्वरूप एकांकी विशेषीकृत प्रणालियाँ उत्पन्न होने लगीं। ये प्रणालियाँ किसी ऐसे सिद्धांत पर आधारित थीं जिसे उसके पूर्णतम सम्भव विकास तक ले जाया गया था—परंतु ऐसे विकास तक जो एकतरफा था। इसमें विज्ञानों के समग्र संबंध के अन्य पहलुओं की उपेक्षा की गई थी अथवा उन्हें नियत सिद्धांत के अधीन कर

दिया गया था"।[19]

अकादमीशियन कपित्सा कहा करते थे कि स्वीकृत विभाजन यद्यपि प्रबंधन की दृष्टि से सुविधाजनक था, परंतु इसके द्वारा वास्तविक अनुसंधान प्रक्रिया की अविच्छिन्नता, जिसमें एक अवस्था अदृश्य रूप में दूसरे में मिल जाती है, प्रतिबिंबित नहीं हुई। मेरे प्रश्न का उत्तर देते हुए, अकादमीशियन अ. न. नेस्म्यानोव ने भी इसी के समान विचार व्यक्त किया तथा इस बात पर जोर दिया कि मूल अनुसंधान, अनुप्रयुक्त अनुसंधान तथा विकास कार्य में विज्ञान के विभाजन के किसी सुझाव पर वह हस्ताक्षर करना स्वीकार नहीं करेंगे।

लंदन विश्वविद्यालय के भूतपूर्व चिकित्सा प्रोफेसर एवं ब्रिटेन के चिकित्सा अनुसंधान परिषद के सचिव, हैरोल्ड हिम्सवर्थ इस वर्गीकरण की तुलना में पेश करते हैं—अनुसंधान की अवस्थाओं की अविच्छिन्नता, उनका परस्पर संबंध तथा परस्पर निर्भरता, तथा उनके अनुक्रमण में विचाराधीन प्रक्रियाओं के स्वाभाविक अनुक्रमण के परावर्तन को। अतः, हिम्सवर्थ के अनुसंधान क्षेत्र में इस प्रकार के 'मानसिक सांतत्यक' की संरचना नैदानिक (क्लिनिकल), रोग-विज्ञान संबंधी (पैथौलॉजिकल), शरीर-विज्ञान, जीव रासायनिक तथा अन्य स्तरों से लेकर आधविक स्तर तक की प्रक्रियाओं व परिघटनाओं से होती है। उनका यह भी कहना है कि ज्ञान का विशेषीकृत तथा रहस्यमय स्वरूप परिसीमा के निकट पहुँच जाता है तथा विज्ञान के नियत क्षेत्र के केंद्र में निम्नतम रहता है। दूसरे शब्दों में, अनुसंधान जितना अधिक अनुप्रयुक्त होगा उतना ही अधिक विशेषीकृत होगा। इसके विपरीत, उसे मौलिक विज्ञान की संज्ञा देने का जितना अधिक आधार होगा उतना ही कम वह एक विशेषता के भीतर अपने आप में बंद होगा, तथा उतना ही अधिक सामान्य एंव अमूर्त उसका स्वरूप होगा।

ज्ञान के विशेष क्षेत्र की सीमाओं के साथ, "शुद्ध विज्ञान' जो यहाँ, केंद्र में, स्वाभाविक तथा आवश्यक भी है, परिसीमा पर अस्वीकार्य तथा असहनीय होता है। इसी के अनुसार, हिम्सवर्थ का सुझाव है कि अलग-अलग प्रकारों के अनुसंधान के वर्गीकरण का मूल मापदंड उनके विशेषीकरण की अवस्था को माना जाए अर्थात इस बात को माना जाए कि यह अनुसंधान एवं विकास नियत विशेष क्षेत्र के केंद्र से कितनी दूरी पर है। कारण यह कि विशेषीकृत से अविशेषीकृत विज्ञान शाखाओं तक इसी 'स्वाभाविक अनुक्रमण' से आधुनिक वैज्ञानिक ज्ञान की संरचना होती है।[20]

अनुसंधान के प्रकारों के वर्तमान वर्गीकरण के आलोचनात्मक मूल्यांकन

के आधार मौजूद हैं। इसकी एक प्रत्यक्ष त्रुटि मापदंड का आत्मनिष्ठ स्वरूप है, जिस पर यह आधारित रहता है। इस प्रकार, अनुसंधान के अलग-अलग प्रकारों का सांख्यिकी विवरण स्वयं शोधकर्त्ता द्वारा प्रस्तुत लक्ष्यों के मूल्यांकन पर आधारित होता है। इसी कारण ये आंकड़े बहुत शुद्ध नहीं कहे जा सकते, यद्यपि मूल्यांकन में आत्मनिष्ठ गलतियों तथा अशुद्धियों की परस्पर क्षतिपूर्ति 'बड़े आंकड़ों के नियम' के अनुसार किसी हद तक हो जाती है। अतः वैज्ञानिक प्रबंधकों की भाँति वैज्ञानिकों द्वारा भी एक अधिक विश्वसनीय तथा वस्तुनिष्ठ मापदंड की खोज स्वाभाविक है। दुर्भाग्यवश, प्रोफेसर हिम्सवर्थ तथा कुछ अन्य वैज्ञानिकों द्वारा प्रस्तावित, विशेषीकरण की हद के मापदंड में भी आत्मनिष्ठता का तत्व मौजूद रहता है और इस कारण इस समय स्वीकृत मापदंड की तरह उसमें भी अशुद्धियाँ रहती हैं। वास्तव में वस्तुनिष्ठ मापदंड, जिन्हें अलग-अलग समय में ब्रिटेन के प्रोफेसर ज. ड. बरनाल[21] तथा सोवियत संघ के प्रोफेसर ब. ग. कुजनेत्सोव[22] ने प्रस्तुत किया था, मूल अनुसंधान के अंतिम परिणाम के महत्त्व पर आधारित हैं। प्रत्यक्षतः यह एक ऐसा मापदंड है जिसे केवल पश्चावलोकन करके ही अपनाया जा सकता है जबकि पीछे नजर दौड़ाने का काफी अवसर प्राप्त हो।

आज इससे निकलने का उपाय केवल यही जान पड़ता है कि अनुसंधान के प्रकारों के सामान्यतः स्वीकृत वर्गीकरण का प्रयोग जारी रखा जाए, लेकिन यह भी ध्यान में रहे कि प्रकारों के बीच कोई निरपेक्ष सीमारेखा नहीं खींची जा सकती तथा यह कि वे एक दूसरे के पूरक होते हैं क्योंकि इसके बिना मानव ज्ञान में वृद्धि करना असंभव होता है।

इस संदर्भ में, प्रोफेसर बरनाल का मत है कि शुरुआत अनुसंधान के अभिसारी तथा अपसारी विभाजन से करना उचित होगा। कारण यह कि यह "बुनियादी तथा अनुप्रयुक्त अनुसंधान के विभाजनों को सीधे काटता है"। इसी दिशा में बढ़ते हुए ब्रिटिश सरकार के विज्ञान तथा प्रविधि संबंधी केंद्रीय सलाहकार परिषद के अध्यक्ष, लॉर्ड राथ्सचाइल्ड ने सुझाव दिया था कि सभी प्रकार के अनुसंधान एवं विकास कार्य का वर्गीकरण शुद्ध अनुसंधान एवं अनुप्रयुक्त अनुसंधान के रूप में किया जाना चाहिए और फिर उनका उप विभाजन रचना कौशल संबंधी अनुसंधान, उत्पाद अनुसंधान, प्रक्रिया अनुसंधान तथा संक्रियात्मक अनुसंधान में करना चाहिए।

मेरे विचार से, इस तरह के प्रकार्यात्मक वर्गीकरण में वर्तमान वर्गीकरण की तुलना में कुछ अधिक लाभ हैं। केवल विज्ञान के छात्रों ने ही नहीं बल्कि

उत्पादन के कर्मियों ने भी वर्तमान वर्गीकरण की बार-बार आलोचना की है।

अमरीका में फोर्ड मोटर कंपनी के अनुसंधान नियोजन के प्रबंधक ज. ज. हार्वुड का कहना है कि प्रत्येक व्यक्ति औद्योगिक अनुसंधान की आवश्यकता को अब स्वीकार करता है क्योंकि अनुसंधान एवं विकास कार्य के द्वारा उद्योग को तथा उत्पादन की नई प्रणालियों को विकसित करने, प्राविधिक प्रक्रियाओं को सुधारने इत्यादि के लिए बहुत कुछ किया गया है।

अनुसंधान के शैक्षणिक रूपों के विपरीत, औद्योगिक अनुसंधान का सबसे महत्त्वपूर्ण लक्षण 'आपूर्ति-मांग' संबंध है। औद्योगिक अनुसंधान एवं विकास कार्य के परिणामस्वरूप केवल नए विचार तथा ज्ञान ही नहीं प्राप्त होते, बल्कि वैज्ञानिक एवं तकनीकी आविष्कारों के संगठन के सामने अतिरिक्त मांगे रखी जाती हैं, और प्रत्येक कंपनी को अपने कार्यकलाप के विशेष स्वरूप के अनुकूल स्वयं अपनी कार्यशैली विकसित करनी होती है। विगत दो दशकों की तुलना में 1971 वाले दशक के प्रारंभ में अनुसंधान की उन्मुखता में, तथा उत्पादन प्रक्रिया में उसके महत्त्व की वृद्धि में काफी महत्त्वपूर्ण परिवर्तन हुए हैं। अतः, अंतरण ऐसे कार्यक्रमों की दिशा में हुआ है जिनका उद्देश्य लागत में कमी करना, उत्पाद की गुणवत्ता को बेहतर बनाना, तथा स्वयं अनुसंधान की प्रक्रिया को सुधारना।[23]

इन परिवर्तनों की रोशनी में, अमरीका के औद्योगिक अनुसंधान संस्थान ने औद्योगिक अनुसंधान एवं विकास के एक नए वर्गीकरण का सुझाव पेश किया है :

1. वर्तमान उतपादन के तत्काल विकास की ओर लक्षित अनुसंधान, उत्पाद की गुणात्मकता को बेहतर बनाना, उपार्जन में वृद्धि तथा बिक्री का विस्तार।

2. सामान्य प्रकार का दीर्घकालीन अनुसंधान जिसका उद्देश्य कंपनी के कार्यकलाप से संबंधित इस क्षेत्र में ज्ञान को अधिक विकसित करना है।

3. अनुसंधान की नई जोखिम भरी प्रणालियाँ जिनका उद्देश्य उन क्षेत्रों में बिक्री की नई संभावनाएँ प्राप्त करना है जिनमें कंपनी को कोई उत्पादन अथवा विपणन संबंधी अनुभव नहीं है।

अमरीका में वैज्ञानिक कार्यकलाप में श्रम-विभाजन की पद्धति पर विचार करते हुए, गल्फ जनरल एटामिक्स कार्पोरेशन के विशेष उत्पाद विभाग उपाध्यक्ष चाल्मर्स शेरविन ने इस बात का उल्लेख किया है कि परियोजना पश्चदर्शन से क्या सबक लिए जा सकते हैं।

प्रत्येक नए प्रकार की शस्त्र व्यवस्था के लिए, जैसा कि परियोजना के ढांचे के भीतर उनके विश्लेषण से प्रकट होता है, साधारणतया 50 से लेकर 100 तक मुख्य तकनीकी एवं वैज्ञानिक आविष्कारों एवं अन्वेषणों की आवश्यकता होती है। इनमें से प्रत्येक, अलग-अलग व्यवस्था की निपुणता में केवल कुछ प्रतिशत वृद्धि कर पाता। उनके संयोजन से ही वृद्धि बहुत तेजी से होती है। जिन प्रणालियों का अध्ययन किया गया उनमें से कोई भी किसी एक लाभप्रद विचार का नतीजा नहीं था। शेरविन ने दुःख के साथ इस बात का उल्लेख किया है कि अनुसंधान प्रयोगशालाओं के संगठन ने 'विचारों द्वारा मानव के जनन' की महत्त्वपूर्ण धारणा को साकार बनाने में कुछ नहीं किया। जब कभी कोई निर्णायक विचार रहा है उसे अपनी सिद्धि के लिए अपने अलावा और 5-10 लगभग समान बहुमूल्य विचारों की आवश्यकता हुई है। ये अतिरिक्त विचार विभिन्न (अधिकतर अनुप्रयुक्त) ज्ञान क्षेत्रों से प्राप्त हुए हैं। परियोजना पश्चदर्शन से जैसा कि स्पष्टतः अभिव्यक्त होता है, एक नई शस्त्र व्यवस्था को विकसित करने के लिए आवश्यक ज्ञान का दो-तिहाई भाग विकास की प्रक्रिया के दौरान प्राप्त होता है और केवल 33 प्रतिशत परियोजना को प्रारंभ करते समय। अधिकांश वैज्ञानिक ज्ञान (80 प्रतिशत) विश्वविद्यालयों से प्राप्त होता है जहाँ प्रतिरक्षा विभाग के अनुबंध पर काम करने वाले दल मौजूद हैं (इसकी सबसे उल्लेखनीय मिसाल चार्ल्स टाउन्स द्वारा किया गया अन्वेषण है जिसके लिए उन्हें नोबेल पुरस्कार प्रदान किया गया था)

वैज्ञानिकों एवं विकासकर्मियों के काम का मुख्य चालक तत्व व्यावहारिक आवश्यकताओं की स्पष्ट जानकारी होता है। अक्सर, एक आविष्कार या अन्वेषण एक ऐसे उत्पाद में साकार किया गया जो उस अन्वेषण का उद्देश्य नहीं था, परंतु उसकी संरचना हमेशा एक ठोस लक्ष्य के लिए की गई थी।

जैसा कि परियोजना पश्चदर्शन से प्रकट होता है, वैज्ञानिक ने विभिन्न समस्याओं का समाधान करने के लिए स्वयं सुझाव पेश किए, हालांकि प्रारंभिक अवस्थाओं में जबकि उसके लाभ खुल कर सामने नहीं आए थे, वित्तीय साधन जुटाने के लिए उन्हें चालबाजी से काम लेना पड़ा था। सबसे अधिक प्रगति उन प्रयोगशालाओं में की गई जहाँ वैज्ञानिकों ने किसी नए विचार के लिए वित्तीय सहायता (50,000 डालर तक) केवल अपने तत्काल अधिकारियों से कहकर प्राप्त कर ली थी।[24])

शेरविन का कहना है कि 'अनुसंधान एवं विकास' की व्याख्या में अधिक बल 'विकास' पर देना चाहिए तथा अनुसंधान को विकासकर्मियों की आवश्यकताओं

के अधीन होना चाहिए। उन्होंने लिखा कि मौलिक अनुसंधान के मूल्य से इंकार किए बिना, निश्चित रूप से कहा जा सकता है कि इसके आयतन को कम करना चाहिए : केवल अत्यंत प्रभावशाली वैज्ञानिकों के एक छोटे दल के लिए उसमें काम करने की गुंजाइश हो सकती है। फिलहाल, अधिकांश मौलिक अनुसंधान दूसरे दर्जे का होता है तथा इसमें वित्त लगाना पैसा बर्बाद करना है। इससे कहीं अच्छा है कि इन व्यक्तियों तथा उनके कार्य को किसी ठोस व्यावहारिक समस्या से जोड़ दिया जाए। इससे अनुसंधान अधिक उद्देश्यपूर्ण तथा उत्पादक हो जाएगा।[25]

अमरीकी पत्रों ने भी जैसा कि कहा है, 'परियोजना पश्चदर्शन' का यह परिणाम निर्विवाद नहीं समझा जा सकता। उदाहरण के लिए, यह कहा गया कि पहले के मौलिक अनुसंधान के बिना न तो आधुनिक विकास हो सकता था और न ही काफी उच्च योग्यता-प्राप्त विकासकर्ता होते, जिन्हें अनिवार्यतः विज्ञान की मौलिक खोजों पर निर्भर करना पड़ता है। एक ठोस तकनीकी श्रम-विभाजन तथा कारगर वैज्ञानिक एवं तकनीकी आविष्कारों के कार्यान्वयन की एक अनिवार्य शर्त यह है कि मौलिक तथा अनुप्रयुक्त अनुसंधान की प्रगति उनके परिणामों के विकास के साथ सानुपातिक तथा गत्यात्मक संतुलन की स्थिति में होनी चाहिए।

सूचना तथा व्यावसायिक श्रम-विभाजन

आधुनिक वैज्ञानिक कार्यकलाप में श्रम-विभाजन में **सूचना प्रकार्य** को एक विशेष रूप से महत्त्वपूर्ण भूमिका अदा करनी होती है।

सोवियत वैज्ञानिकों, ब. म. केद्रोव तथा स. र. मिकुलिन्स्की ने कहा है : "विगत वर्षों में यह बात स्पष्टतः सामने लाई जा चुकी है कि वैज्ञानिक, तकनीकी एवं आर्थिक प्रतियोगिता में अगुवाई अनिवार्यतः वे देश नहीं करते जहाँ मौलिक अनुसंधान अधिक विस्तार एवं गहराई के साथ किया जा रहा है, बल्कि नेतृत्व वे देश करते हैं जहाँ वैज्ञानिक विकास का तथा वैज्ञानिक तकनीकी सूचना का सामान्य स्तर ऊँचा होता है, वैज्ञानिक एवं प्राविधिक उपलब्धियों को उत्पादन में तेजी से लागू करने की प्रक्रिया बेहतर ढंग से संगठित होती है।"[26]

विज्ञान में सामाजिक श्रम-विभाजन का विकास सामाजिक उत्पादन में इसके विकास के सर्वथा अनुकूल होता है। वैज्ञानिक सूचना विनिमय (या सूचनांतरण) के प्रकार्य का उसके प्रत्यक्ष उत्पादन के प्रकार्य से पृकथन एवं

विकास वैज्ञानिक श्रम-विभाजन में उतने ही महत्त्वपूर्ण होते हैं जितना समग्र सामाजिक श्रम-विभाजन में भौतिक उत्पादन से उसके विनिमय का पृथक्कथन महत्त्वपूर्ण था। **इस प्रसंग में, ज्ञान के उत्पादन के विकास में सूचना की भूमिका तथा भौतिक उत्पादन के विकास में मुद्रा की भूमिका के बीच साम्य स्थापित किया जा सकता है।** मार्क्स ने लिखा है : "मुद्रा का संबंध व्यक्ति से सर्वथा आकस्मिक जान पड़ता है, जबकि यह संबंध किसी वस्तु के साथ, जो उसके व्यक्तित्व से बिल्कुल असंबद्ध हो, उस वस्तु के स्वरूप के कारण उस व्यक्ति को समाज पर, आनंद, कार्य इत्यादि के समस्त संसार पर सार्विक प्रभुत्व प्रदान करता है। **यह ठीक वैसी ही बात है जैसे, उदाहरण के लिए, कोई पारस पत्थर मिल जाने से मुझे, मेरे व्यक्तित्व के लिहाज के बिना, समस्त विज्ञानों का प्रभुत्व प्राप्त हो जाए। मुद्रा के स्वामित्व से (सामाजिक) धन के प्रति मेरा संबंध वही हो जाता है जो पारसमणि के स्वामित्व से विज्ञानों के प्रति मेरा संबंध होता।**"[27]

कहा जा सकता है कि आज वैज्ञानिक सूचना एक अर्थ में इसी प्रकार का पारसमणि है। अनुसंधान में सूचना का **आदान-प्रदान** महत्त्व में प्रयोगात्मक ज्ञान के **उत्पादन** के ही निकट पहुँच जाता है, अर्थात नई वैज्ञानिक सूचना के, जो अनुसंधान एवं विकास की विभिन्न अवस्थाओं को संयोजित करती है।

सच्ची बात यह है कि विज्ञान, ज्ञान की एक प्रणाली के रूप में, तथा संज्ञान की प्रक्रिया के रूप में, केवल वहीं तक 'क्रियाशील' हो सकता है जहाँ तक उसे सूचना अर्थात अब तक का उत्पादित ज्ञान 'आगम ट्रे' पर प्राप्त होता रहता है, ताकि नयी सूचना (नया ज्ञान) 'बहिर्गगन ट्रे' पर पैदा की जाए। विज्ञान में व्यावसायिक तथा तकनीकी दोनों ही श्रम-विभाजन ज्ञान के ऐसे उत्पादन के अधीन होते हैं।

वैज्ञानिक सूचना के मसलों पर व्यावसायिक समानता, उसकी विषमता की ही भाँति, विज्ञान में सामाजिक श्रम-विभाजन की दृष्टि से प्राथमिक दिलचस्पी की चीज होती है। सब मिला कर, जैसा कि रिकार्ड से व्यक्त होता है, वैज्ञानिक कार्यकलाप में सूचना के आदान-प्रदान के महत्त्व में वृद्धि असमान रूप से हुई है। **इसमें आम प्रवृत्ति सूचना के प्राथमिक स्रोतों की कीमत पर गौण सहायक स्रोतों की भूमिका में वृद्धि की रहती है।** फिर भी, यह विशेष सूचना ही है जो विज्ञान में, 'सर्वव्यापी वैध निविदा' के प्रकार्यों को संभालती है। ज्ञान के प्रत्येक क्षेत्र के वैज्ञानिकों ने, जिन्होंने उपर्युक्त प्रश्नावली का उत्तर दिया था (तकनीशियनों में 86 प्रतिशत से जीव वैज्ञानिकों तथा अर्थशास्त्रियों में 93 प्रतिशत ने) विशेष साहित्य को पूर्ण तरजीह दी। कारण यह कि उसमें अत्यंत

सांद्रित सूचना का विश्लेषण किया जाता है।[28]
Verily, gratia est ex ipso fonte bibuntur aguae.

मतदान करने वालों में आधे लोगों ने भाषा की बाधा को, तथा 'सूचना संकट' के समस्त वातावरण को (क्योंकि वैज्ञानिक कार्यकलाप के कुछ क्षेत्रों में, जैसे अनुप्रयुक्त अनुसंधान एवं विकास कार्य में, विशेषकर इंजीनियरिंग एवं प्रविधि में यह दरअसल बहुत विकट है) दूर करने के लिए संदर्भ पत्रिकाओं का प्रयोग किया। संदर्भ पत्रिकाएँ, संग्रह पुस्तिकाएँ, ताजा सूचना बुलेटिन सब मिला कर, प्रयोगात्मक अनुसंधान सहित, सूचना प्रणाली की हैसियत से दूसरे स्थान पर आते हैं। परंतु विभिन्न क्षेत्रों के गणितज्ञ, जीवविज्ञानी, चिकित्साकर्मी, भू-विज्ञानी तथा तकनीशियन संदर्भ पत्रिकाओं को समान दर्जा देते हैं। (52-57 प्रतिशत), परंतु रसायन-वैज्ञानिकों में यह आंकड़ा बढ़कर 65.77 प्रतिशत, और भौतिकी विज्ञानियों में कम होकर 45.3 प्रतिशत, अर्थशास्त्रियों में 35.59 प्रतिशत, शिक्षकों में 19.75 प्रतिशत, तथा मानविकी वैज्ञानिकों में 9.21 प्रतिशत हो जाता है। इससे प्रकट होता है कि विभिन्न विज्ञानों में सूचना को 'एकमुश्त संपुटित' करने की क्षमता बहुत भिन्न होती है : मानविकी विज्ञानों में अनुसंधान के परिणामों को संक्षिप्त संदर्भ रूप में प्रस्तुत करने के प्रयासों के कारण अक्सर वे अपनी आवश्यक पूर्णता एवं व्यापकता से वंचित हो जाते हैं, जिससे वास्तव में सूचना की भारी क्षति होती है।

प्रयोगात्मक अनुसंधान के मूल्यांकन में और भी अधिक अंतर पाया जाता है : रसायनज्ञों में 77.48 प्रतिशत, जीववैज्ञानिकों में 62.37 प्रतिशत, भौतिकी वैज्ञानिकों में 48.22 प्रतिशत, शिक्षकों में 44.44 प्रतिशत, चिकित्साकर्मियों में 40.61 प्रतिशत, भू-वैज्ञानिकों में 32.62 प्रतिशत, अर्थशास्त्रियों में 21.19 प्रतिशत, मानविकी वैज्ञानिकों में 16.18 प्रतिशत तथा गणितज्ञों में 8.11 प्रतिशत।

तकनीकी विज्ञानकर्मियों में 52 प्रतिशत से अधिक ने अपना 'मत' प्रयोगात्मक अनुसंधान तथा संदर्भ पत्रिकाओं दोनों के पक्ष में दिया। यह बराबरी किसी हद तक रसायन वैज्ञानिकों, भौतिकी वैज्ञानिकों तथा जीव वैज्ञानिकों में और साथ ही मानविकी विज्ञानकर्मियों में भी पाई जाती है जो अभी कुछ दिन पहले तक प्रयोगों को अपनी पहुँच से बाहर तथा परकीय समझते थे। दूसरी ओर, खास कर भू-वैज्ञानिक, चिकित्साकर्मी, अर्थशास्त्री एवं गणितज्ञ संदर्भ पत्रिकाओं से प्राप्त सूचना को प्रत्यक्ष रूप में तरजीह देते थे, जबकि शिक्षकों का मत प्रयोगों के पक्ष में था।

परिणामस्वरूप, यह कहने के पर्याप्त आधार मौजूद हैं कि सूचना सेवाओं के संगठन का केवल तकनीकी ही नहीं बल्कि प्राकृतिक विज्ञान संस्थानों में भी अब उतना ही महत्त्व है जितना प्रयोग की सुविधाओं का। इसका अवश्य ही यह तात्पर्य नहीं कि, एक ओर, प्रयोगात्मक अनुसंधान में, तथा दूसरी ओर, सैद्धांतिक अनुसंधान में वैज्ञानिकों के व्यवसायों के बीच मौजूद भेद मिटा दिए गए हैं। प्रयोगक तथा सिद्धांतकार के बीच तकनीकी श्रम-विभाजन प्रत्यक्षतः आने वाली लंबी अवधि तक महसूस किया जाता रहेगा तथा इसकी त्रुटियाँ विज्ञान के विकास में बाधा उपस्थित कर सकती हैं।

उदाहरण के लिए, यह बात कतई आकस्मिक नहीं कि हमने जिन भौतिकीविदों का मत प्राप्त किया था उन्होंने, रसायन वैज्ञानिकों, जीव वैज्ञानिकों तथा तकनीकी विज्ञानों के क्षेत्र में लगे कर्मियों के विपरीत, सूचना प्रणाली के रूप में प्रयोगात्मक अनुसंधान को केवल चौथा स्थान दिया था। अकादमीशियन कपित्सा ने सही चेतावनी दी थी कि प्रयोगात्मक भौतिकी में कर्मियों के आगमन की बाढ़ धीमी पड़ने लगी है, बावजूद इस तथ्य के कि उनकी आवश्यकता बढ़ रही है।

विज्ञान तथा विशेषकर भौतिक प्रयोग के औद्योगीकरण ने प्रयोगकर्ता भौतिकीविद को प्रयोग की सुविधाओं पर तथा उनका संचालन करने वाले शोधकर्मियों, तकनीशियनों एवं प्रयोगशाला सहायकों के दल पर, असाधारण रूप से निर्भर कर दिया है। जब किसी नौसिखिए भौतिकीविद को स्वयं अपने अनुभव से पता चलता है कि 'झटपट सहज' प्रयोग का समय हमेशा के लिए विदा हो चुका, कि उसे कण त्वरित्र के लिए लंबी लाइन में खड़ा होना पड़ेगा, और फिर यह कि स्वयं प्रयोग तथा उसके परिणामों के विश्लेषण में बहुत कुछ केवल अकेले उस पर निर्भर नहीं करता, तो प्रयोगात्मक अनुसंधान के उसके शौक को सचमुच बहुत कठिन परीक्षा से गुजरना पड़ता है।[29]

मतदान से जैसा कि पता चलता है यह शौक, उन जगहों में जहाँ अनुसंधान के औद्योगीकरण का स्तर नीचा है, अर्थात विशेषकर जैविक तथा रसायन विज्ञानों में, स्वभावतया कमजोर होने लगता है। वहाँ 'प्रयोगशाला की मेज पर बैठा व्यक्ति' अभी भी बहुत महत्त्वपूर्ण रहता है, तथा वह बहुत कुछ अपने आप कर सकता है, यद्यपि इसके कारण इस क्षेत्र में भी वैज्ञानिक कार्य के बढ़ते हुए सामूहिक स्वरूप के महत्त्व में कतई कमी नहीं होती।[30] यह बात, तकनीकी विज्ञानों पर भी, यद्यपि कुछ कम हद तक, लागू होती है। इस बात की पुष्टि भी हमारी मतगणना के परिणामों से हो चुकी है।

इस उदाहरण द्वारा एक सचमुच महत्त्वपूर्ण प्रवृत्ति की रूपरेखा सामने आती है : **व्यावसायिक** श्रम विभाजन **तकनीकी** श्रम विभाजन से अधिकाधिक जुड़ता जा रहा हैं शिक्षाशास्त्र अब लगभग उतना ही प्रयोगात्मक विज्ञान बनता जा रहा है कि जितना भौतिक विज्ञान है। दूसरी ओर, 'अंतरिक्ष युग' में प्रयोग खगोल विज्ञान एवं खागोल भौतिकी में भी एक स्वीकृत साधन बनता जा रहा है। परिणामस्वरूप, ज्ञान के ऐसे क्षेत्रों में जो एक दूसरे से बहुत दूर हैं, वैज्ञानिकगण अनुसंधान के समान तरीके तथा उपकरण काम में लाने लगे हैं। इसे विज्ञान के गणितीकरण में संतांत्रिकी (साइबरनेटिक्स) तथा सर्वांगी-संरचनात्मक (सिस्टेमिक-स्ट्रकचरल) विधियों में, इलेक्ट्रानिक कंप्यूटरों के तथा छोटे-मोटे अन्य अनेक यांत्रिक साधनों के व्यापक उपयोग में देखा जा सकता है।

ग. न. वेल्कोव ने लिखा है : "पुराने समय में एक वैज्ञानिक के कार्यकलाप का क्षेत्र विज्ञान शास्त्रों के समुच्चय तक फैला होता था। बाद में यह विज्ञान के एक आधारिक क्षेत्र में सीमित हो गया और फिर इस क्षेत्र की एक प्रणाली में। अगला चरण जो विज्ञान अब उठा रहा है बहुत महत्पूर्ण तथा निर्णायक सिद्ध हुआ है। वर्तमान परिस्थितियों में, किसी एक ठोस वैज्ञानिक समस्या में अनुसंधान के लिए, नियमतः, व्यापक दृष्टिकोण की तथा ज्ञान के अनेक संबंधित क्षेत्रों के परिणामों एवं विधियों के उपयोग की आवश्यकता होती है।"[31]

व्यापक अंतर्विज्ञान-शास्त्रीय दृष्टिकोण का बढ़ता हुआ प्रभाव गैर-विशेषीकृत सूचना स्रोतों के मूल्यांकन को भी प्रभावित कर रहा हैं इस प्रकार, आम साहित्यकार का उच्चतर मूल्यांकन मानविकी के क्षेत्र के कर्मियों द्वारा (32 प्रतिशत) और शिक्षकों द्वारा (28 प्रतिशत), तथा उससे कम मूल्यांकन गणितज्ञों द्वारा (9 प्रतिशत) किया गया है। शिक्षकों ने लोकप्रिय विज्ञान-रचनाओं को 17 प्रतिशत तथा भौतिकीविदों ने 5.5 प्रतिशत दर्जा दिया है। परंतु मैं इस भिन्न मूल्यांकन की ओर उतना ध्यान आकृष्ट करना नहीं चाहूँगा जितना इस तथ्य की ओर कि 'सूचना तनाव' के बावजूद, बिना अपवाद सभी विशेषज्ञता वाले क्षेत्रों के वैज्ञानिक गण काफी बड़ी संख्या में अभी तक इन सभी स्रोतों से अपनी सूचना प्राप्त करते हैं। ऐसी स्थिति में जहाँ विशेषीकरण काफी गहरा नहीं होता, हाँ इस क्षति की पूर्ति व्यापक दृष्टिकोण द्वारा हो जाती है। इसका, संदर्भ पत्रिकाओं की बात तो दूर रही, विशेष पत्रिकाओं में भी अक्सर अभाव होता है।

सूचना की विभिन्न प्रणालियों का महत्त्व गुणोत्तर श्रेणी से घटता जाता है। इसका अत्यंत स्पष्ट उदाहरण तकनीकी विज्ञानों में देखने में आता है।

यहाँ गोष्ठियाँ तथा सम्मेलन ('मतदान' का 45 प्रतिशत) करोबारी यात्राओं (21 प्रतिशत) की तुलना में दो गुना अधिक, और ये कारोबारी यात्राएँ अन्य लोगों से अनियमित भेंट-मुलाकातों एवं वार्ताओं (10 प्रतिशत) की तुलना में दो गुनी अधिक, लोकप्रिय हैं। अंत में, ये भी जन प्रचार साधनों (6 प्रतिशत) से दो गुनी अधिक लोकप्रिय है। मोटामोटी यही स्थिति अनुसंधान के अन्य क्षेत्रों में पाई जाती है। फिर भी, कहा जा सकता है कि सभी विज्ञानों में यह वास्तविक आवश्यकता अनुभव की जा रही है कि सूचना की विशेषीकृत प्रणालियों की अनुपूर्ति गैर-विशेषीकृत प्रणालियों से, औपचारिक की अनौपचारिक से, व्यवस्थित की अव्यवस्थित से की जाए। मतगणना से पता चला था कि गोष्ठियों तथा सम्मेलनों को सूचना प्रणाली के रूप में विभिन्न क्षेत्रों के वैज्ञानिकों ने बराबर दर्जा दिया था : अर्थशास्त्रियों में 45 प्रतिशत से लेकर गणितज्ञों में 65 प्रतिशत तक ने।

सूचना की दृष्टि से खोजपूर्ण यात्राओं तथा कारोबारी यात्राओं का मूल्यांकन करने से ज्ञात हुआ कि एक प्रवृत्ति अंतर-शास्त्रीय समरूपता की दिशा में काम कर रही है जो गणितज्ञों और भौतिकीविदों में 7 प्रतिशत से अधिक, रसायन विज्ञानियों तथा चिकित्साकर्मियों में 12-13 प्रतिशत, मानविकी के क्षेत्र के कर्मियों तथा शिक्षकों में 20-26 प्रतिशत, अर्थशास्त्रियों तथा जीव वैज्ञानिकों में 29-35 प्रतिशत तथा भू-विज्ञानियों में 60-64 प्रतिशत है। यहाँ हम एक बार फिर देखते हैं कि वैज्ञानिक क्रियाकलाप में श्रम के कार्मिक विभाजन में अंतर के फलस्वरूप उसके एकीकरण तथा स्वयं काम की शैली के विकास में समान प्रवृत्तियों में किसी प्रकार की उलट-पुलट नहीं हुई।

वैज्ञानिक ज्ञान का विभेदीकरण अधिकाधिक घनिष्ठ रूप से केवल सिद्धांत में ही नहीं बल्कि आधुनिक वैज्ञानिक कार्य कलाप के व्यवहार में भी उसके एकीकरण से जुड़ा हुआ है। इसकी रोशनी में, उच्च शिक्षा को सोवियत प्रणाली के संस्थापकों की दूरदर्शितापूर्ण नीति को स्वीकार न करना असंभव है। 1921 तथा 1931 वाले दशकों में, उन्होंने उच्च तकनीकी स्कूलों के ताने-बाने के प्राथमिक विकास पर जोर दिया ताकि तेजी से विकसित होते अर्थतंत्र के लिए इंजीनियर तैयार हो सकें। इसी के साथ उन्होंने प्रकृति विज्ञान तथा सामाजिक विज्ञान के उच्च विद्यालयों के विकास की ओर भी ध्यान दिया था। साथ ही, तकनीकी एवं प्रकृति विज्ञान के उच्च विद्यालयों में सामाजिक विज्ञानों—इतिहास, दर्शनशास्त्र तथा अर्थशास्त्र—की शिक्षा की ओर विशेष ध्यान दिया गया।

चालू वैज्ञानिक तथा तकनीकी क्रांति के अंतर्गत पश्चिमी देशों में भी उच्चतर शिक्षा के स्कूलों को समान रास्ता अपनाना पड़ा है। अमरीका, ब्रिटेन, संघीय जर्मन गणराज्य तथा अन्य देशों में अनेक प्रमुख उच्च तकनीकी स्कूलों में भी सामाजिक विज्ञान के पाठ्यक्रम शुरू किए गए हैं। इससे भी बढ़कर, प्रकृति विज्ञान एवं तकनीकी शास्त्रों में एक 'मानविकी' की कड़ी जोड़ने का प्रश्न भी विचाराधीन है। अतः अमरीका में राष्ट्रीय विज्ञान अकादमी की भौतिकी सर्वेक्षण समिति की रिपोर्ट में भौतिक विज्ञानों के विकास की संभावनाओं के संबंध में इन विज्ञानों को मानविकीय स्वीकार करने की तत्परता व्यक्त की गई है क्योंकि मानवीय मूल्यों में, भौतिक तथा बौद्धिक दोनों ही में, उनका योगदान होता है।[32]

व्यावसायिक के बजाय तकनीकी श्रम-विभाजन के गहरे होने की प्रवृत्ति की कुछ पुष्टि हमें उस दूसरी प्रश्नावली के उत्तरों में भी मिलती है जिसका प्रसारण **लितरेतुरनाया गजेयता** ने 1971 से 1 973 तक '20वीं शताब्दी : विज्ञान एवं समाज' शीर्षक के अंतर्गत किया था। प्रसिद्ध फ्रांसीसी गणितज्ञ जॉ. लिरे ने जो फ्रांस की विज्ञान अकादमी, सोवियत संघ की विज्ञान अकादमी तथा अमरीका की राष्ट्रीय विज्ञान अकादमी के सदस्य हैं, अपने उत्तर में लिखा कि विज्ञान के अध्ययन के लिए व्यावसायिक निष्ठा कतई आवश्यक नहीं। वैज्ञानिक शाखाओं के अनुसार व्यावसायिक श्रम-विभाजन तथा अनुसंधान के प्रारूपों के अनुसार तकनीकी श्रम-विभाजन के संश्लेषण की प्रवृत्ति अप्रत्यक्ष प्रमाण आधु[illegible] वैज्ञानिकों की जीवन कथाओं में मिल जाएगा। सोवियत विज्ञान अकादमी के भूतपूर्व अध्यक्ष, कार्बनो-तात्विक संयुक्त पदार्थों के रसायन के एक अग्रणी विशेषज्ञ, तथा सोवियत विज्ञान के एक संगठनकर्ता, अ. नेस्मेयानोव ने 1922 में मास्को विश्वविद्यालय के भौतिकी-गणित विभाग से स्नातक की उपाधि प्राप्त की थी। दूसरा उदाहरण चार्ल्स टाउन्स का है, जो एक प्रमुख अमरीकी भौतिकीविद हैं। उनको (सोवियत वैज्ञानिकों, अकादमीशियन न. बासोव तथा अ. प्रोखोरोव के साथ) एक ऐसे काम के लिए नोबेल पुरस्कार भी मिल चुका है जिसके फलस्वरूप लेजर एवं मेजर का विकास हुआ। चार्ल्स टाउनेस विश्वविद्यालय में शुद्ध विज्ञानों के छात्र नहीं थे, बल्कि उन्होंने भाषा विज्ञान में विशेषज्ञता हासिल की और बाद में अन्य मानविकी शास्त्रों में काम करते रहे। शुद्ध विज्ञानों की समस्याओं के प्रति उनका दृष्टिकोण इसी से निर्धारित हुआ। लिथुआनिया विज्ञान आदमी के उपाध्यक्ष ज. पोजेला भी किसी व्यक्ति के कार्यकलाप क्षेत्र को शुद्ध विज्ञानों में सीमित करने के विरोधी हैं।

मानविकीयों के प्रति युवा लोगों द्वारा अधिक ध्यान दिए जाने की आवश्यकता पर विचार करते हुए अकादमीशियन वाई. जेल्दोविच का कहना है, "शैली में स्वयं मानविकीय विज्ञान अधिकाधिक शुद्ध विज्ञानों के निकट पहुँचने लगे हैं।" जार्जिया की विज्ञान अकादमी के अकादमीशियन व. चव्चानिद्जे का कहना है कि "शुद्ध तथा अशुद्ध विज्ञानों की अवधारणा अब अत्यंत पुरानी पड़ चुकी है परंतु हर आदमी अभी इससे अवगत नहीं है।"

व्यावसायिक श्रम-विज्ञान एक अर्थ में पृष्ठभूमि में लौटते हुए तकनीकी एवं अवस्थागत श्रम-विभाजन की पारस्परिक पूरकता के लिए स्थान रिक्त कर रहा हैं इस प्रकार, प्रयोगात्मक विज्ञानों के अत्यंत सुयोग्यकर्ता–विज्ञान के डाक्टर, वरिष्ठ अनुसंधान सहकारी–अकसर अपने जूनियर सहायकों द्वारा प्रयोग कराते हैं, हालाँकि सरकारी संज्ञा के अनुसार वे स्वयं अभी तक प्रयोगकर्ता ही होते हैं। इसके विपरीत, जूनियर अनुसंधान सहकारी, स्वयं सिद्धांतकार होते हुए भी, अपनी स्थापनाओं की प्रायोगिक जांच दूसरों से शायद ही कभी करा पाते हों, और इसलिए प्रयोगकर्त्ता की जिम्मेदारियाँ भी उन्हें ही निभानी पड़ती हैं। यह सही है कि यह किसी हद तक भौतिक सुविधाओं की स्थिति पर निर्भर करता है।[33]

तो फिर तकनीकी तथा अवस्थागत श्रम-विभाजन की भौतिक शर्तें क्या हैं? एक मतगणना द्वारा यह संभव हुआ है कि विभिन्न प्रकार की व्यावसायिक मशीनों की आवश्यकताओं की मात्रा का स्तरीकरण किया जाए। टाइपराइटर का प्रथम स्थान है (47.38 प्रतिशत), दूसरा स्थान मेज-पर-के-कैलकुलेटर (परिकलक) का है (40-65 प्रतिशत), तथा तीसरा स्थान डुप्लीकेटिंग मशीन (अनुलिपित्र) का है (39.34 प्रतिशत)। इसके बाद टेलीफोन (31.73 प्रतिशत), इलेक्ट्रॉनिक कंप्यूटर (30.01 प्रतिशत), तथा अंत में, डिक्टाफोन (12.78 प्रतिशत) का स्थान है।

तकनीकी विज्ञानों में कार्यरत लोगों में कार्मिक यंत्रों की आवश्यकता के आंकड़ों से अन्य सभी शास्त्रों के लिए औसत प्राप्त हो जाता है।

गणितीय कार्मिक यंत्रों के प्रसंग में व्यवसायी विशेषताएँ अधिक उभर कर सामने आती हैं। मेज-पर-का-कैलकुलेटर एवं इलेक्ट्रॉनिक कंप्यूटर, एक उच्च स्तर पर, वैज्ञानिक ज्ञान के गणितीय के द्योतक हैं।

तालिका 3.1

विभिन्न ज्ञान क्षेत्रों में मेज-पर-के-कैलकुलेटर एवं इलेक्ट्रानिक कंप्यूटरों को आवश्यकताएँ (प्रतिशत)

जिनके मत लिए गए	मेज-पर-के-कैलकुलेटर	इलेक्ट्रॉनिक कंप्यूटर
जीव विज्ञानी	50	7
रसायनविद	45	15
भूविज्ञ	42	15
तकनीशियन	41	30
भौतिकीविद्	39	40
चिकित्साकर्मी	34	13
गणितज्ञ	28	48
शिक्षक	22	9
मानविकीविद्	5	4

विज्ञान के विभिन्न क्षेत्रों में गणितीय कार्मिक यंत्रों की आवश्यकताओं की तुलना करने से एक अप्रत्याशित नतीजा निकला। पता लगा कि मेज-पर-के-कैलकुलेटर तथा इलेक्ट्रॉनिक कंप्यूटरों की आवश्यकता लगभग व्युत्क्रमानुपात में है। प्रथम से संबंधित आंकड़े बराबर घटते जाते हैं : जीव विज्ञानियों में 50 प्रतिशत से मानविकियों में 5 प्रतिशत तक। लेकिन दूसरे के आंकड़े उतने ही समान रूप से बढ़ते जाते हैं : जीव वैज्ञानिकों में 7 प्रतिशत से गणितज्ञों में 48 प्रतिशत तक। केवल शिक्षक मेज-पर-के-कैलकुलेटरों के उपयोग में गणितज्ञों से कुछ पिछड़े हुए हैं परंतु इलेक्ट्रॉनिक कंप्यूटरों के काम लेने में जीव वैज्ञानिकों से आगे हैं।

वैज्ञानिक कार्यकलाप की बढ़ती हई समरूपता तथा व्यापक अंतः शास्त्रीय अनुसंधान के विकास की पृष्ठभूमि में अधिक प्रबल प्रवृत्ति व्यावसायिक तथा **तकनीकी श्रम-विभाजन के संश्लेषण की दिशा में है जिसमें तकनीकी भूमिका बुनियादी है।**

सोवियत संघ की कम्युनिस्ट पार्टी की 25वीं कांग्रेस में लि. इ. ब्रेझनेव ने अपनी रिपोर्ट में सोवियत संघ में सैद्धांतिक अनुसंधान को निरंतर विकसित करने की आवश्यकता पर जोर दिया था। उन्होंने कहा था : "विभिन्न विज्ञानों, विशेषकर प्राकृतिक तथा सामाजिक विज्ञानों के संसर्ग के सिलसिले में फलदायी

सामान्य सैद्धांतिक, बुनियादी और व्यावहारिक शोध कार्य की नई संभावनाएँ उत्पन्न हो गई हैं। इनका पूर्ण उपयोग होना चाहिए।''[34] सोवियत संघ की कम्युनिस्ट पार्टी की 25वीं कांग्रेस के प्रस्ताव में कहा गया है कि ''सामाजिक, प्राकृतिक और तकनीकी विज्ञानों में बुनियादी एवं प्रायोगिक अनुसंधान का और विकास सुनिश्चित करना'' आवश्यक है।[35]

वैज्ञानिक सूचना का आदान-प्रदान नए वैज्ञानिक ज्ञान के उत्पादन की एक आवश्यक शर्त है। साथ ही, वैज्ञानिक संचार तथा वैज्ञानिकों का नियमित आपसी संपर्क भी इस तरह के आदान-प्रदान की उतनी ही आवश्यक शर्त है। कारण यह कि वैज्ञानिक सूचना की सरकारी प्रणालियों की जितनी भरमार होगी उतना ही अधिक गैर-सरकारी प्रणालियों का, और सर्वप्रथम, वैज्ञानिकों के व्यक्तिगत संपर्कों का महत्त्व होगा।

हमारी मतगणना के परिणामों को देखते हुए कहा जा सकता है कि अनुसंधान की अवस्थाओं एवं प्रारूपों के बीच तकनीकी श्रम-विभाजन अलग-अलग वैज्ञानिक शास्त्रों में एवं वैज्ञानिक संचार के क्षेत्र में भी व्यावसायिक श्रम विभाजन पर हावी होने लगता है।

इस प्रकार, कार्यकारी संपर्कों की गहनता की अनुकूलतम स्थिति के संबंध में बड़ी अंतःशास्त्रीय समानता पाई जाती है : भौतिकीविदों, रसायनविदों, गणितज्ञों, जीव विज्ञानियों, भूविज्ञानियों तथा शिक्षकों में 62-69 प्रतिशत ने अपने सहकर्मियों के साथ यदा-कदा संपर्क का समर्थन किया; केवल चिकित्साकर्मियों तथा मानविकीय विज्ञानियों में उसका प्रतिशत कम था—क्रमशः 52 तथाा 56 प्रतिशत। व्यक्तिगत काम को तरजीह 42-46 प्रतिशत भौतिकीविदों, रसायनविदों तथा जीवविज्ञानियों ने दी; 51-50 प्रतिशत अर्थशास्त्रियों, जीव विज्ञानियों तथा चिकित्सा कर्मियों ने; 59.26 प्रतिशत शिक्षकों तथा 62.65 प्रतिशत मानविकी विज्ञानियों ने; परंतु, केवल 38.74 प्रतिशत गणितज्ञों ने। नियमित संपर्कों का समर्थन 24.27 प्रतिशत भौतिकीविदों, 23.42 प्रतिशत रसायन विज्ञानियों, 22. 59 प्रतिशत चिकित्साकर्मियों, परंतु केवल 17.18 प्रतिशत मानविकी विज्ञानियों, अर्थशास्त्रियों, भू-विज्ञानियों, जीव विज्ञानियों तथा गणितज्ञों ने, तथा केवल 14.81 प्रतिशत शिक्षकों ने किया। यह अप्रत्याशित तथ्य विचारणीय है कि गणितज्ञ 'खूब मिलने-जुलने वाले' थे, जबकि शिक्षकों के संबंध में मामला उलटा था। तकनीकी विज्ञान क्षेत्र के लोगों के संबंध में स्थिति क्या थी? इनमें 64. 18 प्रतिशत ने अपने सहकर्मियों के साथ यदा-कदा संपर्क का समर्थन किया जो व्यक्तिगत काम के समर्थकों से 50 प्रतिशत अधिक है, परंतु नियमित संपर्क

के समर्थकों से 200 प्रतिशत अधिक। यह ध्यान रहे कि ये लोग इंजीनियर हैं जिनका काम विशेष रूप से प्रत्यक्षतः सामूहिक होता है। इसी के द्वारा 'वृहत विज्ञान' की प्रगति हमारे समय में बड़ी हद तक पूर्व निर्धारित होती है।

शायद यह इस प्रगति की कुछ हद तक 'संतृप्ति' का परिणाम है? अथवा यह व्यावसायिक संपर्कों में व्यापक निराशा का परिणाम है?

नहीं, इसका उत्तर सर्वथा भिन्न हैं। प्रोत्साहनों के प्रश्न का उत्तर देते हुए तकनीकी विज्ञानों में कार्यरत लगभग 36 प्रतिशत कर्मियों ने अपने सहकर्मियों की राय पर जोर दिया। लगभग यही अनुपात भौतिक प्रोत्साहन का है (40.85 प्रतिशत)। इसे अपने तत्काल वरिष्ठ अधिकारियों अथवा घनिष्ठ सहकर्मियों की रायों को दिए गए अंक से पांच गुना अधिक, तथा आम सार्वजनिक मान्यता को दिए गए अंक से 2.5 गुना अधिक अंक प्राप्त हुए।

इसका उत्तर, वर्तमान वैज्ञानिक एवं तकनीकी क्रांति द्वारा निर्मित स्थितियों में निहित जान पड़ता है। इस क्रांति ने जहाँ वैज्ञानिकों के विगत शुद्ध व्यक्तिगत प्रयासों को सामूहिक स्वरूप प्रदान किया, वहीं उसके कारण तनाव में वृद्धि हुई तथा ऐसे तनाव की प्रतिक्रिया के रूप में संपर्कों को सीमित करने की प्रवृत्ति पैदा हुई। मसलन, अनुसंधान इंजीनियर स्नायविक तनाव के कुछ नकारात्मक पहलुओं के प्रभाव में काम करते हैं। यह तनाव, बड़े पैमाने की परियोजनाओं में, जो एक स्थिर समय-सारणी के अधीन होती हैं तथा जो परिणाम के लिए बड़ी जिम्मेदारी की मांग करती हैं, काम करने का अनिवार्य परिणाम होता है। अपने सहकर्मियों के साथ बहुत अधिक नहीं, परंतु बहुत कम भी नहीं, संपर्क रखने की धारणा बढ़ते हुए तनाव के बोझ की एक स्वाभाविक रक्षात्मक प्रतिक्रिया है। परिणामस्वरूप, यह गहन संपर्कों को एक स्वाभाविक नियम के भीतर लाने, इसका एक निम्नतम स्तर ढूँढ़ने, का प्रयास है।

क्या इसका अर्थ यह है कि आधुनिक विज्ञान में कार्य के सामूहिक स्वरूप को कुछ हानि पहुँचती है? क्या इसका अर्थ यह है कि अपने सहकर्मियों के साथ संपर्क को तथा उनके विचारों को कम से कम महत्त्व दिया जा रहा है? इसका यह अर्थ कतई नहीं। अपने सहकर्मियों के विचार को सभी क्षेत्रों के 34-39 प्रतिशत वैज्ञानिकों ने कार्य के लिए सबसे महत्त्वपूर्ण प्रोत्साहन घोषित किया है, जबकि अर्थशास्त्रियों तथा शिक्षकों ने यह घोषणा करने वालों का अनुपात इससे कुछ कम प्रतिशत था (30.61 प्रतिशत तथा 29.63 प्रतिशत)। परंतु यह दोनों ग्रुप इस प्रोत्साहन को दूसरा स्थान देते हैं; पहला स्थान देते हैं संतोष की भावना को जो संज्ञान एवं सृजनात्मकता की प्रक्रिया से पैदा

होती है। इसे सभी क्षेत्रों में सबसे अधिक 'मत' (93-96 प्रतिशत, तथा केवल अर्थशास्त्रियों में 87.71 प्रतिशत) प्राप्त हुए थे।

सृजनात्मक प्रयास की उत्पादकता की सर्वाधिक स्वीकार्य कसौटी के रूप में विशेषज्ञों द्वारा मान्यता-प्राप्त प्रकाशनों को समान समर्थन मिला (61-69प्रतिशत)। इस बार फिर कम अंक अर्थशास्त्रियों ने (54 प्रतिशत) तथा शिक्षकों ने (49 प्रतिशत) दिए।

लोग, पद, उपाधियाँ

परिणामस्वरूप वैज्ञानिक ज्ञान के विभेदन ने जहाँ विज्ञान में **व्यावसायिक** श्रम-विभाजन के विकास तथा उसकी गहनता को सामने ला दिया है, वहीं अनुसंधान की अवस्थाओं के विभेदीकरण ने **तकनीकी** श्रम-विभाजन को एक नए स्तर पर पहुँचा दिया है। इसी के साथ, अनुसंधान की बढ़ती हुई सामूहिकता ने, और उसके कारण एक अकेले वैज्ञानिक के 'लघु विज्ञान' के वैज्ञानिक संगठनों के 'वृहत विज्ञान' में संक्रमण ने वैज्ञानिक श्रम के **अवस्थात्मक** विभाजन के विकास को बल पहुँचाया है। व्यवहार में, विज्ञान में व्यावसायिक श्रम-विभाजन तकनीकी श्रम-विभाजन से घनिष्ठ रूप में जुड़ा है, तथा तकनीकी श्रम-विभाजन अवस्थात्मक श्रम-विभाजन से। परंतु यही उसका अंत नहीं।

विज्ञान में व्यावसायिक, तकनीकी एवं अवस्थात्मक श्रम-विभाजन जैसे-जैसे पेचीदा होता जाता है, वैसे-वैसे जनांकिकीय श्रम-विभाजन के कुछ तत्वों से मिलता जाता हैं यह खासकर सोवियत संघ की लाक्षणिकता है। सोवियत संघ वैज्ञानिक कर्मियों में महिलाओं तथा युवकों की संख्या की दृष्टि से अग्रणी है। यहाँ, वैज्ञानिक शास्त्रों में व्यावसायिक श्रम-विभाजन तथा वैज्ञानिक प्रकार्यों में, तथा वैज्ञानिक पदों में भी, तकनीकी श्रम-विभाजन निश्चयात्मक बना रहता है।

समग्र रूप से लेने पर इससे आधुनिक वैज्ञानिक कार्यकलाप में श्रम-विभाजन का एक काफी पेचीदा ढाँचा सामने आता है।

इस चित्र की रूपरेखा पर कुछ प्रकाश उस समाज वैज्ञानिक अध्ययन के परिणामों द्वारा पड़ता है जो हमने 1970-71 में किया था और जिसका जिक्र ऊपर किया गया है।

आइए, सबसे पहले हम ये देखें कि प्रश्नावलियों के मुख्य भाग की जनांकिकीय संरचना का संबंध वैज्ञानिक कार्यकलाप में अवस्थात्मक, व्यावसायिक एवं तकनीकी श्रम-विभाजन के साथ क्या है। कुल जितने लोगों से राय ली गई। उनमें 78.27 प्रतिशत पुरुष थे, तथा 21.73 प्रतिशत महिलाएँ। कुल

मिला कर, सोवियत संघ में वैज्ञानिक कर्मियों में पुरुषों एवं महिलाओं का अनुपात इसी के अनुरूप है (61 प्रतिशत एवं 39 प्रतिशत)। इससे वैज्ञानिक कार्यकलाप में सोवियत महिलाओं की भागीदारी में उल्लेखनीय वृद्धि प्रतिबिम्बित होती है।[36] राय देने वालों की आयु-संरचना भी प्रतिनिधित्वपूर्ण है : 73.45 प्रतिशत की आयु 45 वर्ष से कम थी जो विज्ञान में सबसे सृजनात्मक आयु होती है (सोवियत संघ में विज्ञान तथा वैज्ञानिक सेवाओं में कार्यरत 80 प्रतिशत से अधिक की आयु इतनी ही है)।

तालिका 3-2

सोवियत संघ में 1.6.1967 को विज्ञान तथा वैज्ञानिक सेवाओं में आयु वर्ग (प्रतिशत)*

कुल	25 वर्ष से कम	25-34 वर्ष	35-44 वर्ष	45-59 वर्ष	60 वर्ष तथा ऊपर
100	15.6	40.4	26.2	15.9	1.9
(100)	(3.03)	(36.86)	(33.56)	(19.63)	(6.84)

* 1967 में **सोवियत संघ का अर्थतंत्र**, मास्को, 1968, पृ. 659 (रूसी में)। कोष्ठक के भीतर के आंकड़े उन लोगों का आयु समूह बताते हैं जिन्होंने प्रश्नावली के स्वतः स्फूर्त (व्यापक) नमूना-चयन में हमारी प्रश्नावली का उत्तर दिया। 25 वर्ष से कम आयु के लोगों का भाग सांख्यिकी आंकड़ों के अनुसार उनके भाग का पाँचवाँ हिस्सा है। हमने उनकी राय पर केवल कुछ स्थितियों में विचार किया है।

इन आंकड़ों से प्रकट होता है कि सोवियत वैज्ञानिक क्रियाकलाप में युवा, अर्थात सर्वाधिक उत्पादक आयु के पुरुषों एवं महिलाओं का पूर्ण बहुमत है : विज्ञान तथा वैज्ञानिक सेवाओं में लगे लोगों में 45 वर्ष की आयु से कम 82.2 प्रतिशत, तथा 60 वर्ष की आयु से कम 98.1 प्रतिशत है।[37] युवा लोगों की प्रधानता के फलस्वरूप, सोवियत संघ में वैज्ञानिक कार्यकलाप में विशेष रूप से उच्च गतिशीलता पैदा हो गई है। युवा पीढ़ी के लोग अपने बुजुर्गों की तुलना में अधिक मेलजोल रखते हैं। हमारी प्रश्नावली के उत्तर में वैज्ञानिक प्रयास के प्रति 'एकांत तथा पूर्ण शांति' को सर्वोत्तम दृष्टिकोण मानने वालों के आंकड़े निम्नलिखित थे : 25 वर्ष की आयु से कम 37.72 प्रतिशत, 25 से 35 वर्ष में 44.16, 35 से 45 वर्ष में 48.65, 45 से 60 वर्ष में 56.64 प्रतिशत तथा 60 से ऊपर की आयु वालों में 62.65 प्रतिशत।

अपने सहकर्मियों के साथ यदा-कदा संपर्क के समर्थकों की संख्या इन 5 आयु समूहों में क्रमशः कम होती हुई 65 से 53 प्रतिशत तक पहुँच गई, जबकि नियमित संपर्क के समर्थकों की संख्या पहली चार श्रेणियों में 26 प्रतिशत से कम होकर 19-21 प्रतिशत तक पहुँच गई, तथा 60 वर्ष से ऊपरवालों में 25 प्रतिशत हो गई, जो प्रायः उनके शैक्षणिक एवं प्रबंधन कार्यकलाप का परिणाम है। सहकर्मियों की राय को सृजनात्मक प्रोत्साहन के रूप में सबसे अधिक महत्त्व देने वाले लोग 35 एवं 45 वर्ष की आयु के थे (38.83 प्रतिशत), फिर 25-35 वर्ष के आयु समूह के (34.78 प्रशित), 45-60 के आयु समूह के (33.60 प्रतिशत), 60 वर्ष के ऊपर (32.30 प्रतिशत) तथा सबसे नीचे 25 वर्ष से कम आयु के लोग (25.44 प्रतिशत)।

अवस्थागत (पदगत) श्रम-विभाजन में किसी व्यक्ति का स्थान उसके प्रकार्यों पर निर्भर करता है। ये प्रकार्य उस व्यक्ति के पद एवं योग्यता स्तर के साथ घनिष्ठ रूप से जुड़े होते हैं।

अवस्थागत श्रम-विभाजन के दृष्टिकोण से यह बात महत्त्वपूर्ण है कि प्रश्नावली में सबसे अधिक दिलचस्पी अग्रणी वैज्ञानिक कर्मियों ने दिखाई : उत्तर देने वालों में 2.42 प्रतिशत वैज्ञानिक संस्थानों के प्रधान थे; 30.48 प्रतिशत विभाग एवं प्रयोगशाला प्रधान थे; 22.61 प्रतिशत वरिष्ठ अनुसंधान सहकारी थे; 5.85 प्रतिशत वरिष्ठ इंजीनियर; 15.74 प्रतिशत जूनियर अनुसंधान सहकारी; 4.12 प्रतिशत इंजीनियर; तथा 18.16 प्रतिशत शिक्षक थे।

यही कारण है कि विज्ञान में प्रमुख कर्मियों की आयु-संबंधी आंकड़े लाक्षणिक हैं : उत्तर देने वाले संस्थानों के प्रधानों में सबसे बड़े समूह 35 से 45 वर्ष तथा 45 से 60 वर्ष की आयु के थे (क्रमशः 45.05 एवं 34. 07 प्रतिशत)। प्रयोगशालाओं एवं विभागों के प्रधान कुछ अल्पायु थे, यद्यपि, दूसरी ओर, उनमें कुछ ऐसे लोग भी थे जो पेंशन की आयु पर पहुँच गए थे। सामान्य रूप से, इस प्रकार के ढांचे से व्यावसायिक तथा मानवीय अनुभव का तकाजा पूरा होता है। नेताओं में इन अनुभवों की अपेक्षा की जाती है। पदानुक्रम में प्रत्येक सीढ़ी पर इस अनुभव का स्तर ऊँचा होता जाता हैं परंतु इससे युवा पुरुषों एवं महिलाओं, दोनों के, अधिक सक्रिय रूप से अग्रणी पदों पर पहुँचने की आवश्यकता समाप्त नहीं हो जाती।[38]

इसकी संभावनाओं का संकेत, उदाहरण के लिए, योग्यता-संबंधी आंकड़ों से मिलता है : मतदान करने वाले विज्ञान प्रार्थियों में 30.71 प्रतिशत की आयु 35 वर्ष से कम थी। यह सही है कि जिन्होंने अपना मत दिया उनमें इस अत्यंत होनहार

आयु में केवल 1.42 प्रतिशत विज्ञान के डाक्टर थे। इसका कारण, निस्संदेह, वैज्ञानिक कर्मियों को उपाधि देने में प्रयुक्त होने वाली पेचीदा कार्य-प्रणाली है।

युवा लोगों के लिए यह स्वाभाविक एवं आवश्यक है कि विज्ञान में अपना पहला चरण दूसरों से आदेश लेकर उठाएँ तथा तैयारी की स्थिति के कठिन काम से जी नहीं चुराएँ। परंतु, अगर इस पर अत्यधिक बल दिया जाए तो अवस्थात्मक श्रम-विभाजन में कमजोरी उत्पन्न होने लगती है।

उत्पादकता में कमी लाने वाले कारणों में 52.05 प्रतिशत उत्तरों के अनुसार एक कारण सहायक कर्मियों का अभाव है। यह अवस्थागत श्रम विभाजन में कुछ त्रुटियों का द्योतक है। किसी वैज्ञानिक अथवा अनुसंधान इंजीनियर को जब आपूर्ति विभाग का, प्रयोगशाला सहायक, टाइपिस्ट अथवा चपरासी का भी काम करना पड़े तो अनुसंधान की उत्पादकता में अनिवार्यतः कमी होगी।

वैज्ञानिक क्षेत्रों के जिन लोगों से राय ली गई उनकी संरचना अत्यंत संकेतात्मक है। कारण यह कि, अपवादों को छोड़कर, यह सोवियत वैज्ञानिककर्मियों की संरचना में आम अनुपात का प्रतिबिंब है : तकनीकी विज्ञानों 37.05 प्रतिशत कर्मी हैं; मानविकीय विज्ञानों में 11.84 प्रतिशत; चिकित्सा विज्ञान में 10.48 प्रतिशत; भौतिकी में 8.22 प्रतिशत; भूविज्ञान में 7.50 प्रतिशत; जीवविज्ञान में 7.24 प्रतिशत; अर्थशास्त्र में 6.28 प्रतिशत; रसायन विज्ञान में 5.90 प्रतिशत; गणित में 2.95 प्रतिशत; शिक्षाशास्त्र में 2.15 प्रतिशत (देखिए तालिका 3-4)।

विभिन्न वैज्ञानिक क्षेत्रों में कार्यरत लोगों में व्यावसायिक श्रम-विभाजन के लिए वैज्ञानिक उत्पादकता के मापदंड की प्रणाली का व्यापक महत्त्व है। इसका आधार अनुसंधान परियोजनाओं की पूर्ति द्वारा प्राप्त आर्थिक परिणाम (आगत-परिणाम अनुपात) होता है, तथा अधिक व्यापक अर्थ में, सामाजिक परिणाम होता है, जिसे आर्थिक दृष्टि से

तालिका 3-3

'आपको काम करना कैसा लगता है?'' प्रश्न का उत्तर देने वालों का लिंग भेद, पद एवं योग्यता के अनुसार वर्गीकरण (प्रतिशत)*

पाधि	लिंग भेद	आयु					
	पुरुष	महिला	25 से कम	25-35	35-45	45-60	60 से अधिक
जूनियर अनुसंधान सहकारी	62.50	37.50	8.61	64.53	21.29	4.22	0.34
वरिष्ठ अनुसंधान सहकारी	74.71	25.29	0.24	29.18	43.88	20.71	5.76

इंजीनियर		67.10	32.29	23.23	60.65	12.90	1.94
0.65							
वरिष्ठ इंजीनियर	76.36	23.64	5.45	64.09	20.91	6.82	2.27
प्रयोगशाला प्रधान	89.09	10.73	0.44	23.65	37.17	27.57	11.17
अनुसंधान संस्थान प्रधान	93.41	6.59	—	13.19	45.05	34.07	7.69
बिना उपाधि	75.62	24.38	8.13	57.79	23.70	8.50	1.66
विज्ञान के उम्मीदवार	78.02	21.83	0.25	30.46	42.50	21.53	5.17
विज्ञान के डाक्टर	87.26	12.74	—	1.42	23.11	44.81	30.66

*** लितरेतुरनाया गजेयता, 22 मार्च 1972।**

मापा नहीं जा सकता।

आइए अब हम यह देखें कि मतदाताओं ने वैज्ञानिक उत्पादकता की कसौटी के रूप में आर्थिक परिणाम का मूल्यांकन किस प्रकार किया। स्वाभाविक रूप से, अर्थशास्त्रियों ने उसे सबसे अधिक अंक दिए (46.61), इसके बाद तकनीशियनों ने (44.56 प्रतिशत), भू-विज्ञानियों ने (33.69 प्रतिशत), रसायनविदों ने (31.98 प्रतिशत), जीव विज्ञानियों ने (27.96 प्रतिशत), शिक्षकों ने (23. 46 प्रतिशत), गणितज्ञों ने (22.52 प्रतिशत), भौतिकीविदों ने (18.77 प्रतिशत) तथा चिकित्साकर्मियों ने (13.96 प्रतिशत)। मानविकी के क्षेत्र के कर्मी (9. 66 प्रतिशत), जिनके काम के फल को मुद्रा में व्यक्त करना विशेष रूप से कठिन है, स्वभावतः सबसे अंत में आते हैं। आमतौर से, प्राप्त आर्थिक नतीजों का संबंध भौतिक प्रोत्साहनों से है, और यह कोई आश्चर्यजनक बात नहीं कि भौतिकी प्रोत्साहनों का मूल्यांकन समान ढंग से किया जाता है, यद्यपि आंकड़े एक दूसरे से बहुत निकट हैं : तकनीशियन (40.85 प्रतिशत), अर्थशास्त्री (35.59 प्रतिशत), रसायनविद (35.14 प्रतिशत), गणितज्ञ (32.43 प्रतिशत), भौतिकीविद (31.39 प्रतिशत), चिकित्साकर्मी (28.43 प्रतिशत), भूविज्ञानी (25.89 प्रतिशत), शिक्षक (25.93 प्रतिशत), मानविकी क्षेत्र के कर्मी (24. 49 प्रतिशत) तथा जीवविज्ञानी (22.58 प्रतिशत)।

जैसी कि आशा की जा सकती थी हम सामाजिक नतीजे के (जिसको आर्थिक दृष्टि से मापना असम्भव है) मूल्यांकन में विपरीत स्थिति देखते हैं। इसमें सर्वाधिक अंक मानविकी क्षेत्र के कर्मियों से (42.92 प्रतिशत) तथा शिक्षकों से (40.74 प्रतिशत) मिले। इसके बाद आते हैं, अर्थशास्त्री (34.75 प्रतिशत), चिकित्सा कर्मी (30.96 प्रतिशत), तकनीशियन (27.71 प्रतिशत), जीव विज्ञानी (22.22 प्रतिशत),गणितज्ञ (18.92 प्रतिशत), भूविज्ञानी (18.44 प्रतिशत), रसायनविद (17.12 प्रतिशत) तथा भौतिकीविद (16.83 प्रतिशत)।

सामाजिक नतीजे के एक पहलू के विश्लेषण, जैसे छात्रों एवं अनुयायियों की मौजूदगी के पहलू यानी एक वैज्ञानिक विचार पद्धति के अस्तित्व, के मूल्यांकन में अधिक मतैक्य पाया गया—37 प्रतिशत से 41 प्रतिशत तक, और केवल अर्थशास्त्रियों में इसका आंकड़ा बहुत कम है—29.66 प्रतिशत। औसतन

तालिका 3-4

सोवियत संघ में वैज्ञानिक कर्मियों का क्षेत्रों के अनुसार वितरण 1971 में

कुल	9,27,709	100 प्रतिशत
भौतिकी-गणित विज्ञान	95,272	10.3
रसायन	45,815	4.9
जीव-विज्ञान	37,342	4.0
भूविज्ञान एवं खनिज विज्ञान	20,342	2.2
तकनीकी	409,470	44.1
कृषि	31,146	3.4
इतिहास	25,138	2.7
अर्थशास्त्र	57,518	6.2
दर्शनशास्त्र	12,039	1.3
भाषा विज्ञान	48,721	5.3
भूगोल	7,242	0.8
न्याय शास्त्र	4,765	0.5
शिक्षा विज्ञान	31,283*	3.4
चिकित्सा विज्ञान	48,750	5.3
औषधि विज्ञान	1,207	0.1
पशु चिकित्सा विज्ञान	4,300	0.5
कला आलोचना	12,182	1.3
वास्तु कला	2,590	0.3

* जिनमें 1,924 मनोविज्ञान के कर्मी हैं, जिन्हें पहले 1968 के अंत में वैज्ञानिक विशेषज्ञ के रूप में सूचीबद्ध किया गया था।

स्रोत : 1972 में सोवियत संघ का अर्थतंत्र।

वैज्ञानिक उत्पादकता के मापदंड के रूप में आर्थिक नतीजे को सभी क्षेत्रों से

31.38 प्रतिशत 'मत' प्राप्त हुए, तथा सामाजिक नतीजे को 27.71 प्रतिशत, परंतु जिन लोगों की मत-गणना की गई उनमें बहुत अधिक, अर्थात 37.42 प्रतिशत ने वैज्ञानिक विचार पद्धति के कारक का समर्थन किया। इसमें यह बात भी जोड़ देनी चाहिए कि प्रश्नावलियों में 33.14 प्रतिशत ने भौतिक प्रोत्साहनों पर बल दिया था, जबकि मुख्य नैतिक प्रेरणा—ज्ञान प्राप्त करने की प्रक्रिया एवं सृजनात्मक प्रयास द्वारा संतुष्टि—को 92.77 प्रतिशत मत प्राप्त हुए थे।

वैज्ञानिक कार्यकलाप तथा माल एवं मुद्रा संबंधों के बीच, विज्ञान एवं समाज के बीच, संयोजन के विकास से सामाजिक श्रम-विभाजन की वर्तमान अवस्था में निरूपित हो रही प्रवृत्तियों पर एक नए परिप्रेक्ष्य से विचार करने का आधार प्राप्त होता है।

वैज्ञानिक शास्त्रों के बीच व्यावसायिक विभेदों की दृष्टि से यह बात लाक्षणिक है कि जिन सहकर्मियों में कोई विशेष कुशलता नहीं है, उनकी रायों की प्रेरणादायक भूमिका को वहाँ कम दर्जा दिया जाता है, जहाँ ज्ञान अधिक गूढ़ तथा रहस्यमय होता है। गणितज्ञों में इनका दर्जा केवल 2.41 प्रतिशत है, भौतिकीविदों में 6.15 प्रतिशत, रसायन विज्ञानियों में 6.76 प्रतिशत, भूविज्ञानियों में 7.09 प्रतिशत, जीव विज्ञानियों में 7.53 प्रतिशत, चिकित्सा कर्मियों में 7.87 प्रतिशत, अर्थशास्त्रियों में 9.32 प्रतिशत, मानविकी क्षेत्र के कर्मियों में 10.11 प्रतिशत एवं शिक्षकों में 11.11 प्रतिशत। यह आम जानी-मानी बात है कि शुद्ध विज्ञानों की बात ही क्या, प्रकृति विज्ञानों की तुलना में भी शिक्षा शास्त्री संबंधी मसलों पर (क्योंकि कौन ऐसा है जो अपने अंतर्तम में यह न मानता हो कि वह तो जन्मजात शिक्षक है?) साहित्य, कला, इतिहास एवं अर्थशास्त्र के मसलों पर भी, विचारों का अधिक व्यापक आदान-प्रदान होता है। परंतु इस कारण अपने कार्य से संबंधित संपर्कों के मामलों में वैज्ञानिकगण घाटे में रहते हैं। अतः यह आश्चर्य की बात नहीं कि गणितज्ञ, जिन्हें इस प्रकार के आदान-प्रदान के अवसर अपने कार्य क्षेत्र के बाहर बहुत कम मिलते हैं, अपने सहकर्मियों से, उदाहरणार्थ शिक्षकों की तुलना में, अधिक मिलते रहते हैं।

प्रत्यक्ष रूप से यही कारण है कि व्यापक सार्वजनिक मान्यता (ख्याति) जैसे प्रोत्साहन के मूल्यांकन में इतनी अधिक ढिलाई बरती जाती है। यहाँ सबसे कम अंक देने वालों में गणितज्ञ थे (8.11 प्रतिशत), और इनके बाद थे भूविज्ञानी (9.57 प्रतिशत), रसायनविद (10.36 प्रतिशत), भौतिकीविद (12.62 प्रतिशत),

चिकित्साकर्मी (13.71 प्रतिशत), तकनीशियन (14.50 प्रतिशत), तथा जीव विज्ञानी (15.05 प्रतिशत)। लगातार वृद्धि यहाँ आकर समाप्त हो जाती है। मानविकी शास्त्रों के कर्मियों में ये आंकड़े छलांग लगाकर 22.70 प्रतिशत; अर्थशास्त्रियों में 24.58 प्रतिशत तथा शिक्षकों में 24.69 प्रतिशत तक पहुँच जाते हैं। यह सर्वथा स्वाभाविक है कि पाठकों द्वारा व्यापक पैमाने पर स्वीकृत प्रकाशनों का, वैज्ञानिक उत्पादकता के मापदंड की हैसियत से, भाग उसी प्रकार बढ़ता रहता है : गणितज्ञों के लिए 1.80 प्रतिशत से लेकर मानविकियों में 18.65 प्रतिशत तक। दूसरी ओर, अन्य वैज्ञानिकों की कृतियों में किसी वैज्ञानिक की कृतियों के हवालों की संख्या का महत्त्व भौतिकीविदों में यदि 40 प्रतिशत है, तो यह कम होकर रसायन विज्ञानियों, गणितज्ञों, जीवविज्ञानियों तथा चिकित्साकर्मियों में 30-35 प्रतिशत, तथा मानविकी कर्मियों, अर्थशास्त्रियों एवं शिक्षकों में 19-23 प्रतिशत तक पहुँच जाता है।

प्रकाशनों की कुल संख्या का विभिन्न क्षेत्रों में भिन्न-भिन्न मूल्यांकन किया जाता है। लेकिन वह वैज्ञानिक उत्पादकता की एक मूल कसौटी बनी रहती है। इसे सबसे अधिक महत्त्व रसायन विज्ञानियों (28.83 प्रतिशत), मानविकी शास्त्रों के कर्मियों (25.84 प्रतिशत), जीव विज्ञानियों (22.22 प्रतिशत), चिकित्सा कर्मियों (20.05 प्रतिशत) अर्थशास्त्रियों (19.92 प्रतिशत) शिक्षकों (19.75 प्रतिशत), गणितज्ञों (18.92 प्रतिशत), तकनीशियनों (16. 15 प्रतिशत), भौतिकीविदों (15.53 प्रतिशत) तथा भूविज्ञानियों (12.77 प्रतिशत) द्वारा दिया जाता है। किन्हीं सूचना प्रतिदर्शों की संरचना करने में कार्मिक विभेदों को ध्यान में रखना जरूरी होता है। ये अन्य बातों के अलावा, विज्ञान के विभिन्न क्षेत्रों में प्रकाशनों की भिन्न-भिन्न स्थितियों के प्रतिबिंब होते हैं। यह बात विशेष रूप से उन प्रतिदर्शों पर लागू होती है जिनसे वैज्ञानिक कार्यकलाप के विस्तार एवं विज्ञान की प्रगति का संकेत मिलता है, जो मुख्य भौतिकी एवं रसायन संबंधी पत्रिकाओं के प्रकाशन की बढ़ती संख्या की प्रवृत्तियों को समग्र रूप से वैज्ञानिक क्रियाकलाप में फैलाते हैं।[39]

अंतर्राष्ट्रीय परिरेखाएँ

वैज्ञानिक तथा तकनीकी क्रांति के फलस्वरूप, राष्ट्रों के बीच, वैज्ञानिक तथा प्राविधिक सहित, सभी प्रकार के संपर्क बढ़ जाते हैं, और इससे विज्ञान के अंतर्राष्ट्रीय श्रम-विभाजन में एक नया आयाम जुड़ जाता है।

परंतु इस समय यह प्रक्रिया बहुत असमान है। एक लेखक का कहना

है : "समस्त संसार एक क्षेत्र है जिसमें वैज्ञानिक एवं तकनीकी क्रांति का क्रम जारी है, परंतु एक विश्वव्यापी प्रक्रिया के रूप में इसकी विशेषता इस तथ्य में निहित है कि उसने अपना सक्रिय प्रकटन विशेषकर औद्योगीकृत समाजवादी एवं पूँजीवादी देशों में किया है। इसमें दोनों विरोधी समाज व्यवस्थाओं में निहित इसके विशिष्ट लक्षण भी शामिल हैं।"[40]

अनुसंधान एवं विकास कार्य में संलग्न विश्व के 94 प्रतिशत से अधिक वैज्ञानिक तथा इंजीनियर 1972 में उत्तरी अमरीका, योरप तथा सोवियत संघ में काम कर रहे थे, जहाँ उनका औसत 460 की जनंसख्या पर एक शोधकर्ता था, जबकि अफ्रीका में 35000 की जनसंख्या पर एक शोधकर्ता था।

अनुसंधान एवं विकास पर अमरीका अन्य पश्चिमी देशों की तुलना में अधिक खर्च करता रहा है। इस खर्च का अनुमान 1975 में 35.2 खरब डालर लगाया गया था। परंतु सकल राष्ट्रीय उत्पाद में इन परिव्ययों का हिस्सा 1965 के 2.9 प्रतिशत से घटकर 1975 में 2.3 प्रतिशत हो गया, तथा (संघीय) प्रशासन के भाग में भी क्रमशः 1.9 प्रतिशत से 1.1 प्रतिशत तक की कमी हो गई। अनुसंधान एवं विकास कार्यक्रमों में संघीय बजट का भाग 1965 से 12.6 प्रतिशत से घट कर 1975 में 6.6 प्रतिशत तक पहुँच गया था।[41]

उपलब्ध आकलनों से प्रकट होता है कि विकासशील देशों में वैज्ञानिक क्रियाकलाप पर परिव्यय विश्व के सभी देशों द्वारा ऐसे कुल परिव्यय के 1 प्रतिशत से भी कम है।

वैज्ञानिक कार्यकलाप में अंतर्राष्ट्रीय श्रम-विभाजन के भीतर वर्तमान अंतर्विरोधों का प्रभाव विज्ञान में तकनीकी एवं अवस्थागत श्रम-विभाजन पर पड़ा है।

एक औसत वैज्ञानिक एवं इंजीनियर, साधारणतया, किसी अनुसंधान मंडल के सदस्य के रूप में अनेक सहकर्मियों के साथ तथा एक या अनेक तकनीशियनों की सहायता से काम करता है। औद्योगीकृत देशों में, वैज्ञानिकों तथा अनुसंधान इंजीनियरों के साथ तकनीशियनों का अनुपात 2:4 तक हो सकता है, जबकि विकासशील देशों में 6 या 7 वैज्ञानिकों को एक ही तकनीशियन की सेवाओं पर निर्भर करना पड़ता है जो अकेले ही अनुसंधान कार्यक्रमों के प्रारूपण एवं कार्यान्वियन की तकनीकी समस्याओं से निबटता है।

अमरीका में यद्यपि वैज्ञानिकों के लिए नौकरी की बिगड़ती स्थितियों के कारण प्रतिभा-पलायन की तीव्रता में कुछ कमी हुई है, परंतु आज भी यह प्रक्रिया उन विकासशील देशों के लिए महत्त्वपूर्ण है जो विज्ञान एवं प्रविधि

के क्षेत्र में स्वयं अपने सामर्थ्य के निर्माण में जुटे हैं। विकासशील देशों से औद्योगीकृत देशों में पहुँचनेवाले अत्यंत दक्ष कर्मियों की संख्या अनुमानतः प्रति वर्ष दसियों हजार से अधिक आंकी गई है। इनकी संख्या विकसित देशों से विकासशील देशों में आने वाले तकनीकी सहायक कर्मियों से कहीं अधिक है।

परंतु बात यहीं खत्म नहीं हो जाती। स्थानीय तौर पर बौद्धिक संसाधनों के शोषण के रूप में एक अप्रत्यक्ष प्रतिभा-पलायन दिनोंदिन अधिक व्यापक होता जा रहा है।

कर्मियों के प्रशिक्षण में 'सहायता' की व्यवस्था (छात्रवृत्तियाँ, पाठ्यक्रम, शिक्षकों की नियुक्ति, इत्यादि) द्वारा अमरीका अनुसंधान के विषय तय करता है, और उन्हें क्षेत्रीय समस्याओं के बजाय, अमरीकी विज्ञान की उप-समस्याओं की ओर उन्मुख करता है। अतः सर्वोत्तम प्रतिभा का पलायन हिमशैल की केवल ऊपरी परत है, क्योंकि बाकी लोग भी (स्वयं अपने देश के संसाधन खर्च करके) अमरीका के लिए ही काम कर रहे हैं। अधिकांश वैज्ञानिकों की लगाम 'दूरदर्शन द्वारा प्रबंधित' अमरीका की प्रयोगशालाओं के हाथों में है, तथा उनकी अनुसंधान परियोजनाएँ अक्सर उन्हीं समस्याओं को हल करने में प्रयत्नशील होती हैं जिन पर अमरीका में अनुसंधान किया जा रहा होता है। विकासशील देशों में, 'सहायता' समझौतों के अंतर्गत, उपहार के रूप में अनुसंधान केंद्रों का निर्माण तथा उनको सुसज्जित करना अमरीका के लिए ही लाभदायक रहता है, क्योंकि तब ये केंद्र उस विकासशील देश के खाते पर चढ़ जाते हैं तथा उनसे अपने खर्च की राशि पाते हैं, हालाँकि उनके काम का वैज्ञानिक निर्देशन अमरीका द्वारा ही किया जाता है। विज्ञान के एक सोवियत छात्र स. ग. करा-मुर्जा ने लिखा है कि बहुराष्ट्रीय इजारेदार अत्यंत व्यापक पैमाने पर ऐसा करते हैं।

अंतर्राष्ट्रीय संगठनों के शब्दकोष (इयर बुक) के अनुसार 1970 में लगभग 8,000 ऐसी कंपनियाँ थीं जिनकी कम से कम अन्य तीन देशों में अपनी सहायक कंपनियाँ थीं तथा इन बहुराष्ट्रीय कंपनियों में आधे से अधिक अमरीका तथा ब्रिटेन में स्थित थीं।

1971 वाले दशक के प्रारंभ में अंतर्राष्ट्रीय इजारेदारों द्वारा बेचे गए मालों एवं सेवाओं का मूल्य सभी पूँजीवादी देशों के सकल राष्ट्रीय उत्पाद का एक-तिहाई था। 1972 में, बहुराष्ट्रीय एवं पार-राष्ट्रीय इजारेदारियों की वैदेशिक सहायक कंपनियों द्वारा उत्पादित मालों का मूल्य 370 खरब डालर था। यह पूँजीवादी देशों के समस्त निर्यात से अधिक है। इन इजारेदारियों की वित्तीय

शक्ति का अनुमान इस तथ्य से लगाया जा सकता है कि उनकी नकद परिसंपत्ति पूँजीवादी देशों के सभी केंद्रीय बैंकों के वैदेशिक विनिमय रिजर्वों से कई गुना अधिक है।

अकादमीशियन न. न. इनोजेम्त्सेव का कहना है : "अंतर्राष्ट्रीय इजारेदारियों के कार्यकलाप का विस्तार, जो अनिवार्यतः राज्यों की आर्थिक नीतियों तथा उनके द्वारा अपनी अर्थव्यवस्था को कार्यक्रमबद्ध करने के प्रयासों से टकराता है, वर्तमान राजकीय-इजारेदार विनियमन की सीमित संभावनाओं का एक सर्वाधिक स्पष्ट संकेत है।"[42]

अंतर्राष्ट्रीय इजारेदार का कार्यकलाप नियमित ढंग से पूँजीवादी जगत के अलग-अलग राज्यों तथा सरकारों के नियंत्रण के बाहर होता जा रहा है। चालू दशक के प्रारंभ में ही 680 इजारेदारियों (अथवा कुल संख्या का 8. 5 प्रतिशत) की 10 या अधिक वैदेशिक सहायक कंपनियाँ थीं। 1969 में जनरल मोटर्स का कुल पण्यावर्त 24.3 खरब डालर था। यह स्वीट्जरलैंड या दक्षिण अफ्रीका के सकल राष्ट्रीय उत्पाद से भी अधिक है। न्यू जर्सी के स्टैंडर्ड आयल का वार्षिक पण्यावर्त 1970 में (16.5 खरब डालर) डेनमार्क के सकल राष्ट्रीय उत्पाद से अधिक था; फोर्ड का पण्यावर्त आस्ट्रिया के सकल राष्ट्रीय उत्पाद से अधिक, तथा रायल डच शैल का पण्यावर्त फिलीपींस के सकल राष्ट्रीय उत्पाद से अधिक था।[43]

यूनेस्को की एक रिपोर्ट में बताया गया है कि अनेक राष्ट्रीय फर्म अपना अनुसंधान एवं विकास कार्य अंतर्राष्ट्रीय आधार पर करते हैं। इस तरह, आई. बी. एम. की 19 अनुसंधान प्रयोगशालाओं में से 7 योरप में हैं; शेल की 8 प्रयोगशालाएँ ब्रिटेन में, 3 नीदरलैंड में, 2 फ्रांस में तथा 1-1 संघीय जर्मन गणराज्य, जापान तथा कनाडा में, और 8 अमरीका में हैं। इन प्रयोगशालाओं का अनुसंधान एवं विकास कार्य अकसर राष्ट्रीय प्रयास का एक महत्त्वपूर्ण हिस्सा होता है, और यह बात विशेषकर इलैक्ट्रॉनिक कंप्यूटरों के अत्यंत प्रतियोगी एवं संकेन्द्रित क्षेत्र के बारे में सही है, जहाँ बहुराष्ट्रीय कंपनियाँ देश के औद्योगिक क्षेत्र में प्रमुख होती हैं (कनाडा, नीदरलैंड)।

बहुराष्ट्रीय कंपनियाँ एक देश से दूसरे में, खासकर औद्योगीकृत देशों से विकासशील देशों में प्रविधि के अंतरण में महत्त्वपूर्ण भूमिका अदा कर सकती हैं, परंतु ऐसा करती नहीं हैं।

अनेक विकासशील देश स्वयं अपने अनुसंधान एवं विकास कार्य से अधिक पेटेन्टों, लाइसेंसों, तकनीकी जानकारी इत्यादि पर खर्च करते हैं।

उदाहरण के लिए, 1970 में, श्रीलंका ने इस प्रकार के प्रविधि अंतरण पर अपने सकल राष्ट्रीय उत्पाद का 0.5 प्रतिशत खर्च किया तथा केवल 0.2 प्रतिशत स्वयं अपने अनुसंधान एवं विकास कार्य पर। 1965 में, नाइजीरिया के ये आंकड़े क्रमशः 0.8 प्रतिशत एवं 0.5 प्रतिशत थे। अंकटाड (व्यापार एवं विकास हेतु संयुक्त राष्ट्र कमीशन) की एक रिपोर्ट में अनुमान लगाया गया कि 1961 वाले दशक के अंत में विकासशील देश औसतन प्रतिवर्ष प्रविधि अंतरण पर अपने निर्यात के लगभग 5 प्रतिशत के बराबर राशि खर्च कर रहे थे, तथा इसमें प्रति वर्ष औसतन 20 प्रतिशत की वृद्धि हो रही थी। मुख्य तेल निर्यातक देशों को छोड़कर, यह व्यय विकासशील देशों के कर्ज-सेवा-खर्च के 5 में से 2 भाग के बराबर था, तथा विकासशील देशों में प्रत्यक्ष वैदेशिक निवेश प्रवाह (आयों के पुनः निवेशन सहित) के लगभग 56 प्रतिशत के बराबर था।[44]

इस प्रकार, चिली में लोक एकता (पॉपुलर यूनिटी) सरकार का तख्ता उलटने से ठीक पहले, 50 प्रतिशत वैदेशिक कंपनियों को देशी मंडी में इजारेदारी अथवा द्विजारेदारी प्राप्त की थी, जबकि अन्य 36.4 प्रतिशत को अल्पाधिकार प्राप्त था, और केवल 13.6 प्रतिशत का मंडी के 25 प्रतिशत से कम पर नियंत्रण प्राप्त था।[45] उन्होंने 175 ठेकों के लिए समझौता किया था, जिनमें 98 में लाइसैंसदायकों द्वारा गुणात्मकता नियंत्रण से संबंधित धाराएँ थीं, 45 में बिक्री की मात्रा के नियंत्रण के संबंध में, तथा 27 में उत्पादन की मात्रा के नियंत्रण के संबंध में धाराएँ मौजूद थीं।

चार्ल्' ्पर के कथनानुसार, "प्रविधि आपूर्तियों को चिंता उन व्यापारिक लाभों की होती है जो उन्हें अंतरण क्रिया द्वारा उपलब्ध हो सकते हैं। इनके संबंध में कोई समस्या नहीं होती—यदि आपूर्तिकर्त्ताओं द्वारा व्यापारिक लाभ के प्रयास के नतीजे विकासशील देशों की आर्थिक एवं सामाजिक आवश्यकताओं के अनुकूल होते। परंतु इस बात के पर्याप्त प्रमाण मौजूद हैं कि इस प्रकार की अनुकूलता विरले ही पाई जाती है। खासकर अप्रत्यक्ष अंतरणों के मामले में विकासशील देशों को अंतर्विरोध का सामना करना पड़ता है : उन्हें इस प्रविधि तथा उन प्रतिभाओं की आवश्यकता होती है जो आपूर्तिकर्त्ता कंपनियों के पास हैं, परंतु जिन शर्तों पर उन्हें वे प्राप्त हो सकते हैं, उनसे विकासशील देशों के आर्थिक एवं सामाजिक विकास को नुकसान पहुँच सकता है।"[46]

परिणामस्वरूप, अंतर्राष्ट्रीय श्रम-विभाजन बहुराष्ट्रीय इजारेदारियों द्वारा ऐसे रूप में कार्यान्वित किया जा रहा है जिससे विकासशील देशों को अपनी वैज्ञानिक एवं तकनीकी क्षमता को विकसित करने में अथवा स्वयं अपने

वैज्ञानिक, प्राविधिक या शैक्षिक स्तरों को ऊँचा उठाने में कोई सहायता नहीं मिलती।

यूनेस्को की रिपोर्ट के अनुसार, मुख्यतः अमरीका एवं ब्रिटेन में स्थित बहुराष्ट्रीय कंपनियाँ औद्योगीकृत देशों के बौद्धिक संसाधनों का भी शोषण कर रही हैं। वित्त व्यवस्था एवं संगठन में अपनी कुछ सुविधाओं का उपयोग करके अमरीकी निगम ने योरप में अनुप्रयुक्त विज्ञान द्वारा प्राप्त अधिकांश सूचना का उपयोग किया, जबकि स्वयं योरप की कंपनियाँ अभी उनका उपयोग नहीं कर पाई थीं। विगत कुछ वर्षों में सूचना प्राप्त करने की प्रक्रिया को सुगम बनाने के उद्देश्य से उन्होंने बड़े पैमाने पर योरप में स्वयं अपनी प्रयोगशालाएँ स्थापित करने की तिकड़म अपनाई है (ऐसा करने में वेतन की बचत की अपेक्षा संचार की सुविधा को अधिक महत्त्व दिया गया है)। इन प्रयोगशालाओं द्वारा (जिनके कर्मी योरपीय वैज्ञानिक समुदाय का भाग बने रहते हैं) बौद्धिक एवं सृजनात्मक संसाधन योरप से अमरीका पहुँचाए जा रहे हैं।

बुनियादी विज्ञानों में, अमरीका की मुख्य प्रयोगशालाएँ योरप के सर्वोत्तम वैज्ञानिकों को अपनी संक्रियाओं में संलग्न करना चाहती हैं। इस प्रकार वे उन्हें उनके अपने देशों के वैज्ञानिक समुदाय से विलग कर लेती हैं। स्टैनफोर्ड अनुसंधान संस्थान द्वारा अमरीका के 100 ऐसे निगमों का अध्ययन किया गया था जो योरप में अनुसंधान एवं विकास में कार्यरत थे। इस अध्ययन से यह व्यक्त हुआ कि इनमें से अधिकांश अपने अनुसंधान बजट का 4 प्रतिशत से भी कम योरप में खर्च करते हैं। अधिकांश स्थितियों में उनका मुख्य उद्देश्य योरप में होने वाले अनुसंधान तक पहुँच प्राप्त करना है। इसका एक उदाहरण आई.बी.एम. है। इस निगम की जानीबूझी नीति अपने अनुसंधान कार्यकलाप के संसाधनों का अंतर्राष्ट्रीयकरण करना है। कंप्यूटरों के निर्माण के लिए बड़ी मात्रा में अनुसंधान एवं विकास परिव्यय की आवश्यकता होती है, और स्वयं आई.बी.एम. ने अपनी आई. बी. एम.-360 कंप्यूटर माला को विकसित करने में 5 खरब डालर खर्च किए थे (आई. बी. एम. ने इस आंकड़ें की न तो पुष्टि की है और न इसका खंडन किया है)। आज, कंप्यूटर निर्माताओं को विश्व मंडी में अपनी प्रतियोगिता-क्षमता बनाए रखने के लिए अनुसंधान पर प्रति वर्ष ढाई करोड़ डालर से पाँच करोड़ डालर खर्च करना पड़ता है। यदि यह मान लिया जाए कि यह रकम उनकी बिक्री का 5 प्रतिशत है तो इन कंपनियों की वार्षिक बिक्री 50 करोड़ डालर से एक खरब डालर तक होनी

चाहिए। वास्तव में, 1972 में आई. बी. एम. की कुल बिक्री 9 अरब 53 करोड़ 20 लाख डालर थी; तथा उस वर्ष अनुसंधान एवं विकास कार्य पर उसका परिव्यय 67 करोड़ 60 लाख डालर था, जिसमें 5 करोड़ डालर केवल अनुसंधान पर खर्च किया गया था। आई. बी. एम. विश्व मंडियों में अपनी अत्यंत शक्तिशाली स्थितियों को बनाए रखने में समर्थ हुआ है तो इसका एक कारण उसके उद्यम की व्यापकता है (ब्रिटेन तथा जापान ही एकमात्र ऐसे मुख्य देश है जहाँ, 1968 में, कंप्यूटर मंडी में आई. बी. एम. का भाग 50 प्रतिशत से कम था)। योरप में, आई. बी. एम. की 7 प्रयोगशालाएँ हैं : एक आधारिक प्रयोगशाला जूरिख में, तथा विकास प्रयोगशालाएँ संघीय जर्मन गणराज्य, आस्ट्रिया, ब्रिटेन, फ्रांस, स्वीडन तथा नीदरलैंड में हैं। प्रत्येक देश एक निश्चित प्रकार के कंप्यूटरों के उत्पादन में विशेषज्ञता-प्राप्त है। यद्यपि विभिन्न देशों में आई. बी. एम. की सहायक कंपनियाँ आपस में अनुसंधान उपठेकों का बंटवारा कर सकती हैं; अनुसंधान एवं विकास राशि का बड़ा भाग सीधे न्यूयार्क स्थित मूल कंपनी से आता है। इसका समग्र अनुसंधान नीति पर कड़ा नियंत्रण है। स्वीडन तथा आस्ट्रिया में, आई. बी. एम. ने अपने कंप्यूटर संबंधी काम के लिए अनेक सुयोग्य वैज्ञानिक एवं इंजीनियर नियुक्त कर रखे हैं।

उदाहरण के लिए, एक आई. बी. एम. अधिकारी ने स्वीकार किया कि "लोग कभी-कभी ऐसा महसूस करते हैं कि हम उनके देश की बुद्धि तथा निपुणता का उसी प्रकार शोषण करते हैं जिस प्रकार कोई खनन कंपनी अपने प्राकृतिक संसाधनों का।"[47]

यह उन कारणों में से एक हो सकता है जिससे 1961 वाले दशक के उत्तरार्द्ध में अनेक पश्चिमी देश अंतर्राष्ट्रीय वैज्ञानिक एवं तकनीकी कार्यक्रमों पर परिव्यय के अपने अंश में कटौती करने लगे थे। इस प्रकार, विज्ञान एवं प्रविधि हेतु अंतर्राष्ट्रीय सरकारी संगठनों में संघीय जर्मन गणराज्य के योगदान में कटौती की गई। यह योगदान 1966 में संघीय अनुसंधान एवं विकास बजट का 13.5 प्रतिशत था। उसे 1970 में घटाकर 7 प्रतिशत कर दिया गया; इटली में ये आंकड़े क्रमशः 24.2 प्रतिशत तथा 12.8 प्रतिशत थे; ब्रिटेन में इसमें और भी अधिक कमी हुई—1965 के 8.2 प्रतिशत से 1970 में 3.5 प्रतिशत तक। फ्रांस तथा कुछ अन्य देशों में कटौती इतनी स्पष्ट नहीं थी। कुछ छोटे देशों में परिव्यय में वृद्धि होना जारी रहा है। समस्त कटौती का प्रत्यक्ष संबंध इन कटौतियों से था जो यूरेटम एवं एल्डो (योरपीय अंतरिक्ष परिवहन प्रमोचन

विकास संगठन) के बजट में की गई थीं। इन दोनों और उनके साथ एसरो (योरपीय अंतरिक्ष अनुसंधान संगठन) तथा सर्न (योरपीय नाभिकीय अनुसंधान संगठन) के बजट में 1970 में 18 मुख्य अंतर्राष्ट्रीय वैज्ञानिक एवं प्राविधिक संगठनों के कुल संसाधन का 95 प्रतिशत भाग शामिल था।[48]

दूसरी ओर, अंतर्राष्ट्रीय वैज्ञानिक एवं तकनीकी कार्यक्रमों के लाभ स्पष्ट हैं। ये समाजवादी देशों में, द्विपक्षीय एवं बहुपक्षीय दोनों आधारों पर, विज्ञान व प्रविधि में श्रम-विभाजन के विभिन्न रूपों द्वारा भली-भांति प्रदर्शित हो चुके हैं।

समस्त सामाजिक उत्पादन के वैज्ञानिक रूपांतरण से उन बुनियादी अंतर्विरोधों को, जो मानव श्रम क्रियाकलाप के विभिन्न क्षेत्रों में लगातार विभेदीकरण की प्रक्रिया से उत्पन्न होते हैं, 'दूर' करने में द्वंद्वात्मक रूप से सहायता प्राप्त होती है। तकनीकी-आर्थिक पहलू से, बौद्धिक उत्पादन के एक मुख्य क्षेत्र के रूप में वैज्ञानिक क्रियाकलाप का विकास समाज की प्रधान उत्पादक शक्ति में विज्ञान के रूपांतरण की तार्किकता का प्रतिबिंब है। इस विकास से एक ऐसी परिस्थिति उत्पन्न होती है जिसमें मानसिक तथा शारीरिक श्रम के बीच विभेदन की प्रक्रिया के समानान्तर उनके एकीकरण की प्रक्रिया का भी विकास होता है। वैज्ञानिक क्रियाकलाप के भीतर श्रम प्रकार्यों का विभेदीकरण एवं एकीकरण भी स्वयं उसी दिशा में तेजी से बढ़ता है, और यहाँ यह विकास अधिकाधिक स्पष्ट रूप में उन सामान्य नियमितताओं को प्रकाश में लाता है जिनका संबंध सर्वप्रथम सूचना आदान-प्रदान से तथा, विशेषकर, सूचना आदान-प्रदान के प्रकार्य का वैज्ञानिक सूचना के निर्माण प्रकार्य से अलग होने से है।

इस बीच व्यावसायिक श्रम-विभाजन के भीतर एकीकरण की प्रक्रियाएँ विभेदीकरण की प्रक्रियाओं पर प्रभुता प्राप्त कर लेती हैं, जबकि व्यावसायिक श्रम-विभाजन अधिक घनिष्ठ रूप में तकनीकी श्रम-विभाजन से जुड़ चुका होता है। इन प्रक्रियाओं को प्रबल प्रेरणा अन्तर-शास्त्रीय तथा अंतर-विभागीय अनुसंधान कार्यक्रमों के विकास से प्राप्त होती है।

वैज्ञानिक क्रियाकलाप में अंतर्राष्ट्रीय श्रम-विभाजन का महत्त्व अधिकाधिक बढ़ रहा है। पूरकता सिद्धांत की आवश्यकताओं के अनुसार, इसके पैमाने में तेजी से विस्तार होता है तथा इसके रूप अधिकाधिक विविधतापूर्ण हो रहे हैं। इसको अंतर्राष्ट्रीय तनाव-शैथिल्य से तथा शीत युद्ध से स्थायी शांति की दिशा में, और आर्थिक, वैज्ञानिक एवं तकनीकी सहयोग की दिशा में प्रगति से प्रोत्साहन मिलता है।

संदर्भ

1. कार्ल मार्क्स, *Grundrisse der Kritik der politischen* ***Okonomie*** *(Rohentwurf)* 1857-1858, पृ. 587-88
2. **फ्रांसिस बेकन,** *Novum Organum,* न्यू यार्क, 1902 पृ. 116।
3. **फ्रांसिस बेकन की रचनाएँ,** खंड 2, पृ. 115-16 (अंग्रेजी में)। यह लक्षित किया जाना चाहिए कि इस पिछले कथन का संकेत विज्ञान में किसी तकनीकी नहीं, बल्कि जनांकिकीय श्रम-विभाजन की ओर है। यह संकेत कि पुरुषों के साथ-साथ महिलाएँ भी वैज्ञानिक कार्य-कलाप में संलग्न हैं, चाहे सहायक के रूप में ही सही, अपने समय से उतना ही आगे था जितना अनेक तकनीकी आविष्कारों की बेकन की भविष्यवाणी, जो केवल 20वीं शताब्दी में मूर्त हो सकीं। तीन शताब्दियों से अधिक तक रायल सोसायटी आफ़ लंदन के 'अधिकार पत्र' ने महिलाओं को अपने स्टाफ में शामिल करने पर रोक लगा रखी थी और यह कोई अपवाद नहीं, बल्कि आम नियम था। विज्ञान में युवाओं के शामिल होने की स्थिति कुछ अधिक अनुकूल थी और न्यू ऐटलांटिस के लेखक इसे उचित ही अनुसंधान में अविच्छिन्नता बनाए रखने का उपाय मानते हैं। यह बात उन वैज्ञानिक संस्थाओं पर, जिनकी उत्पत्ति उत्तरी अमरीका में हुई, विशेष रूप से लागू होती है। योरप में, विज्ञान उस समय तक बहुधा एक प्रकार का शौक था, वृद्ध तथा धनवान अव्यवसायी लोगों का धंधा। इसको ग्यार्ग क्रिस्टाफ लिख्तेनबर्ग ने, जो एक प्रमुख जर्मन विचारक तथा वैज्ञानिक और महान फ्रांसीसी क्रांति के समकालीन थे, एक स्वप्न के रूप में व्यक्त किया है : "यह अवश्य ही बड़े आनन्द की बात होती, यदि प्रत्येक युग तथा प्रत्येक वर्ष दूसरों की भलाई के लिए काम करे, यदि एक व्यक्ति चक्र बनाए, दूसरा कमानी, तीसरा मुखपट्ट और चौथा पूरी घड़ी को तैयार कर दे।" (लिख्तेनबर्ग की सूक्तियाँ)
4. ऐडम स्मिथ, **राष्ट्रों की संपदा के स्वरूप तथा कारणों का अध्ययन,** लंदन, न्यू यार्क, पृ. 8 (अंग्रेजी में)।
5. फ्रेडरिक एंगेल्स, **प्रकृति का द्वंद्ववाद,** पृ. 28 (अंग्रेजी में)।
6. लिख्तेनबर्ग ने इनमें से एक 'नाममात्र' के प्रोफेसर के बारे में लिखा है कि "वह उन विज्ञानों के स्वामी उतने नहीं थे जितने रैयत जिनकी वह शिक्षा देते थे क्योंकि इन (विज्ञानों) का एक टुकड़ा भी उनका अपना नहीं था ! अवश्य ही प्राचीन काल के लोग हमसे आगे बढ़े हुए थे : (1) क्योंकि वे हमेशा नकल करने में नहीं लगे रहते थे; (2) लकीर के फकीर नहीं थे; (3) शब्दों के बजाय वस्तुओं का अध्ययन करते थे, (4) अधिक स्वतंत्र थे; (5) अपनी रोजी-रोटी के लिए नहीं लिखा करते थे; तथा (6) प्रकृति का अधिक अध्ययन करते थे" (**लिख्तेनबर्ग की सूक्तियाँ,** न. 138)।
7. य. व. कोसोव ग. क. पोपोव **अन्तर-क्षेत्रीय वैज्ञानिक तथा तकनीकी कार्यक्रमों का संचालन,** मास्को, 1972, पृ. 30 (रूसी में)।
8. य. ज. मिर्स्कायाा, **वैज्ञानिक तथा आधुनिक विज्ञान,** रोस्तोव, 1971, पृ. 30 (रूसी में)।
9. य. ज. मिर्स्काया, **पूर्वोक्त,** पृ. 43
10. **विज्ञान तथा मानव आवश्यकताएँ,** पृ. 1 (अंग्रेजी में)।

11. **वही,** पृ. 12।
12. **वैज्ञानिक जगत,** अंक 4, 1969, पृ. 23 (अंग्रेजी में)। वैज्ञानिक कर्मियों की हैसियत के संबंध में संघ द्वारा 1974 में स्वीकृत एक सिफाशि में यह सदस्य राज्यों पर छोड़ दिया गया है कि जिन व्यक्तियों को वे अपने वैज्ञानिक कर्मियों के प्रवर्ग में रखना चाहते हैं, उनकी श्रेणी की पूर्ण व्यवस्था वे स्वयं निर्धारित करें (वही, अंक 2, 1975, पृ. 4)।
13. **विज्ञान आज** (संकलन), मास्को, 1969, पृ. 110-11 (रूसी में)।
14. सी. पी. स्नो ने अपने प्रसिद्ध लेक्चर 'दो सभ्यताएँ' में स्मरण करते हुए कहा था : "स्वयं रुदरफोर्ड की इंजीनियरिंग से कोई दिलचस्पी नहीं थी। उन्हें अचंभा हुआ था—यह आश्चर्य एवं प्रशंसा की भावना से इस घटना का वर्णन किया करते थे—कि कपित्सा ने वास्तव में एक इंजीनियरिंग रेखन मेत्रोविक के पास भेजा था, और यह कि उन जादूगरों ने उस रेखन का विधिवत अध्ययन किया, मशीन बना डाली, और उसे कपित्सा की प्रयोगशाला में पहुँचा दिया !" (सी. पी. स्नो, **पब्लिक अफेयर्स,** लन्दन, 1971, पृ. 32)।
15. इस धारणा को, दूसरों के अतिरिक्त, प्रोफेसर डेरेक जे. दे सोल्ला प्राइस ने 1971 में भास्को में आयोजित विज्ञान के इतिहास की 13वीं अंतर्राष्ट्रीय कांग्रेस में एक रिपोर्ट में व्यक्त किया था। इसका मूल स्रोत स्नो की 'दो सभ्यताएँ' की अवधारणा थी। लेकिन मुझे यह लक्षित कर देना चाहिए कि उस लेखक ने इस अवधारणा की विश्वव्यापकता पर बल देने की बजाय, दरअसल, स्वयं इस मामले में विभिन्न देशों के बीच मौजूद भारी अंतरों पर टिप्पणी की। स्नो ने लिखा : "मेरा विश्वास है कि रूसियों ने स्थिति का बुद्धिमत्तापूर्ण मूल्यांकन किया है। वैज्ञानिक क्रांति में उनकी अंतर्दृष्टि हम लोगों से या अमरीकियों से अधिक गहरी हैं सभ्यताओं के बीच की खाई इतनी चौड़ी नहीं जान पड़ती जितनी हमारे यहाँ है" (वही, पृ. 35)
16. एरिश यानत्श, **पूर्वोक्त,** पृ. 15
17. हम यह स्मरण करें कि प्रसिद्ध तत्व सारणी तथा आवर्त नियम, जिस पर यह सारणी आधारित थी, का सृष्टा मेन्देलिएव वजन एवं माप मंडल के प्रधान थे तथा एक समय उन्हें सेन्ट पीटर्सबर्ग में इम्पीरियल विज्ञान अकादमी का सदस्य बनाने से इंकार कर दिया गया था। अकादमी की धारणा थी कि आवर्त नियम एक साहसिक कल्पना से अधिक कुछ नहीं है (विज्ञान आज, पृ. 231)। एक और उदाहरण लीजिए : भौतिकी में नोबेल पुरस्कार विजेता इर्विंग लैंगमुइर ने जनरल इलेक्ट्रिक कंपनी की औद्योगिक प्रयोगशाला में काम करते समय इलेक्ट्रानिक्स तथा निर्वात भौतिकी के अनेक मूल अन्वेषण किए।

    सी. पी. स्नो ने कहा है : "इंजीनियरों तथा अनुप्रयुक्त विज्ञान के बारे में शुद्ध वैज्ञानिकों की बुद्धि अधिकतर मंद रही है। वे उनमें दिलचस्पी ही नहीं लेते। वे स्वीकार नहीं करना चाहते थे कि अनेक समस्याएँ बौद्धिक दृष्टि से उतनी ही दुरूह थीं, जितनी शुद्ध (विज्ञान की) समस्याएँ, और यह भी कि अनेक समाधान उतने ही संतोषजनक तथा सुन्दर थे, जितने शुद्ध विज्ञान के।" (सी. पी. स्नो, **पूर्वोक्त,** पृ. 32)।
18. **एरिश यान्त्श** के अनुसार "मौलिक अनुसंधान विज्ञान एवं प्रविधि के मूल सिद्धांतों का

अनुसंधान होता है। मौलिक वैज्ञानिक अनुसंधान मोटे तौर पर वैज्ञानिक संसाधनों (प्राकृतिक नियमों, उसूलों, सिद्धांतों आदि) के स्तर से संबंधित है तथा मौलिक प्राविधिक अनुसंधान प्राविधिक साधनों के स्तर से...प्रविधि अंतरण स्थान में" । (एरिश यान्त्श, **पूर्वोक्त,** पृ. 15)।

19. ब. म. केद्रोव, **विज्ञानों का वर्गीकरण,** खंड 1, मास्को, 1961, पृ. 90 (रूसी में)।
20. हैरोल्ड हिम्सवर्थ, **वैज्ञानिक ज्ञान का विकास तथा संगठन,** लंदन, हिनेमन, 1970, पृ. 13, 24, 47 (अंग्रेजी में)।
21. देखिए, **विज्ञान का विज्ञान,** लंदन, 1964, पृ. 302-04 (अंग्रेजी में)।
22. ब. ग. कुजनेत्सोव, **आशावाद का दर्शन,** मास्को, 1972, पृ. 326 (रूसी में)।
23. जूलियस ज. हार्वुड 'व्यापार उद्यम में अनुसंधान की बदलती शैली' । **शोध संचालन** में, खंड 16, सं., 5, न्यूयार्क, 1973 (अंग्रेजी में)।

    छः योरपीय देशों—फ्रांस, जर्मन संघीय गणराज्य, ब्रिटेन, इटली, नीदरलैंड तथा स्विट्जरलैंड—में 43 रासायनिक कंपनियों के अनुसंधान एवं विकास प्रधानों के मतदान के अनुसार, वैज्ञानिक कार्यकलाप की विभिन्न अवस्थाओं में श्रम-विभाजन अनुसंधान एवं विकास विनियोजनों के विखंडन से संबद्ध होता है। उनके समस्त परिव्यय में से औसतन लगभग 5 प्रतिशत बुनियादी अनुसंधान को गया, लगभग 40 प्रतिशत अनुप्रयुक्त अनुसंधान को, तथा लगभग 55 प्रतिशत विकास-कार्य में लगाया गया। अधिकांश प्रयोगशाला प्रधान इस बात पर सहमत थे कि 100 से अधिक कर्मियों वाली प्रयोगशाला कुशल संक्रियाओं के लिए निम्नतम आकार मानी जानी चाहिए। इससे कम संख्या वाला आकार होने पर संकट की स्थिति पैदा हो जाएगी (ज. ओलिन, 'अनुसंधान एवं विकास प्रबंधन पद्धतियाँ : योरप में रसायन उद्योग', **अनुसंधान एवं विकास प्रबंधन में,** खंड 3, अंक 3, आक्सफोर्ड, 1973, पृ. 127)।

24. **सृजनात्मकता के लिए वातावरण,** पृ. 143।
25. **वही,** पृ. 142-43।
26. ब. म. केद्रोव, स. र. मिकुलिस्की, 'विज्ञान तथा आधुनिक समाज', **विज्ञान आज नामक संकलन में,** मास्को, 1969, पृ. 53 (रूसी में)।
27. कार्ल मार्क्स, *Grundrisse der Kritik der politischen Okonomie (Rohentwurf) 1857-1858,* पृ. 133.
28. इसका संबंध अधिकांशतः मौलिक अथवा अनूदित साहित्य से है, तथा केवल 10 प्रतिशत ने यह इंगित किया कि विदेशी भाषा की जानकारी के अभाव से उनके काम में बाधा पड़ती है।
29. हमारे समय में, दर्जनों पुरुष तथा महिलाएँ, प्रत्येक अपने-अपने विशेष प्रकार्य के साथ, एक ही भौतिक प्रयोग के निष्पादन में लगे रहते हैं (**विज्ञान आज,** पृ. 149)।
30. यह भी महत्वपूर्ण है कि वर्तमान नियमों के अंतर्गत अभी भी एक वैज्ञानिक उपाधि, सामूहिक के बजाय, व्यक्तिगत काम करके प्राप्त करना पर्याप्त रूप से आसान है।
31. **वैज्ञानिक एवं प्राविधिक क्रांति तथा सामाजिक प्रगति,** मास्को, 1972, पृ. 88 (रूसी में)।
32. **विज्ञान समाचार,** खंड 102, अंक 7, 1972, पृ. 101।

33. सी. पी. स्नो का कहना है कि वैज्ञानिक क्रांति का उद्घाटन तब हुआ जब आणविक कणों का निर्माण सर्वप्रथम औद्योगिक उपयोग के लिए किया गया (सी. पी. स्नो, **पब्लिक अफेयर्स,** पृ. 131)।
34. सोसंकपा की 25वीं कांग्रेस। **दस्तावेज और प्रस्ताव,** पीपहा, दिल्ली, 1976, पृ. 77।
35. वही, पृष्ठ 217।
36. "रूसी स्नातक इंजीनियरों में एक-तिहाई महिलाएँ हैं। हमारी यह एक बड़ी मूर्खता है कि हम चाहे जो कुछ कहें, हम वास्तव में महिलाओं को वैज्ञानिक पेशे के लायक नहीं समझते। इस प्रकार हम अपनी संभावित प्रतिभा के भंडार को आधा कर देते हैं।" (सी. पी. स्नो, **पूर्वोक्त** पृ. 45)। अमरीका में 6 प्रतिशत वैज्ञानिक तथा इंजीनियर महिलाएँ हैं। (**वैज्ञानिकों एवं इंजीनियरों के राष्ट्रीय नमूनों की लाक्षणिकता** संख्या 57, 75-333, 1974, पृ. 32; 1972 **वैज्ञानिक एवं इंजीनियर आबादी** पुनर्व्याख्यायित, खंड 1; एन. एस. एफ. 75-319, पृ. 3
37. अमरीका में (1972 में), वैज्ञानिकों की औसत आयु 38 वर्ष थी। उनमें 5 प्रतिशत 25 वर्ष से कम, 39 प्रतिशत 25 से 39, 43 प्रतिशत 40 से 54, 12 प्रतिशत 55 से 64, तथा 3 प्रतिशत 65 वर्ष के या उससे अधिक आयु के थे। इसका अर्थ यह है कि 55 वर्ष से कम आयु की श्रेणी में 85 प्रतिशत तथा 65 से कम की श्रेणी में 97 प्रतिशत थे। **विज्ञान संसाधनों का अध्ययन, झलकियाँ,** 20 जुलाई, 1973, एन. एस. एफ. 73-306, वाशिंगटन, 1973 (अंग्रेजी में)।
38. अ. म. रूम्यांत्सेव, 'विज्ञान जगत में प्रवेश करने वालों के नाम', **विज्ञान आज संकलन में,** मास्को, 1969, पृ. 31 (रूसी में)।
39. डेरेक जे. डे. सोला, राष्ट्र या तो प्रकाशित करें या विनष्ट हो जाएँ, न्यूयार्क, 1969 (अंग्रेजी में)।
40. ग. य. स्कोरोव, तीसरी दुनिया में **विज्ञान एवं प्रविधि के विकास के प्रश्न,** मास्को, 1973, पृ. 5 (रूसी में)।
41. अनुसंधान, विकास तथा दूसरे वैज्ञानिक कार्यकलापों के लिए संघीय कोष। वित्तीय वर्ष 1973, 1974 और 1975, एन. एस. एफ. 74-320, खंड 23, पृ. 7; **राष्ट्रीय प्रतिदर्श, अमरीका में शोध एवं विकास संसाधन, कोष और जनशक्ति,** 1957-1976, एन. एस. एफ. 760-310, पृ. 13 (अंग्रेजी में)।
42. न. न. इतोजेम्त्सेव, '1971 वाले दशक में पूँजीवाद : गहरे होते अंतर्विरोध', **प्रावदा;** 20 अगस्त 1974 (अंग्रेजी में)।
43. **विज्ञान तथा मानव आवश्यकताएँ,** भाग 3, पृ. 242 (अंग्रेजी में)।
44. वही, पृ. 251।
45. वही, पृ. 252-53।
46. वही, पृ. 253-54।
47. **विज्ञान तथा मानव आवश्यकताएँ,** भाग 3, पृ. 242, 248 (अंग्रेजी में)।
48. वही, पृ. 191

वैज्ञानिक ताना-बाना

बाह्य पूरकता सिद्धांत के अनुसार, वैज्ञानिक सामूहिकियों के भीतर श्रम-विभाजन की अनुपूर्ति उनके बीच श्रम-विभाजन से, विज्ञान के संस्थानों तथा वैज्ञानिक क्रियाकलाप की निर्देशक एजेंसियों के बीच श्रम-विभाजन से होती है। सूक्ष्म एवं वृहत्, दोनों स्तरों पर, श्रम-विभाजन विज्ञान में सहयोग की तथा विज्ञान की उत्पादकता में वृद्धि की एक महत्त्वपूर्ण शर्त है।

यूनेस्को द्वारा किए गए योरपीय देशों में राष्ट्रीय वैज्ञानिक नीति के एक सर्वेक्षण में सूक्ष्म एवं वृहत-स्तरों के अतिरिक्त, एक तीसरे अंतर्वर्ती स्तर, क्षेत्रीय स्तर, के लक्षण का भी उल्लेख है। प्रत्येक देश की स्थिति के अनुसार, विभिन्न 'क्षेत्रों' का सीमांकन इस प्रकार किया गया है : विज्ञान की शाखाएँ, अर्थतंत्र के उत्पादक क्षेत्र, अनुसंधान प्ररूप, कार्य निष्पादन (उच्च शिक्षा, सरकारी संस्थाएँ इत्यादि) के शोध एवं विकास खंड तथा राष्ट्रीय हित के कुछ अनुसंधान कार्यक्रम। परिणामस्वरूप, अंतर्वर्ती क्षेत्रीय स्तर का जो समूचा चित्र बनता है, वह अत्यधिक विखंडित है तथा इसमें सामंजस्य का अभाव है।

इसकी क्षतिपूर्ति, मेरे विचार से, क्षेत्रीय स्तर के तत्वों को एक समग्र प्रणाली, अर्थात वैज्ञानिक ताने-बाने, के तत्वों के रूप में लेकर की जा सकती है। सूचना एवं संचार अधिरचना पर आधारित वैज्ञानिक ताना-बाना, वैज्ञानिक क्रियाकलाप के विभिन्न निकायों को न केवल सूक्ष्म स्तर पर जोड़ने में, बल्कि इनमें से प्रत्येक को वृहत स्तर से जोड़ने में भी सहायक होता है। इस प्रकार, वैज्ञानिक ताना-बाना वैज्ञानिक एवं तकनीकी प्रगति के लिए एक प्रकार की अंतरण क्रिया-विधि का काम करता है। यह काम वह उदग्र रूप में, किसी

नए विचार की उत्पत्ति से उसके निष्पादन तक, और क्षैतिज रूप में, ये विचारों को एक क्षेत्र से दूसरे क्षेत्र में फैलाने में सहायता देकर, पूरा करता है।

नए विचारों का एक क्षेत्र से दूसरे क्षेत्र में अंतरण : टी.वी. माडल

वैज्ञानिक एवं तकनीकी प्रगति का विस्तार एक ऐसी प्रक्रिया है जिसके माध्यम से विज्ञान एवं प्रौद्योगिकी विभिन्न प्रकार के मानव क्रियाकलाप में प्रवेश करती है। इसके माध्यम से एक संस्था अथवा शोधकर्ताओं के ग्रुप द्वारा प्राप्त किया गया व्यवस्थित युक्तिपूर्ण ज्ञान, ज्ञान या पदार्थों की किसी उत्पादन पद्धति में अन्य संस्थाओं अथवा ग्रुपों द्वारा साकार होता है। "समाज के उत्पादक विकास में केवल वैज्ञानिक शक्ति की वृद्धि ही नहीं, बल्कि इस पैमाने की वृद्धि भी, जिस पर इसे स्थिर पूँजी के रूप में पहले ही स्थापित किया जा चुका है, उसकी कार्यान्विति की परिधि एवं व्यापकता तथा उत्पादन की समूची समग्रता की अवधारणा भी निहित है"।[1]

इसके फलस्वरूप या तो मौलिक वैज्ञानिक ज्ञान, प्रविधि में रूपान्तरित होता है, अथवा विद्यमान प्रविधि अपने आप को उपयोग की नई विधियों एवं रूपों के अनुसार बदल लेती है। पहली स्थिति में अधिक सामान्य से अधिक विशिष्ट तक **उदग्र प्रकार का प्रविधि अन्तरण** होता है। दूसरी स्थिति में, **क्षैतिज प्रकार का प्रविधि अंतरण** होता है, और वह भी उतना ही महत्त्वपूर्ण है। उत्पादन के काम में, हमें मिश्रित प्रकार का प्रविधि अंतरण दिखाई देता है जिसका विकास स्वतःस्फूर्त रूप से हुआ है।

यह विश्वास किया जाता है कि अमरीका में सरकारी एजेंसियों द्वारा संगठन तथा उद्योग में संगठन, दोनों का लक्ष्य मुख्यतः उदग्र प्रविधि अन्तरण है। परमाणु ऊर्जा आयोग (एटमिक एनर्जी कमीशन) तथा राष्ट्रीय वैमानिकी एवं अंतरिक्ष प्रशासन अथवा नासा (नेशनल एरोनाटिक्स एवं स्पेस एडमिनिस्ट्रेशन) की स्थापना के साथ क्षैतिज अंतरण की दिशा में कुछ परिवर्तन दिखाई दिए थे। इस दिशा में एक और कदम 'राष्ट्रीय विज्ञान प्रतिष्ठान' का एक 'समन्वय केंद्र' में रूपांतरण था–केवल मौलिक ही नहीं बल्कि अनुप्रयुक्त अनुसंधान के लिए भी। हार्वे ब्रुक्स के अनुसार, क्षैतिज प्रौद्योगिकी अंतरण को विशेषीकृत एजेंसियों के मौलिक एवं शैक्षिक अनुसंधान द्वारा तथा सरकारी सहायता प्राप्त संस्थानों के प्रयासों के एकत्रीकरण द्वारा भी बढ़ावा दिया जा सकता है। इसके विभिन्न कार्यक्रमों के बीच तथा व्यक्तिगत कर्मियों एवं संस्थाओं के बीच भी संतुलन कायम रखना जरूरी है।

क्षैतिज एवं उदग्र दोनों प्रौद्योगिकी अंतरण के अंतर्गत बुनियादी क्रियाविधि का मतलब है, विज्ञान एवं प्रौद्योगिकी के विभिन्न क्षेत्रों के बीच तथा विज्ञान से प्रौद्योगिकी में, और व्यापक अर्थ में, उद्यमी क्रियाकलाप में—जिसमें नए संगठनों की स्थापना भी शामिल है—कर्मियों का अंतरण, वैज्ञानिक एवं तकनीकी साहित्य का प्रकाशन एवं प्रसार, व्यावसायिक संगठनों का क्रियाकलाप, सभी प्रकार के व्यक्तिगत संपर्क, वैज्ञानिक एवं तकनीकी सम्मेलन, गोष्ठियाँ इत्यादि।[2] इसमें ये सब भी शामिल हैं—आपूर्तिकर्ता एवं उपभोक्ता के बीच, विकासकर्ता एवं उसके ग्राहक के बीच क्रिया-प्रतिक्रिया, शिक्षा एवं कुशलता के स्तरों को ऊँचा करने के कार्यक्रम, वैज्ञानिक एवं तकनीकी सलाह-मशविरा, पेटेंटों एवं तकनीकी जानकारी की बिक्री, तथा विपणन प्रणाली एवं तकनीकी सेवाओं का संगठन।

अमरीका के जिन वैज्ञानिकों ने अमरीका में वैज्ञानिकों एवं व्यावहारिक इंजीनियरों के बीच संचार की कठिन समस्या का विश्लेषण किया है, उन्हें वैज्ञानिक विचारों एवं सूचना के स्रोतों के संबंध में निम्नलिखित नतीजे प्राप्त हुए हैं :

परिणामस्वरूप, विचारों एवं सूचना का लगभग 58 प्रतिशत वैज्ञानिक कृतियों से प्राप्त होता है तथा शेष अधिकांशतः व्यक्तिगत संपर्कों द्वारा। व्यावहारिक इंजीनियरों को केवल 8 प्रतिशत सूचना एवं विचार साहित्य से प्राप्त होते हैं, 33 प्रतिशत नए उपकरण के आपूर्तिकर्ताओं से, तथा शेष अनौपचारिक संपर्कों, अपने पूर्ववर्त्तियों के अनुभव तथा स्वयं उनके अपने प्रेक्षणों एवं प्रयोगों से प्राप्त होते हैं। हम यह ध्यान रखें कि अमरीकी वैज्ञानिक क्रियाकलाप में, व्यक्तिगत संपर्कों की सूचना-भूमिका विशेष रूप से अधिक है—जैसा कि सैद्धांतिक वैज्ञानिक एवं व्यावहारिक इंजीनियर दोनों का कहना है।

प्रत्यक्ष रूप से प्रत्येक नव-प्रवर्तन किसी नए एवं संभावनापूर्ण वैज्ञानिक विचार के आविर्भाव से अथवा किसी तकनीकी आविष्कार से प्रारंभ होता हैं परंतु केवल प्रमुख विचार तथा आविष्कार ही नव-प्रवर्तन के लिए प्रेरणा प्रदान करते हैं। और तब उस विचार का प्रवर्तक उसे विकास एवं स्वीकृति की एक अवस्था से दूसरी अवस्था तक, भिन्न-भिन्न गति के साथ तथा विभिन्न सफलता के साथ तब तक आगे ले जाता रहता है, जब तक कि वह विचार अभियंत्र का रूप नहीं ले लेता और उत्पादन में उसका उपयोग नहीं होने लगता। यह नव-प्रवर्तन की निर्णायक अवस्था होती है, परंतु अंतिम नहीं। कारण यह कि यदि इसकी 'संभावी ऊर्जा' को निम्नतम क्षति उठाकर 'गतिक ऊर्जा' बनना

है तो उसे नियत उद्योग अथवा क्षेत्र की सीमाओं के बाहर जहाँ तक हो सके व्यापक पैमाने पर लागू किया जाना चाहिए। यह प्रक्रिया स्वतः स्फूर्त अथवा संगठित दोनों में से कुछ भी हो सकती है। अतः, अमरीका में सैद्धांतिक वैज्ञानिकों में सूचना स्रोत के रूप में वार्तालाप का अनुपात (तालिका 4-1) **लितेरातुरनाया गजेयता** के मतदाताओं में उसके अनुपात से दो

तालिक 4-1

अमरीका में 50 रायदाता सैद्धांतिक वैज्ञानिकों की सूचना के मूल स्रोत (प्रतिशत)

पत्रिकाओं का नियमित अध्ययन	30.4
इनमें प्रकाशित वैज्ञानिक रिपोर्टें तथा उद्धरण	10.9
लेखकों के पुनर्मुद्रण	5.8
संदर्भ लेख तथा ग्रंथ-सूची	6.4
सारांश	4.3
अनौपचारिक बातचीत	22.6
सहकर्मियों से (निवदेन द्वारा) प्राप्त सूचना	8.1
अन्य स्रोत	11.5

गुना अधिक है। (मास्को के इन मतदाताओं में केवल सिद्धांतकार ही नहीं, बल्कि ऐसे लोग भी शामिल हैं जो दूसरे प्रकार के वैज्ञानिक कार्यकलाप में संलग्न हैं)।

सोवियत संघ में लागू नियामक कानूनों में नव-प्रवर्तनों के अत्यंत गतिशील अंतरण की आवश्यकता एवं संभावना की गुंजाइश है। अतः इस प्रसंग में 'अन्वेषणों, आविष्कारों एवं युक्तिकरण प्रस्तावों संबंधी संविधि' में, जो सोवियत संघ की मंत्रिपरिषद् के अध्यादेश 584 द्वारा 21 अगस्त 1973 को स्वीकृत हुई थी, कहा गया है : "सोवियत संघ की मंत्रिपरिषद् की आविष्कार एवं अन्वेषण संबंधी राज्य समिति संबंधित मंत्रालयों तथा विभागों को पंजीकृत अन्वेषणों की सूचना इस उद्देश्य से देगी कि अर्थतंत्र में उनका व्यापक उपयोग किया जा सके।

"जहाँ तक अनुप्रयोगिक महत्त्व के अन्वेषणों का संबंध है, सोवियत संघ की मंत्रिपरिषद की आविष्कार एवं अन्वेषण संबंधी राज्य समिति, सोवियत संघ की विज्ञान अकादमी, संघीय जनतंत्रों की विज्ञान अकदमियाँ, क्षेत्रीय

अकादमियाँ तथा संबंधित मंत्रालय एवं विभाग इन अन्वेषणों के उपयोग के लिए सोवियत संघ की मंत्रिपरिषद की विज्ञान एवं प्रविधि राज्य समिति के समक्ष अपनी सिफारिशें पेश करेंगे जो तीन महीने के भीतर इनकी जांच करेगी तथा अर्थतंत्र में इन अनुशंसित अन्वेषणों के उपयोग के लिए क्रिया-विधि निर्धारित करेगी।"[3]

सोवियत संघ की मंत्रिपरिषद की आविष्कार एवं अन्वेषण संबंधी राज्य समिति अर्थतंत्र में आविष्कारों के उपयोग की गति को तेज करने के लिए इसी तरह के कदम उठाती है।

जब कभी आवश्यक हो, समिति अविष्कारक प्रमाणपत्र की दरखास्तों के जांच-परिणाम तलब कर सकती है ताकि सुयोग्य उद्यमों, संगठनों एवं सस्थानों द्वारा आविष्कार के उपयोग की संभावना की जानकारी प्राप्त की जा सके। इन संस्थानों का दायित्व है कि अनुमोदन प्राप्त होने के दो महीने के भीतर इस प्रकार की जानकारी निःशुल्क मुहैया करें।[4]

युक्तिकरण संबंधी प्रस्तावों के उपयोग की गति को तेज करने के लिए भी उपबंध मौजूद हैं।

युक्तिकरण प्रस्तावों की दरखास्तों की जांच तथा उनके बारे में निर्णय उद्यम, संगठन अथवा संस्थान में 15 दिन के भीतर, तथा मंत्रालयों या विभागों में दरखास्त पहुँचने के 45 दिन के भीतर, कर लेना चाहिए। इन अवधियों के भीतर, प्रस्तावकर्ता को सूचित कर दिया जाना चाहिए कि क्या उसका युक्तिकरण प्रस्ताव स्वीकार कर लिया गया है और उपयोग के लिए अपना लिया गया, अथवा प्रस्ताव की प्रयोगात्मक जाँच की जानी है, या उसे अस्वीकार कर दिया गया है। अस्वीकृत किए जाने की स्थिति में अस्वीकृति का कारण भी बताया जाना चाहिए।

प्रयोगात्मक जाँच की स्थिति में प्रस्तावकर्त्ता को प्रयोगात्मक जांच के समाप्त होने के 15 दिन के भीतर निर्णय की सूचना दे दी जानी चाहिए।[5]

परिणामस्वरूप, सभी प्रकार के वैज्ञानिक एवं तकनीकी नव-प्रवर्तन—मौलिक अन्वेषणों से लेकर युक्तिकरण संबंधी प्रस्तावों तक—अपनी उत्पत्ति के साथ ही सोवियत विधान का विषय बन जाते हैं, और इसका उद्देश्य होता है देश में वैज्ञानिक एवं तकनीकी नव-प्रवर्तन की गतिशीलता को यथासंभव तीव्रतम करना। समाजवादी राज्य में, इस संबंध में जो कदम उठाए जाते हैं वे अत्यंत योजनाबद्ध होते हैं।

मंत्रालय, विभाग, उद्यम, संगठन एवं संस्थान अधिकारों तथा युक्तिकरण

संबंधी प्रस्तावों का चयन करते हैं। इस चयन का आधार सोवियत संघ की मंत्रिपिरषद की आविष्कार एवं अन्वेषण संबंधी राज्य समिति तथा वैज्ञानिक एवं तकनीकी सूचना की अखिल-संघीय एवं क्षेत्रीय एजेंसियों की सामग्री, तथा (पेटेंट सहित) अन्य सूचना सामग्री होती है, तथा इन्हीं के आधार पर नियोजित ढंग से उनके उपयोग का फैसला किया जाता है।

मंत्रालय एवं विभाग अपनी व्यवस्था के भीतर उपयोग के लिए स्वीकृत आविष्कारों की सूचना समिति को देते हैं।[6]

वर्तमान वैज्ञानिक एवं तकनीकी क्रांति की लाक्षणिकता वैज्ञानिक एवं तकनीकी तथा सामाजिक-आर्थिक एवं राजनीतिक परिवर्तन की भी तेज गति है। इसके फलस्वरूप वैज्ञानिक क्रियाकलाप तथा उसका संगठन अत्यंत गत्यात्मक हो जाता है। इसके परम्परागत रूपों, जैसे विश्वविद्यालयों, वैज्ञानिक संस्थानों तथा अकादमियों का इतिहास, यद्यपि शताब्दियों पुराना है, परंतु शोध संस्थानों की उत्पत्ति कुछ दशकों पूर्व ही हुई है। लेकिन नई उठने वाली समस्याओं तथा एक के बाद एक वैज्ञानिक उन्मुखताओं के सिलसिले को ध्यान में रखते हुए शोध संस्थानों का प्रशासकीय ढाँचा अत्यंत संकीर्ण एवं अपर्याप्त साबित होता है। और नियमत, इसके लिए अत्यंत विविध क्षेत्रों के विशेषज्ञों के प्रयासों को एकत्रित करने की आवश्यकता होती है।

हजारों पुरुष एवं महिलाएँ, जिन्हें अपने कार्य तथा आवास का स्थान बदलना पड़ता है, अक्सर 'वृहत विज्ञान' की परियोजनाओं तथा कार्यक्रमों की परिधि के भीतर एकत्र हो जाते हैं। भौगोलिक दृष्टि से वैज्ञानिक कार्यकलाप जो कभी गिनती के कुछ बड़े नगरों में संकेंद्रित था, अब फैलने लगा है और अक्सर एक से अधिक देश में उसका प्रसार हुआ है। 'विज्ञान नगरों' की संख्या तेजी से बढ़ रही है। ये प्रमुख समुच्चय वैज्ञानिक केंद्र हैं जहाँ काम करने वालों का मुख्य पेशा ज्ञान के उत्पादन में भाग लेना है।

वैज्ञानिक केंद्रों का विकास वर्तमान वैज्ञानिक एवं तकनीकी क्रांति की एक अत्यंत स्पष्ट तथा बुनियादी अभिव्यक्ति है। नियमतः, इन केंद्रों में वैज्ञानिक कर्मियों के प्रशिक्षण, अनुसंधान, विकास, अभियंत्रण तथा सामान्य रूप से प्राप्त परिणामों की बिक्री के प्रकार्य शामिल रहते हैं।

वैज्ञानिक केंद्रों, विज्ञान नगरों के, खासकर वे जो बुनियादी अनुसंधान संस्थान के इर्द-गिर्द बसे हैं, अस्तित्व ने केवल समाज के वैज्ञानिक एवं तकनीकी विकास में ही नहीं, बल्कि उसके सामाजिक विकास में भी, एक नया तत्व जोड़ दिया है। यह कोई अतिश्योक्ति नहीं होगी यदि निकट भविष्य के समाज

में विज्ञान नगरों की भूमिका की तुलना मध्य युग के नगर कम्यूनों की भूमिका से की जाए जिनमें उत्पादक शक्तियों के अत्यंत गत्यात्मक तत्व संकेंद्रित होते थे तथा जिनसे, समग्र रूप में, ऐतिहासिक प्रक्रिया की गति को तेज होने की प्रेरणा मिलती थी।[7]

बड़े प्राचीन नगरों में वैज्ञानिक परिक्षेत्रों को समान भूमिका अदा करनी है।

वैज्ञानिक एवं तकनीकी नव-प्रवर्तन की गतिकी की तुलना एक इलेक्ट्रॉन नली में इलेक्ट्रॉनों की धारा के प्रवाह से की जा सकती है। आधुनिक टी. वी. सैटों में चित्र की गुणात्मकता को बेहतर बनाने हेतु प्रारूपकों का प्रयास होता है कि एक ओर चित्र नली (ट्यूब) की लंबाई अर्थात इलेक्ट्रॉनों द्वारा ऋणाग्र (कैथोड) से धनाग्र (अनोड) तक पहुँचने की दूरी कम की जाए और साथ ही पर्दे (स्क्रीन) को बड़ा किया जाए। इसी प्रकार, अधिक तेज नव-प्रवर्तन व्यवस्था को दोहरा कार्यभार संभालना पड़ता है : विचारों की उत्पत्ति से उनके साकार होने तक की 'दूरी' को जहाँ तक हो सके कम करना, और साथ ही उनके कार्यान्वयन के 'क्षेत्र का अधिक से अधिक विस्तार करना। इस समस्या का समाधान वैज्ञानिक ताने-बाने को करना है। वैज्ञानिक ताने-बाने की प्रकार्यात्मक कारगरता में यद्यपि अक्सर बहुत कमी रह जाती है, फिर भी इसके (सेल) में निकटतम अंतर-निर्भरता अति आवश्यक जान पड़ती है। अतः, विज्ञान शास्त्र की कोई भी शाखा, जैसे रसायन, वास्तव में, आर्थिक क्षेत्रीय शाखा (रसायन उद्योग, कृषि-रसायन विज्ञान इत्यादि) से अलग, मौलिक अनुसंधान के क्षेत्र से, अनुप्रयुक्त अनुसंधान एवं विकास से, शैक्षणिक एवं गैर-शैक्षणिक विज्ञान के क्षेत्रों, इत्यादि से अलग काम नहीं कर सकती। यह कारण है कि सूक्ष्म तथा वृहत्-स्तरों के बीच एक तार, वास्तव में, वैज्ञानिक ताने-बाने का होता है तथा उसे एकीकरणात्मक प्रकार्य पूरा करना पड़ता है।

आधुनिक वैज्ञानिक कार्यकलाप के सामूहिक स्वरूप की अभिव्यक्ति केवल वैज्ञानिक संगठन के भीतर व्यक्तिगत शोधकर्ताओं के प्रयासों में सहयोग स्थापित करने की आवश्यकता में ही नहीं, बल्कि अलग-अलग संगठनों के प्रयासों में सहयोग एवं समन्वय स्थापित करने की आवश्यकता में भी होती है। इस आवश्यकता के कारण इनमें से किसी का भी अस्तित्व अपने आप नहीं रहता, बल्कि वैज्ञानिक संगठन के ताने-बाने के एक निकाय के रूप में ही होता हैं समग्र रूप से, वैज्ञानिक ताना-बाना, मानो, एक अधितंत्र है जो अपने अलग-अलग तत्वों में प्रत्येक के लिए बाह्य पूरक मुहैया करता हैं ताने-बाने के भीतर और उसके माध्यम से ही प्रत्येक अपने मौलिक प्रकार्य को तथा उसके पुनः उत्पादन

को सामाजिक श्रम-विभाजन की परिधि के भीतर पूरा करता है। इस प्रकार समग्र रूप से, वैज्ञानिक क्रियाकलाप की विविधता को एक विस्तारित आधार पर पुनः उत्पादित करता है, जो उसके सफल विकास के लिए निर्णायक महत्त्व का है। इसी के साथ, इस ताने-बाने का अधितंत्र इस विविधता को युक्तिपूर्ण सीमाओं के भीतर बल प्रदान करता है। जहाँ कहीं वह प्रति-उत्पादक एवं हानिकारक होने लगता है वहाँ यह अधितंत्र उसको सीमाबद्ध करता है ताकि टुटपुंजिए वैज्ञानिक संगठनों को अधिक प्रबल एवं संभावनापूर्ण संगठन के हवाले किया जा सके अथवा उसके ढांचे में तब्दीली की जा सके और उसके नेतृत्व को शक्तिशाली बनाया जा सके। वैज्ञानिक ताने-बाने के संरूपण तथा विकास की स्थितियाँ तथा सामाजिक-आर्थिक व्यवस्था के स्वरूप पर निर्भर करती हैं जिसकी परिधि के भीतर वह कार्य करता हैं

अमरीका के विज्ञान-केंद्र

विभिन्न प्रकार की विज्ञान नीति को पूरा करने के उद्देश्य से वैज्ञानिक केंद्र के ताने-बाने के निर्माण तथा उसके विकास का अब एक स्वतःस्फूर्त तरीका है और दूसरा सचेत तरीका। पहला तरीका अमरीका में 'वैज्ञानिक समुच्चयों' के विकास की विशेषता है। ये किसी एक क्षेत्र में प्रथम श्रेणी के ऐसे विश्वविद्यालयों अथवा कालेजों के अस्तित्व पर आंधारित होते हैं, जिनमें अनुसंधान की नई एवं संभावनापूर्ण शाखाओं, उपशाखाओं में प्रशिक्षित अतिदक्ष एवं कार्यशील विशेषज्ञों को आकर्षित करने की क्षमता हो। साथ ही, ये समुच्चय पर्याप्त मात्रा में वित्त एवं एक ऐसे 'उद्‌भवन स्थान' की उपलब्धता पर आधारित होते हैं जिसमें समुच्चय के शोध संस्थान एवं फर्म अपना क्रियाकलाप प्रारंभ कर सकें। इसके अतिरिक्त, उन्हें सामान्य विकास की स्थिति उपलब्ध होनी चाहिए जिनमें प्राकृतिक स्थितियाँ, अधिरचना, कारोबार के संचालन की स्वीकार्य लागत, ऐसी जीवन स्थितियाँ जो बड़े शहरों से बदतर न हों, तथा अत्यंत विकसित वैज्ञानिक, तकनीकी एवं सांस्कृतिक कार्यकलाप शामिल हों।

अमरीका में वैज्ञानिक समुच्चयों का उद्‌भव जिन क्षेत्रों में हुआ है। उनमें इन शर्तों तथा आवश्यकताओं की पूर्ति भिन्न-भिन्न ढंग से हुई है।

व्यावहारिक कार्यकलाप की एक व्यापक प्रणाली किसी वैज्ञानिक अन्वेषण अथवा तकनीकी आविष्कार के आधार पर एक नए कारोबार की स्थापना होती हैं इसकी कार्यान्विति को लाभदायक बनाने के लिए, नए वैज्ञानिक एवं तकनीकी फर्म स्थापित किए जाते हैं अथवा वर्तमान प्रयोगशालाओं या कंपनियों

के भीतर से नए फर्म प्रचक्र द्वारा जन्म लेते हैं। यह कोई आकस्मिक बात नहीं है कि 'प्रचक्र' शब्द वायु सेना की विशिष्ट शब्दावली से लिया गया है।

प्रचक्र द्वारा उत्पत्ति के पुराने तथा नए रूपों में भेद किया जाता है। पुराना रूप व्यक्तिगत तकनीकी उद्यम की प्रचलित अमरीकी परंपरा के अनुरूप है जिसका उद्घाटन 19वीं शताब्दी के प्रारंभ में अलैक्सिस तोकेविले ने किया था तथा जिसके प्रतिनिधि अन्य लोगों के अतिरिक्त थामस अल्वा एडीसन, एली व्हिटने, सेमुएल मौर्स, चार्ल्स गुडईयर तथा अलेक्जैंडर ग्राह्यबेल हैं। इस परंपरा में योगदान करने वाले समकालीन लोगों में, रैबिनो इलेक्ट्रानिक्स कंपनी राकविले, मेरीलैंड के अदम्य अध्यक्ष जैकब रैबिनो हैं जिनके पास 113 पेटेंट हैं।[8]

प्रचक्र द्वारा उत्पत्ति के परवर्ती एवं आधुनिकतम रूप में, उद्यम केवल अपनी तकनीकी विविधता के कारण नहीं, बल्कि अपने ठोस वैज्ञानिक ज्ञान के आधार पर शामिल रहते हैं। इसका प्रतीक हार्वर्ड विश्वविद्यालय के होवर्ड आइकेन है। इन्होंने प्रथम मार्क-1 अंकीय मशीनों में से एक का प्रारूपण किया और आगे चलकर होवर्ड आइकेन उद्योगों के प्रधान बने, जिसकी कुल वार्षिक बिक्री 80 लाख डालर है। परंतु इधर हाल में, प्रचक्र द्वारा उत्पत्ति एक ग्रुप का स्वरूप धारण करने लगी है तथा विभिन्न अवस्थाओं में विभाजित की जाने लगी है। 'अहुविध प्रचक्रित उत्पत्ति' की एक अनोखी मिसाल अमरीकी शोध एवं विकास निगम (अमरीकन रिसर्च एंड डेवलपमेंट कार्पोरेशन) का इतिहास है। इस कंपनी का काम नई वैज्ञानिक एवं तकनीकी कंपनियों का निर्माण है।

स्वभावतः, ऐसी कंपनियाँ प्रमुख रूप से, सर्वाधिक विज्ञान एवं प्रौद्योगिकी-प्रधान उद्योगों में खड़ी हुईं जिनमें प्रति 1,000 कर्मियों में 25 और उससे अधिक वैज्ञानिक और इंजीनियर शोध एवं विकास में कार्यरत थे और इनमें से 4 प्रतिशत या उससे अधिक शोध एवं विकासोन्मुख बिक्रियों में।

स्वतःस्फूर्त वैज्ञानिक एवं तकनीकी संस्थानों की भली-भाँति व्यवस्थित कार्य-विधि के माध्यम से, केवल एक संस्था, मेसाचुसैट्स प्रविधि संस्थान, के ही शिक्षकों तथा स्नातकों ने 75 से अधिक रेडियो इलेक्ट्रॉनिक तथा अन्य कंपनियों की स्थापना की। सामान्यतः, शोध एवं विकास संबंधी नव-प्रवर्तनों को इंजीनियरिंग से अलग करने वाली बाधाओं को, अमरीका में, कारोबारी उद्यमों में विचारों, उनके कार्यान्वयन के लिए आवश्यक पूँजी तथा आवश्यक औद्योगिक क्षमताओं के संयोजन द्वारा दूर किया जाता है।

एक सोवियत अर्थशास्त्री अ. य. शिपर्त का कहना है कि ''पूँजीवादी

देशों में आर्थिक एवं सामाजिक जीवन में विज्ञान की बढ़ती भूमिका के कारण उत्पादक शक्तियों के क्षेत्रीय अवस्थापन में निश्चित परिवर्तन हुए हैं। अतः उत्पादन एवं जनशक्ति के स्तर से ऊपर शोध संकेंद्रण के स्तर के फलस्वरूप वैज्ञानिक तथा उत्पादन केंद्रों की स्थापना होने लगी है। इनका मूल केंद्रबिंदु बृहत शोध संस्थान हैं जिनके चारों ओर आधुनिकतम उद्योग खड़े होते हैं।''[9] इस प्रक्रिया की परिस्थितिक जांच प्रोफेसर व. व. जुब्यानिनोव ने पूँजीवादी देशों के विज्ञान-उत्पादन समुच्चय संबंधी अपने लेखों में की है।[10]

'अन्वेषणों का उद्योग' यहाँ अपने संकीर्ण अर्थ में, 'अन्वेषणों के उद्योग' में इस शब्द के व्यापक अर्थ में, समालीन होने लगता है[11]

कहा जा सकता है कि रेडियो-इलेक्ट्रॉनिक फर्म अथवा अन्य तेजी से बढ़ने वाले 'विज्ञान-प्रधान' कारोबार 'प्रचक्रं द्वारा उत्पत्ति' पद्धतियों के उपयोग से 'विभाजन द्वारा पुनः उत्पादन' करते हैं। प्रचक्र द्वारा उत्पत्ति का आरंभ सामान्य रूप से विश्वविद्यालय अथवा औद्योगिक प्रयोगशाला से होता है, जब शोधकर्ता सामान्य रूप से अपने उत्पाद सहित शोध अवस्था से इंजीनियरी (अभियांत्रिकी) की अवस्था की ओर कदम बढ़ाता है। इससे वैज्ञानिक एवं तकनीकी उपलब्धियों के कार्यान्वित होने की गति बहुत तेज हो जाती है। इस क्षेत्र में कुछ निगमों ने रिकार्ड कायम किए हैं, जैसे बोस्टन के निकट रैथियोन ने, जिसने सातवें दशक के मध्य तक 25 फर्मों की प्रचक्र उत्पत्ति कर दी थी।

सफल प्रचक्र-उत्पत्ति मंडी की उत्तम जानकारी, पर्याप्त व्यवस्था, उत्पाद की उच्च गुणात्मकता, शोध एवं विकास के ठेके, अनुकूल वातावरण, नए उपकरण, अथवा—इनमें से किसी भी स्थिति के अभाव में—किसी बड़े निगम के साथ विलयन पर निर्भर करती है। यह देखने के लिए कि कोई प्रचक्र-उत्पत्ति सफल है या नहीं, औसतन पाँच वर्ष का समय लगता है।

बहरहाल, प्रचक्र द्वारा उत्पत्ति, चाहे उसकी शुरुआत किसी तरह हुई हो, वैज्ञानिक एवं उत्पादन समुच्चयों (सम्मिश्र संस्थाओं) की स्थापना तथा विकास का एक मुख्य तथा बुनियादी तत्व है। दूसरे शब्दों में, शोध एवं विकास उपलब्धियों का व्यापारिक कार्यान्वयन वह मुख्य आधार है जिस पर उनको प्रकार्यात्मक प्रणालियों तथा समुच्चयों की परिधि के भीतर, जो मंडी की तेजी के समय इलेक्ट्रॉनिक 'काल कक्षों' के गिर्द बड़ी संख्या में बढ़ने लगते हैं, उत्पादन में लगाया जा सकता है। ऐसी ही एक अवधि में हार्वर्ड स्कूल ऑफ बिजनेस (व्यावसायिक विद्यालय) की पत्रिका में लिखा था : ''प्रचक्रित उत्पत्तियाँ...प्रथम

महत्त्वपूर्ण कदम उस स्थिति में हो सकती हैं जब इनका विकास शृंखिलित प्रतिक्रिया के रूप में हो। वे इन शक्तियों को गतिशील करने में सहायक होती हैं जो अनुसंधान-आधारित नए उद्योग को आकर्षित करती हैं।"[12]

सांगठनिक दृष्टि से, वैज्ञानिक एवं तकनीकी केंद्रों के इस स्वतःस्फूर्त निर्माण पर गंभीरतापूर्वक ध्यान देने की आवश्यकता है।

परंतु, इसका राजनीतिक-आर्थिक पहलू भी हैं, अर्थात प्रचक्र उत्पत्ति द्वारा नए विचारों को साकार बनाने में पूँजीवादी अर्थतंत्र तथा निजी उद्यम की लगाई हुई अनिवार्य सीमाएँ।

इस पहलू को उभार कर प्रसिद्ध अमरीकी गणितज्ञ तथा संतांत्रिकी विशेषज्ञ, नार्बर्ड वाइनर ने पेश किया था। उन्होंने अपनी आत्मकथा में होवर्ड आइकेन उद्योगों के संस्थापक के चरित्र में रुढ़िवाद के असर पर टिप्पणी की है। उन्होंने अपनी आविष्कारित परिकलन मशीन में अत्यंत धीमे यांत्रिक संचार के बजाए एक इलेक्ट्रानिक यंत्र लगाने से इंकार कर दिया था। वाइनर का कहना है : "फिर भी धातु में इस आविष्कार की व्यापारिक संभावनाओं के कारण औद्योगिक कर्मी इस मूल तथ्य से आँखें बंद करने लगा तथा उसे यह आशा होने लगी कि वह प्रगति की धारा को ठीक उस मंजिल पर रोक सकता है जहाँ उसने स्वयं अपना योगदान किया था। पेटैंट प्रणाली तथा एक विक्रय वस्तु के रूप में निवेशकर्त्ता के विचार का व्यापारिक मूल्य उसे इस दिशा में बढ़ने को प्रोत्साहित करते हैं।"[13]

कई प्रकार के ऐसे समुच्चयों का वर्गीकरण अमरीका में उसी तरह किया गया है जिस तरह किसी वैज्ञानिक एवं तकनीकी केंद्र के आधारित तत्वों का वर्गीकरण किया जाता है। कुछ पूरे समुच्चय हैं जिनमें तीन मुख्य तत्व शामिल हैं : नए विज्ञान-प्रधान उद्योग, विश्वविद्यालय तथा सरकारी प्रयोगशालाएँ। इनमें सबसे अधिक प्रसिद्ध कैंब्रिज अनुसंधान प्रयोगशाला, बोस्टन क्षेत्र में, 128 पथ पर, स्थित है।

समुच्चय प्रकार के वैज्ञानिक एवं तकनीकी केंद्र केवल वैज्ञानिक के लिए ही नहीं, बल्कि सामाजिक-राजनीतिक जीवन के लिए भी मूलभूत महत्त्व के होते हैं, तथा उनका कार्यकलाप अक्सर विश्वव्यापी हो जाता है। अमरीका में वैज्ञानिक समुच्चयों द्वारा विश्व के विभिन्न क्षेत्रों के प्रत्येक संभव पक्ष का अध्ययन किया जा रहा है जिनके लिए वित्त की आपूर्ति राज्य तथा निजी परोपकारी कोषों द्वारा की जाती है। वैज्ञानिक सलाहकारों तथा विज्ञान राजनीतिज्ञों का एक विशेष तबका तैयार हो रहा है। कैंब्रिज से आने वालों में एक प्रोफेसर

हेनरी किसिंगर थे। ऐसे केंद्रों में विदेश नीति निकायों द्वारा उपयोग में लाई जाने वाली पद्धतियों के आधुनिकीकरण के कार्यक्रमों का प्रतिपादन संतांत्रिकी क्रिया-विधि की अंतिम धारणा के अनुसार किया जाता है। लिहाजा कोई आश्चर्य नहीं कि कैंब्रिज की बौद्धिक क्षमता के सामीप्य एवं उपलब्धता का उच्च मूल्यांकन किया जाता है। वह कच्चे माल के स्रोतों अथवा अर्ध-तैयार माल एवं कलपुर्जों के आपूर्तिकर्त्ताओं के सामीप्य से कहीं अधिक महत्त्वपूर्ण है। विज्ञान एवं पूँजी में इस सामीप्य का महत्त्व कम होने लगा है—परंतु इस पर आधारित सामग्री-प्रधान एवं तकनीक-प्रधान इलेक्ट्रानिक उत्पादन का नहीं।

एक और प्रकार का अमरीकी वैज्ञानिक केंद्र ऐसा है जिसमें द्वितात्विक अनुसंधान समुच्चय केवल घन विश्वविद्यालयों एवं वैज्ञानिक तथा तकनीकी फर्मों पर आधारित हैं। इनकी मिसाल पालो अल्टो (कैलिफोर्निया) तथा ऐन आर्बर (मिचिगन) हैं जो अनेक दृष्टि से कैंब्रिज की टक्कर के हैं। पालो अल्टो में स्टैनफोर्ड विश्वविद्यालय ने अपने इर्द-गिर्द 40 से अधिक फर्मों का समूह इकट्ठा कर लिया है। ऐन आर्बर ने अपने गठन की प्रक्रिया के साथ वैज्ञानिक एवं तकनीकी कारोबारों के कोई 24 फर्मों को एक साथ ला दिया जो मिचिगन विश्वविद्यालय पर निर्भर है।

तीसरे प्रकार के अनुसंधान समुच्चय की मिसाल वाशिंगटन डी.सी. है। इसके दो घटक हैं : सरकारी केंद्र तथा संश्रित वैज्ञानिक एवं तकनीकी फर्म। वाशिंगटन क्षेत्र में लगभग 100 ऐसे फर्म पाए जाते हैं जिनमें से अनेक की स्थापना भूतपूर्व सरकारी अधिकारियों ने की थी।

अंत में, चौथे प्रकार का समुच्चय मुख्यतया वैज्ञानिक एवं तकनीकी फर्मों तथा उनकी प्रयोगशालाओं तक सीमित है। इनके उदाहरण सान दियेगो (कैलिफोर्निया) तथा ओरलैन्दो (फ्लोरिडा) हैं, जहाँ प्रमुख वायु-अंतरिक्ष कंपनियाँ, और उनके साथ बड़ी संख्या में छोटे तकनीकी उपठेकेदार स्थित हैं।

अनुप्रयुक्त शोध एवं विकास कार्य में पूर्ण अथवा अपूर्ण 'वैज्ञानिक समुच्चयों' के निर्माण की प्रवृत्ति का प्रत्यक्ष असर नई वैज्ञानिक एवं तकनीकी उपलब्धियों को उत्पादन में लगाने तथा वैज्ञानिक एवं तकनीकी नव-प्रवर्तनों को कार्यान्वित करने की समस्या के समाधान पर पड़ता है।

आधुनिक वैज्ञानिक एवं उत्पादन समुच्चयों में, प्रविधि अंतरण समस्या का समाधान अक्सर प्रयोगशालाओं, विभागों एवं सहायक कंपनियों में नए विचारों का सहज प्रसार करके किया जाता है। इससे वैज्ञानिक एवं तकनीकी नव-प्रवर्तनों को तेजी से कार्यान्वित करने में मदद मिलती है।

शोध पार्कों के निर्माण से नए प्रकार के निजी उद्यमों की उत्पत्ति हुई है, जैसे कंपनियों के निर्माण के लिए कंपनियों की। मसलन, 6 जून 1946 को अमरीकी अनुसंधान एवं विकास निगम एक कारोबारी उद्यम के रूप में संगठित किया गया। इसका पंजीकरण निवेश प्रबंधन हेतु एक नियमबद्ध सीमित अविविध कंपनी के रूप में किया गया। अन्य निवेश कंपनियों के साथ इसके समान हित हैं जिनमें, 1962 में स्थापित कनाडा का उद्यम विकास निगम लिमिटेड, तथा 1963 में स्थापित योरपीय उद्यम विकास कंपनी शामिल हैं। पहली के 9 प्रतिशत तथा दूसरी के 7 प्रतिशत हित अमरीकी अनुसंधान एवं विकास निगम (ए. आर. डी. सी.) में हैं। इसका मुख्य काम नए एवं विद्यमान उद्यमों, उत्पादन प्रक्रियाओं अथवा प्रणालियों, व्यापारिक क्षमता के दृष्टिकोण से, अनुसंधान करना है तथा उस आधार पर स्थापित होने वाले उद्यमों अथवा संगठनों को पूँजी एवं प्रबंध विशेषज्ञता उपलब्ध कराना है। ए. आर. डी. सी. उत्पादों की नई प्रणालियों के उत्पादन एवं विपणन में अथवा तीसरी पार्टियों को ऋण देने में प्रत्यक्ष हस्तक्षेप नहीं करता। परंतु इसके पास स्टॉकों, बांड़ों इत्यादि में अपनी परिसम्पत्तियों का निवेश करने के असीम अधिकार हैं। कुछ स्थितियों में, वह अन्य कंपनियों पर अपना नियंत्रण भी स्थापित कर सकता है।

सातवें दशक के प्रारंभ में, ए. आर. डी. सी. की सहायता से ऐसी लगभग 30 कंपनियों की स्थापना हो चुकी थी, तथा इसकी संपत्ति का अनुमान 44 कंपनियों में 2 करोड़ 90 लाख डालर लगाया गया था। इन 44 कंपनियों में से एक कनाडा में और एक योरप में थी।[14] परंतु इनमें से अधिकांश कैम्ब्रिज वैज्ञानिक समुच्चय का हिस्सा है। 1969 के प्रारंभ में, ए. आर. डी. सी. के 7,605 स्टाक होल्डर थे, तथा इसकी कुल आमदनी 8,13,000 डालर से अधिक थी। व्यापार एवं विज्ञान जगत के अनेक प्रमुख प्रतिनिधियों से इसके मजबूत औपचारिक एवं अनौपचारिक संबंध थे।[15]

विविधतापूर्ण कारोबारों की परिधि के भीतर, उदग्र प्रविधि अंतरण बड़ी हद तक क्षैतिज अंतरण के अनुरूप हो जाता है। परंतु, व्यक्तिगत फर्मों के बीच नए विचारों का अंतरण अधिक कठिन होता है। इसका कारण पूँजीवादी प्रतियोगिता है जिसके लिए गोपनीयता, इत्यादि आवश्यक होती है।

इन बाधाओं पर काबू पाने की संभावन सीधे आवश्यक प्रारंभिक परिव्ययों एवं व्यापारिक प्रतिलाभ (परिणाम) के अनुपात पर निर्भर करती है और वह नव-प्रवर्तनों पर निर्भर करता है। स्वयं यह अनुपात फर्म के आकार पर निर्भर करता है। इ. मैन्सफील्ड ने सातवें दशक के अपने प्रारंभिक अध्ययनों में यह

प्रदर्शित किया था कि जहाँ नई यंत्र सज्जा (हार्डवेयर) एवं प्रौद्योगिकी सामान्यता कोयला, इस्पात, बियर, मद्यकरण तथा रेलवे जैसे उद्योगों में धीरे-धीरे तथा असमान रूप से प्रसारित होती है, वहाँ प्रसार की गतिशीलता किसी नए विचार की मुनाफे की संभावना का प्रत्यक्ष प्रकार्य तथा आवश्यक निवेशों की मात्रा का ह्रासोन्मुख प्रकार्य होती है। मैन्सफील्ड ने अमरीकी राष्ट्रीय विज्ञान प्रतिष्ठान से एक अनुबंध के तहत एक अध्ययन किया था जिससे प्रदर्शित हुआ कि फर्म का आकार तथा नव-प्रवर्तन की लाभप्रदता महत्त्वपूर्ण कारक होते हैं जिनके द्वारा यह निर्धारित होता है कि एक फर्म की तुलना में दूसरा फर्म कितनी तेजी से उस विचार को अपनाता है। पर्याप्त रूप से लाभदायक नव-प्रवर्तनों का खासे बड़े फर्म जी खोल कर समर्थन करते हैं।

औद्योगिक जासूसी की बाढ़ का मुकाबला करने के लिए फर्मों को बड़ी गोपनीयता से काम लेना पड़ता है और साथ ही, वैज्ञानिक एवं तकनीकी समन्वय भी कायम रखना पड़ता है—ठीक उसी तरह जिस तरह प्रतियोगिता स्वयं इजारेदारी की प्रवृत्ति के साथ, जो उसको जन्म देती है, अंतर्विरोधपूर्ण एकता में, कायम रहती हैं यह एक लाक्षणिक बात है कि अमरीकी वायु अंतरिक्ष उद्योग में समन्वयन के समानांतर, औद्योगिक सुरक्षा संस्था भी स्थापित की गई, और इसकी बैठकों में दर्जनों अमरीकी नगरों के निगमों के 2500 से अधिक प्रतिनिधि उपस्थित थे।

औद्योगिक अनुसंधान प्रबंधन में आजकल एक निश्चित प्रवृत्ति बीती घटनाओं को दोहराने की है। औद्योगिक संगुटिकाओं के विभागों की स्वायत्तता बढ़ रही है। इसका कारण यह है कि ज्यों-ज्यों कारोबार भौगोलिक दृष्टि से दूर-दूर फैलते तथा व्यापारिक आकार ग्रहण करते हैं, उनका एक केंद्र से प्रबंध करना अधिकाधिक कठिन होता जाता है। कंपनी प्रयोगशालाओं की बढ़ती हुई स्वायत्तता की प्रवृत्ति भी इसी सामान्य प्रवृत्ति का नतीजा थी। इस विकेंद्रीकरण का पर्याप्त सकारात्मक महत्त्व था। कारण यह कि इससे प्रबंधकों की पहल को छूट मिल गई तथा वे अधिक स्वाधीन हो गए, परंतु वहाँ भी नकारात्मक पहलुओं की संख्या सकारात्मक से अधिक निकली। केंद्रीय प्रबंधन इस निष्कर्ष पर पहुँचा कि इस तरीके को अपनाने के अनुसंधान कार्यकलाप सहित निगम का समूचा कार्यकलाप धीरे-धीरे उसके नियंत्रण से बाहर होता गया।

परिणामस्वरूप, पुनः केंद्रीकरण की बढ़ती हुई वस्तुनिष्ठ आवश्यकता उठ खड़ी हुई। इस केंद्रीकरण को नियंत्रण एवं सूचना इलेक्ट्रॉनिक कंप्यूटरों द्वारा अमल में लाया जा सकता था। इनका उपयोग निगमित क्रियाकलाप की प्रणाली

का प्रतिदर्श तैयार करने तथा उसको तय करने के लिए किया गया, तथा उनकी पारस्परिक पूरकता को इलेक्ट्रॉनिक कंप्यूटिंग प्रणालियों की परिधि के भीतर कारगर ढंग से साकार किया गया। इसका मूल प्रतिदर्श, मार्क-3, जनरल इलेक्ट्रिक ने 1970 के प्रारंभ में स्थापित किया था।

पूँजी का केंद्रीकरण एवं संकेंद्रण (और केवल वित्तीय रूप में नहीं, बल्कि पेटेंटों, लाइसेंसों तथा संचित वैज्ञानिक एवं तकनीकी सूचना के अन्य रूपों में भी) स्वयं वैज्ञानिक उत्पादन के संकेंद्रण का एक आधार है। उच्चतम सोपानिक स्तर पर, केंद्रीकरण तथा संकेंद्रण की प्रवृत्तियों की अभिव्यक्ति स्वयं पूँजीवादी राज्य द्वारा होती है।

दूसरी ओर, ज्ञान का निम्न-माल उत्पादन इजारेदाराना वैज्ञानिक उत्पादन के लिए स्थायी आधार एवं उपजाऊ बना रहता है। व्यापक अर्थ में, 'अन्वेषण का उद्योग'—जिसका प्रतिनिधित्व औद्योगिक शोध एवं विकास पर इजारेदारी रखने वाले मुट्ठी भर प्रमुख निगमों के हाथों में होता है—संकीर्ण अर्थ में 'अन्वेषण उद्योग' पर निर्भर करता है, जिसकी प्रतिनिधि बहुसंख्यक लघु एवं मझोली व्यापारिक प्रयोगशालाएँ, इंजीनियरिंग सलाहकार तथा इसी प्रकार के वैज्ञानिक एवं तकनीकी फर्म हैं। 'अन्वेषण-उद्योग' के भीतर इजारेदारियाँ प्रतियोगिता को समाप्त नहीं करतीं, बल्कि द्वन्द्वात्मक एकता की स्थिति में इनका सह-अस्तित्व कायम रहता है। इनमें से जो इजारेदाराना प्रतियोगिता में दिवालिया हो जाते हैं, उन्हें उनके अधिक सफल प्रतियोगी निगल जाते हैं, और उसका स्थान ऐसे नए फर्म लेते हैं जिन्होंने शोध एवं विकास के नव-प्रवर्तन को लागू करने में सफलता प्राप्त की है। केवल मझोले ही नहीं, बल्कि लघु उद्यम भी जो प्रतियोगिता की इस लड़ाई में तबाह हो जाते हैं और अपना कारोबार बंद कर देते हैं तथा अपने से बड़े एवं सफल निगमों द्वारा हड़प लिए जाते हैं, स्थिति के सुधरने पर पुनः उठ खड़े होते हैं तथा नई व्यावसायिक और शोध एवं विकास प्रयोगशालाओं द्वारा सहायता प्राप्त करते हैं। बड़े शोध एवं विकास कारोबारों का अस्तित्व बड़ी संख्या में उपठेकेदारों के बिना संभव नहीं।

परिणामस्वरूप, शोध एवं विकास को वित्त मुहैया करने में इजारेदारी एवं प्रतियोगिता, संकेंद्रण एवं विकेंद्रीकरण का सह-अस्तित्व होता है, यद्यपि इनकी अभिव्यक्ति, ठोस स्थितियों के अनुसार, विभिन्न रूपों में होती है। इसी प्रकार, वैज्ञानिक एवं उत्पादन क्षेत्र में राजकीयकरण तथा पुनः निजीकरण की प्रवृत्तियों का विरोधात्मक सह-अस्तित्व होता है, जो, दरअसल, एक दूसरे से शक्तियापन करती हैं।

लेकिन, समग्र रूप से, राजकीयकरण ही दिशा में धीरे-धीरे परिवर्तन हो रहा है। यह परिवर्तन समकालीन ऐतिहासिक प्रक्रिया की व्यापक प्रवृत्ति का प्रतिबिंब है—उस प्रवृत्ति का, जिसकी दिशा सामाजिक पुनः उत्पादन की क्रिया-विधि के बढ़ते हुए समाजीकरण की ओर है।

अमरीका में वैज्ञानिक ताने-बाने की रचना में विरोधात्मक प्रवृत्तियाँ निजी एवं सार्वजनिक वैज्ञानिक केंद्रों तथा संस्थानों के संयोजन में प्रतिबिंबित होती है—यद्यपि दोनों के बीच की रेखा बहुत कमजोर है। निजी औद्योगिक अनुसंधान तथा औद्योगिक पार्क केवल एक ऐसी धरती पर जन्म लेते हैं जिसे नई प्रौद्योगिकी के प्रारूपण तथा विकास के लिए सरकारी ठेकों द्वारा खूब सींचा गया हो। जहाँ तक राज्य का संबंध है, वह मिले-जुले ढंग के अर्द्ध-सरकारी संगठनों की स्थापना करके शोध एवं विकास में निजी उद्यम को प्रोत्साहित करने में कोई कसर उठा नहीं रखता।

इसका एक प्रमुख ताजा नमूना संघीय वित्त प्राप्त शोध एवं विकासकेंद्र (एम. एफ. आर. डी. सी.) हैं, जिन्हें करदाताओं के पैसों से स्थापित किया गया है, परंतु जो केवल संघीय एजेंसियों के ठेके के तहत काम करते हैं। उनका प्रशासन सरकार एवं निजी विश्वविद्यालयों तथा औद्योगिक निगमों, दोनों, द्वारा सामान्यतः लाभ-निरपेक्ष आधार पर किया जाता है। इन्हें लाभ-निरपेक्ष संगठनों के प्रवर्ग में रखा गया है तथा इनमें प्रथम श्रेणी के अनुसंधानकर्मी (अन्य अनुसंधान संस्थाओं की तुलना में अधिक वेतन पर), उत्तम प्रयोगशालाएँ एवं उपकरण होते हैं। अनुसंधान केंद्रों के बजट में वर्ष-प्रति-वर्ष वृद्धि होती रही है। 1975 में, यह बजट शोध एवं विकास को वित्त मुहैया करने में संघीय प्रतिबद्धताओं का 8.9 प्रतिशत था, क्योंकि इन्हें अमरीका में वैज्ञानिक क्रियाकलाप को विकसित करने में एक महत्त्वपूर्ण भूमिका अदा करनी है।[16] संघीय वित्तीय सहायता-प्राप्त ठेका-अनुसंधान केंद्रों की हैसियत अधिकाधिक महत्त्वपूर्ण 'वेल्ट गियर' की है जिनकी दौड़ अत्यंत आवश्यक कार्यक्रमों की त्वरित पूर्ति के लिए सरकारी एजेंसियों से विश्वविद्यालयों एवं औद्योगिक निगमों के वैज्ञानिक संसाधनों तक बराबर जारी रहती है।

सोवियत संघ में विज्ञान के ताने-बाने का प्रसार

सोवियत संघ में, वैज्ञानिक केंद्रों एवं संस्थानों के ताने-बाने की रचना स्वतः स्फूर्त रूप में नहीं हुई है। वह निजी उद्यमों की परस्पर क्रिया का परिणाम नहीं। बल्कि यह एक निश्चित नीति का नतीजा है जो देश भर में उत्पादक

शक्तियों के अत्यंत संतुलित विकास एवं अवस्थापन के लिए सरकारी कार्रवाइयों की एक शृंखला में अभिव्यक्त हुई। इस नीति के सिद्धांतों का उल्लेख लेनिन ने 1918 में ही अपनी प्रसिद्ध 'वैज्ञानिक एवं तकनीकी कार्य की योजना का प्रारूप' में किया था।

उनका सुझाव था कि विज्ञान अकादमी को, जिसने देश की उत्पादक शक्तियों का व्यवस्थित अध्ययन शुरू किया था, सर्वोच्च आर्थिक परिषद् द्वारा अविलंब आदेश दिया जाना चाहिए कि वह सबसे पहले "रूस में उद्योग के युक्तिसंगत **वितरण** का, कच्चे मालों की निकटता की दृष्टि से, एवं कच्चे मालों के विधायन से अर्धनिर्मित मालों के विधायन की सभी उत्तरवर्ती अवस्थाओं तक, तथा निर्मित उत्पाद तक और उसकी पैदावार सहित, संक्रमण में श्रम शक्ति के निम्नतम उपभोग की दृष्टि से' अध्ययन करें।[17] हम देखते हैं कि संसाधनों के अध्ययन में तथा उनको अधिकार में लाने में, और अत्यंत किफायत के साथ उद्योग को विकसित करने में लेनिन ने मूल भूमिका विज्ञान को प्रदान की थी। गोएलरो—रूस के बिजलीकरण की राजकीय योजना तैयार करने में, कोला प्रायद्वीप में अपाटाइट के भंडारों की, तातार जनतंत्र में प्रमुख तेल भंडारों की, खोज करने इत्यादि में विज्ञान अकादमी ने बड़ा काम किया।

सोवियत राज्य ने, जिसे कोई अनुभव प्राप्त नहीं था, मूल आर्थिक समस्याओं का वैज्ञानिक प्रतिपादन करने, शोध कार्य की सबसे संभावनापूर्ण प्रणायियों के विकास को संगठित करने, शोध एवं विकास कार्य की व्यवस्था करने तथा अत्यंत कुशल विशेषज्ञों को प्रशिक्षण देने का प्रयास किया।

प्रमुख वैज्ञानिकों के सहयोग से उसने सर्वप्रथम विज्ञान के निर्देशन के लिए एजेंसियों की एक व्यवस्था गठित की। इन एजेंसियों ने अकादमिक संस्थानों तथा उच्च शिक्षा के संस्थानों के विद्यमान ताने-बाने को विकसित करते हुए क्षेत्रीय समस्या-प्रकार संस्थानों के एक नए ताने-बाने की स्थापना पर जोर दिया।[18] रूस में क्रांति से पहले इस प्रकार की कोई संस्था नहीं थी। अतः, सोवियत संघ में अनुप्रयुक्त अनुसंधान ने बड़ी हद तक बुनियादी अनुसंधान से 'प्रचक्रित' रूप में जन्म लिया। इस प्रकार विज्ञान तथा व्यवहार के बीच की खाई को, जो क्रांति-पूर्व रूस की लाक्षणिकता थी, पाटा गया।

लेकिन, सोवियत वैज्ञानिक ताने-बाने की रचना का 'सांचा' चूँकि विज्ञान अकादमी द्वारा मुहैया किया गया था, इसलिए सोवियत संघ में, समग्र रूप से, विज्ञान के संगठन पर, उसकी छाप रह गई, तथा मौलिक विज्ञान के विकास में उसने विशेष भूमिका अदा की।

एक अर्थ में, यह कहा जा सकता है कि पूरे सोवियत विज्ञान का संगठन अकादमिक प्रणाली पर हुआ है।[19] इस प्रणाली की आधारशिला, सोवियत विज्ञान अकादमी, बुनियादी अनुसंधान के मुख्य स्रोत तथा देश के मुख्य वैज्ञानिक केंद्र के प्रकार्यों को और साथ ही–सोवियत संघ की मंत्रिपरिषद् की विज्ञान एवं प्रविधि राज्य समिति तथा सोवियत संघ की राज्य योजना समिति के अतिरिक्त–सोवियत राज्य की एक मुख्य वैज्ञानिक एवं राजनीतिक एजेंसी के प्रकार्य को भी संयोजित करती थी। सोवियत संघ की कम्युनिस्ट पार्टी की 25वीं कांग्रेस में पार्टी की केंद्रीय समिति की रिपोर्ट में कहा गया : "पार्टी की नीति प्रमुख विज्ञानों और इसके प्रधान कार्यालयों, विज्ञान अकादमी के...संवर्धन के प्रति अथक रूप से ध्यान देते रहने की है। इसी अकादमी में हमारे विज्ञान की विभूतियाँ–वैज्ञानिक विचारधाराओं और प्रवृत्तियों के अत्यंत अनुभवी संस्थापक और ज्ञान के शिखरों तक नया पथ प्रशस्त करने वाले अत्यंत प्रतिभाशाली तरुण वैज्ञानिक संकेंद्रित हैं। पार्टी अकादमी के कार्य का उच्च मूल्यांकन करती है और सैद्धांतिक अनुसंधान केंद्र के रूप में तथा देश में हो रहे संपूर्ण वैज्ञानिक कार्य के समन्वयकर्ता के रूप में इसकी भूमिका बढ़ाएगी।"[20]

विद्यमान एवं पुनः-प्रतिरूपित विज्ञान संस्थानों के लिए संपूर्ण संयंत्र वैज्ञानिक एवं तकनीकी प्रगति हेतु भौतिक व तकनीकी सहायता का एक महत्त्वपूर्ण रूप है। बढ़ते हुए पैमाने पर अनुसंधान तथा क्षेत्रीय विज्ञान केंद्रों के निर्माण के साथ क्षेत्रीय उत्पादक शक्तियों के विकास में निवेश की, तथा नवोसिबिर्स्क एवं क्रासनोयार्स्क केंद्रों में, ओबनिन्स्क तथा अन्य विज्ञान नगरों में लक्ष्य से जुड़े वैज्ञानिक कार्यक्रमों की आवश्यकता काफी बढ़ गई है।[21]

उराल, सोवियत सुदूर पूर्व तथा उत्तरी काकेशस में जो नए विज्ञान केंद्र स्थापित किए गए हैं उनमें उत्तरी काकेशस के केंद्रों की अपनी संरचनात्मक विशेषताएँ हैं।

अब तक होता यह आया है कि सोवियत संघ की विज्ञान अकादमी और उसकी शाखाएँ तथा बाद में जनतंत्रीय और आंशिक रूप से क्षेत्रीय अकादमियों (जैसे अखिल-संघीय कृषि विज्ञान अकादमी) के संस्थान ही मुख्यतया सोवियत विज्ञान केंद्रों की स्थापना में संरचना-निर्माण तत्व मुहैया करते रहे हैं। परंतु अकादमिक संस्थानों के ताने-बाने के विकसित हो जाने के साथ, ये संस्थान अन्य वैज्ञानिक संस्थानों से, सर्वप्रथम उच्चतर शिक्षा के संस्थानों से, अत्यंत कुशल अनुसंधानकर्मियों को, अधिक से अधिक संख्या में अपनी ओर खींचने लगे। निश्चय ही, शिक्षा प्रकार्य तथा अनुसंधान प्रकार्य की एक

दूसरे से अलहदगी कभी भी निरपेक्ष नहीं रही है। सोवियत उच्च विद्यालयों के शिक्षक लगभग अपना आधा समय अनुसंधान में लगाते हैं। दूसरी ओर, विज्ञान अकादमियों के वैज्ञानिक स्नातकोत्तर छात्रों को प्रशिक्षित करने, लैक्चर देने, सलाह देने, गोष्ठियों के आयोजन इत्यादि के लिए बहुत कुछ करते हैं। परंतु अनुसंधान एवं शिक्षण का अभिन्न संयोजन, जो वर्तमान वैज्ञानिक एवं तकनीकी क्रांति का तकाजा है, अभी तक पर्याप्त पैमाने पर नहीं हो सका है। उच्चतर विद्यालयों की वैज्ञानिक क्षमता को उस दर्जे तक ऊँचा करने की समस्या, जहाँ तक उसका उपयोग किया जाता है (विशेषज्ञ कर्मियों के प्रशिक्षण के स्तर को ऊँचा करने के साथ-साथ) उच्चतर विद्यालय सम्मिश्र विज्ञान केंद्रों द्वारा हल की जा रही है। ये केंद्र सोवियत संघ के विभिन्न भागों में स्थापित किए जा रहे हैं।

सम्मिश्र एवं विशेषीकृत विज्ञान केंद्रों से भली-भाँति प्रकट होता है कि वैज्ञानिक एवं तकनीकी प्रगति के सांचे के भीतर उदग्र एवं क्षैतिज कड़ियाँ परस्पर संबंधित हैं। विज्ञानों के बीच संपर्क जितने सन्निकट होंगे, तकनीकी प्रौद्योगिकी अवस्था में जटिल समस्याओं के समाधान के लिए उनकी समाकलित उपलब्धियों का इस्तेमाल उतना ही अधिक सफल होगा। इस क्षेत्र में बहुमूल्य अनुभव संघीय जनतंत्रों की विज्ञान अकादमियों में प्राप्त किया गया है। उदाहरण के लिए, लाटवियाई जनतंत्र की विज्ञान अकादमी में संविदात्मक शोध एवं विकास परियोजनाएँ कुल व्यय के 15 प्रतिशत के बराबर हैं, तथा उक्राइनी एवं बेलोरूस की विज्ञान अकादमियों में लगभग 30 प्रतिशत के बराबर।[22] इस प्रकार अरैखिक अवकल समीकरणों (नान लीनियर डिफेरेनशल ईकुएशनों) के सिद्धांत में एवं अरैखिक कंपन (नान लीनियर वाइब्रेशन) के सिद्धांत के अनुसंधान में अग्रणी स्थान प्राप्त उक्राइनी गणितज्ञ, विद्युत प्रतिरूपण द्वारा अनुप्रयुक्त गणित की समस्याओं के समाधान की पद्धतियों पर सफलता- पूर्वक काम कर रहे हैं। कुछ भौतिकी, रासायनिक एवं जीव वैज्ञानिक प्रक्रियाओं के इलेक्ट्रॉनिक कंप्यूटर प्रतिरूपणों से ज्ञान के इस क्षेत्र के विकास की गति को तेज करने में उल्लेखनीय सहायता प्राप्त होती है। इसी के साथ, चौथी एवं उसके आगे की पीढ़ियों के इलेक्ट्रॉनिक कंप्यूटरों का विकास विज्ञान तथा व्यवहार दोनों के लिए अत्यंत महत्त्वपूर्ण होता है।

विश्व सागर में खाद्य एवं कच्चे माल के संसाधनों का अध्ययन उक्राइनी विज्ञान अकादमी के सागर विज्ञानियों, भूविज्ञानियों एवं भूभौतिकविदों ने संयुक्त रूप से किया है। उदग्र एवं क्षैतिज, दोनों दृष्टियों से इन अध्ययनों का स्वरूप

अधिकाधिक जटिल होता गया है। भूमंडल के विज्ञान एक दूसरे को समृद्ध करने के अलावा, समाज को अपनी भौतिक संपदा बढ़ाने में मदद देते हैं : समुद्रतल से तेल के प्रमाणित भंडार द्वारा धरती पर अन्वेषित तेल भंडारों की मात्रा में 50-100 प्रतिशत वृद्धि हुई है। सातवें दशक के उत्तरार्द्ध में, जार्जियाई विज्ञान अकादमी के संस्थानों द्वारा 250 अनुप्रयुक्त अनुसंधान परियोजनाएँ संपन्न हो चुकी थीं। इनमें 21 सबसे महत्त्वपूर्ण परियोजनाओं को जार्जिया में तथा अन्य स्थानों पर कार्यान्वित किया जा चुका है।

अकादमिक 'सांचे' (विज्ञान अकादमी—उच्चतर विद्यालय) के अनुसार विज्ञान केंद्र के ताने-बाने के निर्माण का कारण यह है कि मौलिक अनुसंधान में लगे हुए वैज्ञानिकों में आत्म-संगठन के लिए एक प्रकार की 'अंतः प्रेरणा' रहती है। आत्म-संगठन की प्रवृत्ति, जो आधारिक अनुसंधान की बनावट में ही गहन रूप से निहित होती है, इस प्रकार के वैज्ञानिक कार्यकलाप की परिधि के बाहर पहुँच जाती है और अनुप्रयुक्त अनुसंधान तथा, समग्र रूप से, वैज्ञानिक ज्ञान के उत्पादन में अधिकाधिक प्रवेश करने लगती है। इसको प्रोत्साहन मिलता है वैज्ञानिक क्रियाकलाप में आधारिक अनुसंधान की अग्रणी भूमिका से। यह भूमिका उसे सर्वप्रथम सूचना में अदा करनी होती है। इसे ब्रह्मांड के मूल नियमों के बारे में वैज्ञानिक सूचना का अविरक्त प्रवाह मुहैया करना होता है। इससे यह तार्किक नतीजा निकलता है कि आधारित अनुसंधान को विज्ञान के संगठन एवं प्रशासन में भी नेतृत्वकारी भूमिका अदा करनी है। विज्ञान-प्रौद्योगिकी समुच्चय एवं विशेषीकृत केंद्रों को (इनके साथ, विज्ञान के कुछ छात्र विज्ञान-उत्पादन केंद्रों को भी जोड़ लेते हैं) दोहरा कार्य पूरा करना होता है। एक ओर, वे सारे देश में विज्ञान के अधिक समान अवस्थापन तथा, परिणामस्वरूप, इसकी उत्पादक शक्तियों के अधिक गूढ़ विकास को सुनिश्चित करते हैं। दूसरी ओर, इस प्रकार के समुच्चय एवं विशेषीकृत केंद्र, जैसे मास्को के निकट ओबनिन्सक, झुकोव्स्की, जेलिनोग्राद तथा रीगा के निकट सलास्पिल्स में स्थित हैं, मध्यस्थ अनुप्रयुक्त तत्वों के जरिए उत्पादन को मौलिक ज्ञान के अविरक्त अंतरण के लिए ढाँचा मुहैया करते हैं। फिर यह भी उतनी ही महत्त्वपूर्ण बात है कि एक साथ अनुसंधान, प्रशिक्षण तथा शिक्षा का संगम होता है। इस प्रकार, विज्ञान केंद्रों के ताने-बाने से 'प्रौद्योगिकी अंतरण' की समस्या, उदग्र एवं क्षैतिज दोनों तरह से, हल करने में मदद मिलती है।

औद्योगिक केंद्र और नव-प्रवर्तन

नए विचारों को वैज्ञानिक एवं तकनीकी विलक्षणताओं में रूपांतरित करने के कार्य को क्षेत्रीय तथा अन्य अनुप्रयुक्त अनुसंधान संस्थानों और प्रारूपण कार्यालयों, औद्योगिक प्रयोगशालाओं, वैज्ञानिक प्रारूपण उपविभागों, बड़े उद्यमों (उरालमश कारखाना, और गोर्की, वोल्शस्की एवं कामामोटर कारखाना), कम्बाइनों तथा विज्ञान-उत्पादन एंव उत्पादन संघों के व्यापक ताने-बाने द्वारा पूरा किया जांता है। समाजवादी क्रांति के पूर्व देश में इस तरह की कोई चीज नहीं थी तथा यह मानना पड़ेगा कि इस ताने-बाने की स्थापना सोवियत संघ में वैज्ञानिक क्रियाकलाप की आधुनिक संरचना के उद्देश्यपूर्ण नियोजित विकास का एक बुनियादी कार्य है।

मौलिक अनुसंधान के संगठन की अकादमिक व्यवस्था के साथ, सोवियत संघ में अनुप्रयुक्त शोध संस्थानों के ताने-बाने का भी व्यापक विकास हुआ है। दोनों का एक दूसरे से गहरा संबंध है। सोवियत विज्ञान के मौलिक आधार की स्थापना एवं उसके सुदृढ़ीकरण के बाद यह अत्यंत आवश्यक हो गया था कि अनुप्रयुक्त अनुसंधान के उचित आधार के रूप में इसका पूरक, अर्थतंत्र के विभिन्न क्षेत्रों में शोध एवं विकास नव-प्रवर्तनों के संगठन के एक आवश्यक तत्व के रूप में, स्थापित किया जाए। पाँचवें और छठे दशकों में, जनतंत्रीय एवं क्षेत्रीय अकादमियों के ताने-बाने की स्थापना मुख्यतया पूरी हो चुकी थी, तथा सातवें दशक में क्षेत्रीय अनुप्रयुक्त अनुसंधान संस्थानों का ताना-बाना व्यापक पैमाने पर विकसित किया गया जिसमें सोवियत संघ के लगभग आधे वैज्ञानिक कर्मी काम करते थे।

क्षेत्रीय शोध एवं विकास संस्थान विभागों एवं आर्थिक परिषदों के मातहत थे। परंतु, इन्होंने अक्सर ऐसी संस्थाओं की संख्या में केवल विज्ञान की दृष्टि से ही नहीं, बल्कि प्रतिष्ठा के ख्याल तथा ऐसे ही अन्य विचारों से भी वृद्धि की। और ऐसा करते समय न तो उनकी उत्तम गुणात्मक संरचना एवं उत्पादकता की ओर उचित ध्यान दिया और न इस बात की ओर कि उनमें संबंधित क्षेत्रों की वास्तविक ज्वलंत समस्याओं से निबटने की वास्तविक क्षमता है भी या नहीं। नतीजा यह हुआ कि अनुप्रयुक्त अनुसंधान संस्थानों का यह ताना-बाना जो दूर-दूर तक फैला हुआ था, सैद्धांतिक विज्ञान से उत्पादन क्रिया तक एक विश्वस्त पुल बनाने में असमर्थ रहा और यहाँ-वहाँ के कुछ अत्यंत उत्पादक संस्थान इस संपूर्ण चित्र को बदलने की दिशा में कुछ नहीं कर रहे। यही कारण है कि इस खाई को पाटने के उद्देश्य से, आधुनिकतम वैज्ञानिक एवं तकनीकी

उपलब्धियों के विकास तथा इंजीनियरिंग निर्माण के लिए एक अत्यंत कुशल व्यवस्था की स्थापना की जरूरत पड़ी।

आठवाँ दशक सोवियत विज्ञान संगठन व्यवस्था की संतुलित रचना में एक नई मंजिल का द्योतक है। इसमें सबसे महत्त्वपूर्ण चीज वैज्ञानिक एवं तकनीकी नव-प्रवर्तन की अंतिम अवस्था, विकास एवं इंजीनियरिंग निर्माण की अवस्था थी।

मैं जैसा कि पहले कह चुका हूँ, विकास एवं इंजीनियरिंग (अभियांत्रिकी) अवस्था में लागत में भारी वृद्धि हो जाती है। यही कारण है कि सांगठनिक कार्रवाइयों से वास्तविक नतीजे तभी निकलेंगे जब वे आर्थिक उपकरणों पर आश्रित हों। सोवियत संघ की कम्युनिस्ट पार्टी की केंद्रीय समिति तथा सोवियत संघ की मंत्रिपरिषद द्वारा 2 मार्च 1973 को जारी की गई आज्ञप्ति संख्या 139 में कहा गया था कि देश में आर्थिक कुशलता निर्धारित करने की कार्य-विधियों का एक ही नमूना होना चाहिए जिसमें उद्यमों के योजना लक्ष्यों को ठीक करने की संभावना का भी प्रबंध मौजूद हो। उसमें कहा गया था कि क्षेत्रीय आधार पर नई प्रौद्योगिकी विकसित करने के लिए केंद्रीकृत कोषों की स्थापना के साथ-साथ, विज्ञान के ताने-बाने के संगठन की पुनः संरचना होनी चाहिए। विद्युत प्रौद्योगिकी (इलेक्ट्रोटैक्नीकल) तथा बाद में अन्य कई उद्योगों में प्राप्त अनुभव को ही ले लीजिए। यहाँ ऐसे कोषों का आकार पूरी तरह मंत्रालय द्वारा अर्जित मुनाफों से जुड़ा है। क्षेत्रीय शोध संस्थानों के बजट का एक तिहाई से अधिक भाग केंद्रीकृत कोषों द्वारा पूरा किया जाता है। इन कोषों की स्थापना के समानांतर, क्षेत्रीय शोध संस्थानों से संबद्ध तथा छोटे संस्थानों को, जो पूरे देश में फैले हुए हैं, प्रत्यक्ष रूप में संबंधित उद्यमों के अधीन बना दिया गया। स्वयं क्षेत्रीय शोध संस्थानों के हाथों में निकटवर्ती संयंत्रों का नियंत्रण दे दिया गया। यही संयंत्र उनका उत्पादन आधार बने। इससे संस्थानों एवं संयंत्रों के बीच कृत्रिम बाधा को पर्याप्त हद तक दूर करने तथा वैज्ञानिक एवं तकनीकी प्रगति को तेज करने में सहायता मिली। विद्युत-तकनीकी, तेल तथा कुछ अन्य उद्योगों में शोध संस्थानों को उनके संबंधित प्रारूपण, विकास एवं प्रौद्योगिकी संगठनों तथा प्रायोगिक संयंत्रों के साथ **समुच्चय संस्थानों** के घटक अंग के रूप में मिला दिया गया। विद्युत-तकनीकी उद्योग में ऐसे 20 से अधिक संस्थानों कोष मुहैया किया गया तथा शोध एवं विकास को वित्त प्रदान करने एवं परियोजनाओं की पूर्ति का नियंत्रण करने का अधिकार दिया गया। वे प्रमुख प्रणालियों के अनुसार वैज्ञानिक एवं तकनीकी

निर्देशन का काम करते हैं, नई यंत्र-सज्जा एवं प्रौद्योगिकी का नियोजन करते तथा 'नए उत्पादों के अनुसंधान विकास-इंजीनियरिंग-निर्माण' चक्र की सभी अवस्थाओं को जोड़ने में सहायता देते हैं। उसकी प्राप्ति नमूने के आदेश पत्र जारी करके होती है। इन आदेश पत्रों द्वारा विषय के सभी विकासकर्त्ता तथा कार्यकर्त्ताओं का तथा नए उत्पाद के निर्माताओं का उल्लेख होता है, तथा विभिन्न अवस्थाओं में एवं संपूर्ण रूप से लागत का मूल्यांकन दिया जाता है। ये समुच्चय संस्थान अत्यंत नमनीय होते हैं तथा इस योग्य होते हैं कि अपने सांगठनिक संबंधों की पुनः रचना कर सकें, ठोस वैज्ञानिक एवं तकनीकी समस्याओं से निबटने तथा लक्ष्यबद्ध कार्यक्रमों को संपन्न करने के लिए वैज्ञानिकों, इंजीनियरों तथा तकनीशियनों के समाकलित दल बना सकें। इससे यह संभव होता है कि नई मशीनरी, उपकरण तथा प्राविधिक प्रक्रियाओं को विकसित करने और उत्पादन में लागू करने में जो समय लगता है उसमें आधे की तथा उससे भी अधिक की कमी की जाए।[23] नई व्यवस्था के अंतर्गत ढाई वर्ष के परिश्रम से, विद्युत उष्मीय उपकरण के अनुसंधान के अखिल संघीय संस्थान ने तैयार परियोजनाओं को जारी करने के समय में औसतन 4 महीने की तथा संपूर्ण निर्माण चक्र में 27 प्रतिशत तक की कमी कर दी। 1968 से 1971 तक, अनुसंधान तथा मौलिक कार्य का अंश 10 प्रतिशत से बढ़कर 19 प्रतिशत हो गया तथा पूरे मंत्रालय के लिए महत्त्वपूर्ण, बहु-क्षेत्रीय विषयों का अंश 7.7 प्रतिशत से 17 प्रतिशत तक बढ़ गया। उतने ही उच्च परिणाम मास्को में स्थित ई. एन. आई. एम. एस. समुच्चय संस्थान द्वारा मशीन टूल निर्माण में प्राप्त किए गए हैं। यह संस्था स्तांकोकंसत्रुक्तसिया प्रयोगात्मक कारखाने को लेकर एक संपूर्ण इकाई बनती है।

लि. इ. ब्रेझनेव ने इस बात पर बल दिया था कि वैज्ञानिक एवं तकनीकी प्रगति को तेज करने के लिए उद्योग को संगठित करने के रूपों का सुधार करना, तथा कहिए, इस प्रकार के उत्पादन तंत्र कायम करना, जो समय की आवश्यकताओं के अनुकूल हों, महत्त्वपूर्ण है। इसका तात्पर्य है कि स्वयं उद्योग में शोध एवं विकास का काफी विस्तार किया जाए, उद्यमों में डिजाइन ब्यूरो, साधन-युक्त प्रायोगिक आधार कायम किया जाए, तथा उद्योग में बड़ी संख्या में अनुसंधानकर्मियों को लाया जाए। स्वभावतः, केवल वृहत समामेलन एवं कम्बाइन ही इस कार्य को संपन्न कर सकते हैं जो उनकी स्थापना को विशेष रूप से सामयिक बना देता है। अनेक स्थितियों में, उत्तम नतीजे शोध संस्थाओं को उद्यमों के साथ विलयित करके तथा शक्तिशाली विज्ञान-उत्पादन समुच्चयों

का निर्माण करके प्राप्त किए जा सकते हैं।[24]

इसी के अनुसार, अखिल संघीय तथा जनतंत्रीय औद्योगिक संघों (एसोसिएशनों) के संबंध में सामान्य संविधि में वैज्ञानिक एवं तकनीकी प्रगति के क्षेत्र में संघों के निम्नलिखित अधिकारों एवं दायित्वों का उल्लेख किया गया है :

संघ का दायित्व है कि क्षेत्र (उपक्षेत्र) के विकास में मूल समस्याओं का वैज्ञानिक एवं तकनीकी पूर्वानुमान करे अथवा उनके प्रतिपादन में हाथ बंटाए, और इस सिलसिले में अनुसंधान, विकास, इंजीनियरिंग तथा प्रौद्योगिकी काम तथा मानकीकरण एवं एक्यबद्धता के काम के लिए इन प्रक्षेपों के तकनीकी-आर्थिक सूचकांकों का उपयोग करें;

स्थापित प्रबंधन कार्य-विधियों के अनुसार, संपूर्ण संघ के ढाँचे के भीतर, संघ अनुसंधान की तथा वैज्ञानिक एवं तकनीकी उपलब्धियों के उपयोग की दीर्घकालिक एवं वार्षिक योजनाएँ तैयार तथा स्वीकृत करेगा;

उत्पादन के तकनीकी स्तर को ऊँचा करने तथा तैयार उत्पाद की गुणात्मकता को अच्छे से अच्छा बनाने के उद्देश्य से, संघ स्वयं अपने आप तथा अन्य संघों एवं संगठनों के सहयोग से अनुसंधान, विकास एवं प्रौद्योगिक परियोजनाएँ चालू करेगा, उत्पादों, पदार्थों, यंत्रीकरण एवं स्वचालन के साधनों की नई प्रणालियों के अभियंत्रण तथा निर्माण हेतु काम करेगा, यंत्र सज्जा एवं उत्पादन क्रिया-विधियों को सुधारने का प्रयास करेगा, वैज्ञानिक आधार पर श्रम का संगठन करेगा तथा वैज्ञानिक एवं तकनीकी कार्यों के पूरे चक्र की सम्मिश्र पूर्ति को संपन्न करेगा;

संघ का बोर्ड (समिति) ऐसे कार्रवाईयों को अमल में लाएगा जिससे शोध एवं विकास की कुशलता में वृद्धि हो। वह आवश्यक प्रयोगात्मक उत्पादन सुविधाओं के निर्माण हेतु कदम उठाएगा तथा स्वीकृत योजनाओं के अनुरूप विदेशों के साथ वैज्ञानिक एवं तकनीकी सहयोग स्थापित करेगा।[25]

विज्ञान-उत्पादन समुच्चय विज्ञान एवं उत्पादन के संयोजन का सर्वाधिक प्रगतिशील रूप है। जिनकी उत्पत्ति स्वयं जीवन द्वारा हुई है। ऐसे समुच्चय (संघों) में प्रयोगात्मक, औद्योगिक अथवा कृषि उत्पादन के साथ अनुसंधान, प्रारूपण, विकास संबंधी तथा अन्य संगठन शामिल हो सकते हैं।[26]

एक संगठन—विज्ञान-उत्पादन संघों—के ढाँचे के भीतर शोध संस्थानों तथा संयंत्रों के समामेलन से एक अत्यंत कठिन समस्या को हल करने में सुविधा होती है। और वह है, विविध उद्यमों एवं विभागों के बीच के अवरोध

को दूर करने की समस्या। संघों का कर्तव्य है कि एक संगठन से दूसरे तक—शोध संस्थानों एवं प्रारूपण कार्यालयों से प्रयोगात्मक संयंत्रों तक, तथा वहाँ से खेप उत्पादन के लिए उद्योग तक—तकनीकी-आर्थिक दस्तावेजों के अंतरण के समन्वयन में समय की बचत करें।[27] विज्ञान-उत्पादन संघों के भीतर, उत्पादन का संकेन्द्रन पूर्णतः निर्धारित विशेषीकरण के आधार पर होता है। संघों के प्रधान बहुधा शोध संस्थाओं के निर्देशक होते हैं, तथा तकनीकी नीति एवं संघ के कार्य-कौशल को तय करने में निर्णायक भूमिका संयंत्र को नहीं, बल्कि संस्थान को अदा करनी होती है।

विज्ञान-उत्पादन संघ उत्पादन संघ का एक रूप है, जिसमें अनुसंधान, डिजाइन अथवा विकास संगठन का प्रकार्य प्रमुख है। एक ही समुच्चय के भीतर अनुसंधान प्रतिष्ठानों एवं उद्यमों के इस प्रकार के विलयन में वैज्ञानिक एवं तकनीकी विचारों को उत्पादन में प्रवेश करने का छोटा रास्ता मिल जाता है, तथा एक उन्नत वैज्ञानिक- सांगठनिक आधार पर उत्पादन को संकेंद्रित तथा भौतिक एवं वित्तीय संसाधनों को केंद्रीकृत करने में सुविधा होती है। सोवियत संघ में प्रथम विज्ञान-उत्पादन संघों की उत्पत्ति विज्ञान-प्रधान उद्योगों में—रेडियो इलेक्ट्रॉनिक्स तथा रसायन में—ल्वोव तथा लेनिनग्राद में, सातवें दशक में हुई।

उनका मुख्य कार्य है, अनुसंधान की अवस्था से लेकर नई यंत्र सज्जा (प्रविधि) की अभियांत्रिकी तथा उनके खेप उत्पादन तक की वैज्ञानिक एवं तकनीकी समस्याओं का एक सम्मिश्र समाधान सुनिश्चित करना।

पूरे उद्योग में उत्पादन के वैज्ञानिक एवं तकनकी स्तर की तथा उसके उत्पादों की जिम्मेदारी विज्ञान-उत्पादन संघों की होती है। वही उद्योग के संगठनों, संघों एवं उद्यमों के लिए निर्धारित विशेषीकरण के अनुसार अनुसंधान, विकास तथा प्रौद्योगिक कार्यों में समन्वय स्थापित करते हैं। विज्ञान-उत्पादन संघों के काम हैं : विज्ञान एवं प्रौद्योगिकी का संतुलित विकास सुनिश्चित करना, नई यंत्र सज्जा के विकास, निर्माण तथा उपयोग की सभी अवस्थाओं के स्थिर प्रवाह में तालमेल बैठाना, इस प्रक्रिया की अलग-अलग अवस्थाओं के बीच यदि कोई सांगठनिक विसंगति हो तो उसको दूर करना।

1976 के प्रारंभ में, सोवियत संघ में 2300 में अधिक उत्पादन एवं विज्ञान-उत्पादन संघ थे। अकेले लेनिनग्राद में उनकी संख्या कई दर्जन थी। किसी भी नए काम को शुरू करने में जिस तरह की कठिनाइयाँ पेश आती हैं, उनके कारण विज्ञान एवं उत्पादन के इस प्रकार के विलयन की तेज प्रगति

में रुकावट पैदा हुई। विज्ञान-उत्पादन संघों के लिए एक मानक संविधि की स्वीकृति से नियोजन एवं आर्थिक एजेंसियाँ इस प्रकार के विलयन के विशेष लक्षणों की ओर उचित ध्यान देने तथा उनके सूचकों की एक स्वतंत्र व्यवस्था लागू करने में समर्थ हुई।[28]

खेप उत्पादन तकनीकी नव-प्रवर्तनों के प्रयोगों को अनिवार्य रूप से रोकता है (और यह बात लेनिनग्राद तथा इलैक्ट्रोसीला वर्क्स जैसे वृहत उत्पादन संघ के लिए भी सही है)। विज्ञान-उत्पादन संघों के विशेष लक्षणों के मद्देनजर, अनेक मंत्रालयों ने बड़े पैमाने के उत्पादन की मात्रा में बहुत कटौती करने का, तथा विज्ञान-उत्पादन संघों को प्रयोगात्मक लघु-खेप उत्पादन में लगाने का निश्चय किया है।

सामाजिक उत्पादन के प्रबंधन की दो-एवं तीन-स्तरीय व्यवस्था के जारी होने के साथ, विज्ञान-उत्पादन संघों को उत्पादन में, जिसका रूपांतरण वैज्ञानिक आधार पर किया जा रहा है, एक मौलिक आर्थिक कलन तत्व बन जाना होगा।

विज्ञान-उत्पादन संघों की स्थापना के फलस्वरूप मंत्रालय नियोजन तथा अनुप्रयुक्त शोध, विकास एवं प्रयोगत्मक कार्य को संकेंद्रित करने तथा अर्थतंत्र में उनके परिणामों के उपयोग की गति को तेज करने में समर्थ होते हैं, बावजूद इस तथ्य के कि शेष विभागीय बाधाएँ तथा संकीर्ण स्थानीय दृष्टिकोण कायम रहते हैं। औद्योगिक प्रबंधन को सुधारने की दीर्घकालिक योजनाओं की सामान्य स्कीमों द्वारा विज्ञान-उत्पादन संघों को वैज्ञानिक एवं तकनकी प्रगति की गति को तेज करने में तथा उसे अधिक कुशल बनाने में महत्त्वपूर्ण स्थान दिया जाता है। विज्ञान-उत्पादन संघ क्षेत्रीय वैज्ञानिक एवं तकनीकी नीति के लिए क्षितिज का विस्तार करते हैं और वह इस तरह कि उसे रोजमर्रा के कार्यों को निबटाने की जिम्मेदारियों से मुक्त कर दिया जाता है और दीर्घकालिक पूर्वानुमान एवं नियोजन के रचना-कौशल संबंधी कार्यों पर संकेंद्रन की संभावना पैदा की जाती है।

विज्ञान-उत्पादन संघ समाजवादी आर्थिक प्रणाली के अंतर्गत वैज्ञानिक एवं तकनीकी क्रांति की क्षमताओं का पूरा उपयोग करने के लिए ठोस सांगठनिक रूप मुहैया करते हैं। प्लास्टपॉलीमर जैसे विज्ञान-उत्पादन संघों के भीतर अनुसंधान, विकास तथा प्रयोगात्मक इकाइयों के अस्तित्व से एक तकनीकी कनवेयर वेल्ट (वाहन पट्टी)—'अनुसंधान-विकास-उत्पादन'—के अनवरत संचालन को मानो हरी बत्ती दिखा दी जाती है जिसके फलस्वरूप विचारों को अमली रूप देने का समय आधा हो जाता है जबकि लाभों में दोगुनी वृद्धि हो जाती

है। विज्ञान-उत्पादन संघ के महानिर्देशक के अधीन स्थापित परिषद द्वारा मैट्रिक्स (सांचा) के आधार पर प्रकार्यात्मक सेवाओं एवं विभागों के कार्यकलाप का केंद्रीकरण करने का प्रयत्न किया जाता है। शोध एवं विकास का पूर्वानुमान एवं सर्वांगीण अवस्था-दर-अवस्था नियोजन, समानान्तर एवं संयुक्त अनुसंधान, डिजाइन, प्रयोगात्मक एवं औजार विन्यास तथा आरंभ क्रियाएँ व्यवस्थित निगरानी में संगठित की जाती हैं। प्रशासकीय एवं प्रबन्धनकर्मियों की एक बड़ी संख्या (60-70 प्रतिशत) अन्य कामों के लिए मुक्त हो जाती है, तथा सामूहिकियों के सामाजिक विकास की योजनाओं को कार्यान्वित करने के लिए बेहतर स्थितियाँ उत्पन्न होती हैं।

विज्ञान-उत्पादन संघों के क्रियाकलाप की सर्वप्रथम रिपोर्टों से ही उनके लाभों का अन्दाजा हो गया था। 'विज्ञान-उत्पादन' चक्र की अवधि में कमी हुई। मसलन, लेनिनग्राद में विज्ञान-उत्पादन संघ में यह कमी उन उद्यमों की तुलना में जो संघ में शामिल नहीं थे, 50 प्रतिशत या 75 प्रतिशत तक हुई। श्रम उत्पादकता में उल्लेखनीय वृद्धि हुई तथा कर्मियों की संख्या में उतार-चढ़ाव भी कम हुआ। वैज्ञानिक एवं तकनीकी क्रांति के इस युग में विज्ञान-उत्पादन तथा उत्पादन संघों का उज्ज्वल भविष्य सामने है। दीर्घकाल के लिए यह बात विशेष रूप से महत्त्वपूर्ण है कि उनके द्वारा आधुनिकतम स्वचालित नियंत्रण प्रणालियों (स्व. नि. प.) के कुशल उपयोग की व्यापकतम संभावनाएँ पैदा होती हैं। सोवियत विज्ञान-उत्पादन संघों द्वारा प्राप्त अनुभव से इस बात की पुष्टि हुई है कि उनसे वास्तविक नतीजा प्राप्त होता है, बशर्ते कि उनका सांगठनिक ढाँचा काफी सुनिश्चित हो, संचार की प्रणालियाँ निर्विघ्न हों तथा सूचना प्रवाह की राह से बाधाओं को हटा दिया गया हो।

सोवियत संघ में, **नई यंत्र सज्जा एवं प्रौद्योगिकी को लागू करने के लिए** दर्जनों विशेषीकृत **संगठन (संघ)** भी स्थापित किए गए हैं। इनके पास प्रौद्योगिक-प्रारूपण, प्रायोगिक-इंजीनियरी, तथा औजार-विन्यास एवं संयोजन इकाइयाँ, निष्पादन तथा प्रस्थापन सेवाएँ, और स्वयं अपने वैज्ञानिक एवं तकनीकी विशेषज्ञ व परामर्शदाता होते हैं। उनका मुख्य कार्य उद्यमों तथा संघों की वैज्ञानिक एवं तकनीकी उपलब्धियों को व्यापक पैमाने के उत्पादन में जारी करने तथा उन्नत अनुभव का अंतरण करने में सहायता करना है। उनकी स्थापना अखिल-संघीय तथा जनतंत्रीय औद्योगिक संघों, मंत्रालयों एवं विभागों के भीतर की जाती है ताकि नई यंत्र-सज्ञा एवं प्रौद्योगिकी को प्रस्थापित तथा संपन्न कराया जा सके, नई उत्पादन क्रिया-विधियों में दक्षता प्राप्त की जा

सके, औजार-विन्यास तथा आरंभ क्रियाओं को पूरा किया जा सके, नई यंत्र-सज्जा एवं प्रौद्योगिकी जब लागू किए जाएँ तो संयोजन (असेंबली) क्रियाओं के प्रयोजनकर्ता के रूप में काम कर सकें तथा प्राविधिक रिगन के आवश्यक पूरे सेट मुहैया कर सकें। नई यंत्र सज्जा एवं प्रौद्योगिकी को लागू करने वाले ये संगठन (संघ) अनुसंधान एवं उत्पादन संगठनों के बीच अधिकाधिक रूप से बिचौलिए का काम करते हैं।

प्रारूपण कार्यालयों एवं अनुसंधान उप-विभागों के भीतर उद्यमों एवं संघों की प्रौद्योगिकी सेवाओं को शामिल करने से वैज्ञानिक एवं तकनीकी प्रगति को प्रोत्साहन मिलता है। इस प्रकार, उराल इलैक्ट्रोत्याझमाश उत्पादन संघ में एक शक्तिशाली विज्ञान-प्रौद्योगिकी केंद्र स्थापित किया गया है। वृहत अजोब-काबेल संघ में एक समाकलित नई यंत्र सज्जा एवं प्रौद्योगिकी सेवा स्थापित की गई है ताकि तकनीकी नियतन की तैयारी से लेकर उद्योग में उत्पादों की नई प्रणालियों एवं उत्पादन कार्य-विधियाँ जारी करने तक, समस्त क्रियाओं को पूरा किया जा सके। इसमें प्रौद्योगिकी प्रारूपण उपविभाग, एक तकनीकी आर्थिक भूसंपर्कक कार्यालय, एक कार्य पूरक कार्यालय, तथा नई यंत्र-सज्जा एवं प्रौद्योगिकी को जारी करने के लिए प्रयोगात्मक अनुभाग सहित, एक विभाग शामिल है।[29]

वैज्ञानिक ताने-बाने की गत्यात्मकता : कर्मियों की गतिशीलता

वैज्ञानिक संगठन की बढ़ती हुई गत्यात्मकता वैज्ञानिक एवं तकनीकी कर्मियों की प्रत्येक प्रकार की गतिशीलता से अधिकाधिक बड़े तकाजे करने लगी है।

वैज्ञानिक, तकनीकी एवं सामाजिक-आर्थिक प्रगति में 'नेताओं' की अदला-बदली के कारण, वैज्ञानिक कर्मियों के ढाँचे में अनुपातों का विनियमन करने का मुख्य उपकरण, स्वभावतः उच्चतर विद्यालयों एवं स्नातकोत्तर अध्ययनों के जरिए उनके प्रशिक्षण की प्रणाली द्वारा उपलब्ध होता है। परंतु इस उपकरण की संक्रिया में उतने ही वर्षों का विलंब होगा जितने वर्ष शिक्षा व्यवस्था की पुनः रचना में लगेंगे। परंतु समय इस विलंब की इजाजत नहीं देता। और यहाँ वैज्ञानिक कर्मियों की गतिशीलता मदद के लिए उपस्थित होती है : भौतिकविद, रासायनविद तथा गणितज्ञ जीवविज्ञान के क्षेत्र में प्रवेश कर रहे हैं, और जीवविज्ञानियों के साथ मिलकर समाजशास्त्र तथा विज्ञान के क्षेत्र में, मनोविज्ञान एवं चिकित्सा विज्ञान के क्षेत्र में प्रवेश कर रहे हैं। मसलन, अमरीका में प्रशिक्षित रसायनविदों की बड़ी संख्या (1970 में 86,980) रसायनशास्त्र

(53,641), जैविक रसायन (3,167), तथा भौतिकी रसायन (4,597) के अतिरिक्त, खाद्य विज्ञान् में (567), गणित विज्ञान में (242), जीव विज्ञान (2,087), भौतिकी (346), अर्थशास्त्र (1022), तथा ज्ञान के अन्य क्षेत्रों में काम कर रही है। यही चित्र भौतिकी, जीवविज्ञान, गणित, सांख्यिकी तथा अन्य क्षेत्रों में देखने को मिलता है। मनोविज्ञान के क्षेत्र में प्रशिक्षित मनोवैज्ञानिकों के अतिरिक्त, सांख्यिकीविद, जीवविज्ञानी; गणितज्ञ, समाजशास्त्री, भाषाविज्ञानी, भौतिकीविद, अर्थशास्त्री, रसायनविद, मौसमविद इत्यादि दिखाई देते हैं।[30]

परंतु, क्षेत्रों एवं संगठनों के बीच वैज्ञानिक कर्मियों के संचलन पर सामाजिक स्थितियों का प्रभाव पड़ता है।

फ्रेडरिक एच. हार्बिसन का कहना है कि "वैज्ञानिक जनशक्ति के विकास का नियोजन करने में अमरीका को दो महत्त्वपूर्ण समस्याओं का सामना करना होगा; प्रथम, उसे इस प्रकार की मानव पूँजी का 'संचयन' पहले कभी की तुलना में अधिक तेजी से करना होगा। दूसरे, उसे इस पूँजी का अधिक कारगर 'निवेश' करना होगा–जिसका अर्थ केवल यह है कि उसे वैज्ञानिक कर्मियों के मौजूदा स्टाक तथा भावी सम्भरण, दोनों का बेहतर उपयोग करना होगा।"[31]

कंपनियों के प्रबंधकगण अब यह समझ चुके हैं कि कर्मचारियों के चयन, नियुक्ति तथा भरण-पोषण की सही नीति उतनी ही महत्त्वपूर्ण है जितनी व्यापक अनुसंधान क्षेत्र के खंडों को वित्त मुहैया करना; अच्छे कर्मियों के बिना विज्ञान में लगाए गए धन से कोई लाभ नहीं होगा। इसके अलावा, वैज्ञानिक उपकरण की बढ़ती हुई लागत के बावजूद, औद्योगिक अनुसंधान के व्यय का बहुत बड़ा हिस्सा अब भी अनुसंधान एवं सहायक श्रम की लागत पर खर्च होता है। साइमन मार्क्सन कहते हैं : "शोध संसाधनों का विनिधान जनशक्ति नियुक्ति में प्रयोगशाला की सफलता द्वारा निर्धारित होता है। वैज्ञानिक जनशक्ति के लिए अनुसंधान उपकरणों एवं सुविधाओं की लागत अतिरिक्त होती है, परंतु उसका महत्त्व गौण है।"[32]

उद्यमियों को जब प्रतियोगिता के दबाव से अपने शोध एवं विकास परिव्यय में वृद्धि करनी तथा इन परिव्ययों का अधिकांश अनुसंधानकर्ताओं के वेतनों पर खर्च करना होता है, तो वे प्रायः इस खर्च को परिवर्ती पूँजी के एक ऐसे घटक अंग के रूप में देखते हैं जिससे उन्हें मुनाफा प्राप्त होना चाहिए। परंतु ये आशाएँ हमेशा पूरी नहीं होतीं। (आधारिक अनुसंधान कार्यक्रमों पर विचार किया जाए तो) 50 प्रतिशत से अधिक स्थितियों में वे उन अनिश्चितताओं के समुद्र में गोते लगाते हैं जो स्वयं अनुसंधान में निहित रहती

है। अनुसंधान में प्रत्याशित अवधि के भीतर निर्धारित साधनों द्वारा पूर्व-निर्धारित लक्ष्यों को प्राप्त करना बिरले ही संभव होता है।

राष्ट्रीय विज्ञान प्रतिष्ठान द्वारा जिन अनुसंधान प्रशासकों से साक्षात्कार किया गया था, उन्होंने सर्वसम्मत ऐलान किया : "अनुसंधान की उपरिलागत जैसे-जैसे प्रति व्यक्ति 25000 डालर या उससे अधिक तक पहुँचती है, अनुसंधान उत्पादकता का अनुमान लगाने की कसौटी की जरूरत का एहसास बढ़ता जाता है। ऐसी कसौटियों के विकसित होने तक, प्रबन्धन शिखर के व्यक्ति को अनुसंधान परियोजनाओं की बुद्धिमता का विश्वास दिलाने में कठिनाइयाँ जारी रहेंगी।"[33] व्यवसायी लोगों की यह इच्छा कि किसी भी अन्य कारोबार की तरह अनुसंधान से भी मुनाफा कमाएँ, वैज्ञानिक परिणाम प्राप्त करने की उत्प्रेरणा से टकराती है, क्योंकि हो सकता है कि उसका कोई तात्कालिक बाजार मूल्य न हो।

उद्योग में नौकरी करते समय, शोधकर्ता भौतिक दृष्टि से लाभ में रहता है (अधिक वेतन, अधिक महंगे उपकरण,सहायक कर्मी, इत्यादि), परंतु वैज्ञानिक सृजनात्मकता की आवश्यक स्थितियों, जैसे अकादमिक स्वतंत्रता, अपने सहकर्मियों के साथ सूचना के बेरोक आदान-प्रदान तथा अनुसंधान परिणामों के स्वतंत्रतापूर्वक प्रकाशन, इत्यादि की दृष्टि से वह घाटे में रहता हैं लेकिन, अनेक बड़े निगमों के प्रबंधक अपनी प्रयोगशालाओं में इस प्रकार के कार्यकलाप को प्रोत्साहित करना ही उचित मानते हैं। इसमें उनका उद्देश्य यह होता है कि उनकी कारोबारी ख्याति बड़े, निगम का नाम हो तथा प्रमुख वैज्ञानिकों को आकर्षित किया जा सके।

समग्र रूप से, समझा जाता है कि औद्योगिक अनुसंधान प्रयोगशालाओं में वैज्ञानिक को एक औसत कॉलेज अथवा छोटे विश्वविद्यालय की तुलना में शोध कार्य के लिए अधिक उत्तम अवसर प्राप्त होते हैं।[34] इससे अनुसंधान जनशक्ति की पूर्ति एवं मांग में उतार-चढ़ाव के साथ, एक ओर, औद्योगिक एवं सरकारी क्षेत्र में और, दूसरी ओर, अकादमिक क्षेत्र में वैज्ञानिक एवं तकनीकी कर्मचारियों की गतिशीलता में वृद्धि होती है। सातवें दशक में 'अनुसंधान की तीव्रता' के दौरान, अमरीकी विश्वविद्यालयों एवं कालेजों के स्नातक औद्योगिक प्रयोगशालाओं में नौकरी करने का फैसला लेने में प्रारंभिक वेतनों को अधिक महत्त्व नहीं देते थे। उनके लिए उससे कहीं अधिक महत्त्वपूर्ण 'व्यक्तिगत स्वतंत्रता', कार्मिक प्रगति, प्रयोगशाला में वैज्ञानिक वातावरण तथा उत्तम सुविधाएँ थीं।[35] परंतु, वैज्ञानिक एवं तकनीकी कर्मचारियों के लिए पूर्ति एवं

मांग के मंडी विनियमन की सीमाएँ सामने आ चुकी हैं। आर्थिक संकट के कारण वैज्ञानिकों एवं तकनीशियनों की स्थिति बहुत बिगड़ गई है, और जो लोग शोध एवं विकास में लगे हुए थे, उनमें बेरोजगारी 1975 में 4.5 प्रतिशत तक पहुँच गई थी। 'मूल्य प्रणाली' भी बदल गई है। अब अधिक महत्त्व रोजगार की स्थिरता एवं भविष्य की निश्चितता को दिया जाने लगा है।

संयुक्त सामूहिक कार्यक्रमों के दायरे के भीतर, विज्ञानों की परस्पर अंतर्व्याप्ति एवं बढ़ता हुआ एकीकरण सोवियत संघ तथा अन्य समाजवादी देशों में एक भिन्न सामाजिक आधार पर कार्यान्वित हो रहा है। समाजवादी नियोजन में उस

तालिका 4-2

सोवियत संघ में विज्ञान के विभिन्न क्षेत्रों में वैज्ञानिक कर्मी, अक्तूबर 1955, 1965 का अंत तथा 1974 (1,000)

विज्ञान	कर्मचारियों की संख्या			वैज्ञानिक-उपाधि प्राप्त					
				विज्ञान के डाक्टर			विज्ञान के प्रार्थी		
	1955	1965	1974	1955	1965	1974	1955	1965	1974
सभी क्षेत्र	223.9	664.6	1,169.7	9.5	14.8	31.7	77.9	134.4	309.5
भौतिकी-गणितीय	20.1	63.9	116.9	0.8	1.6	3.8	5.4	12.2	32.7
रसायन	16.4	33.5	53.7	0.6	0.8	1.7	4.6	7.6	17.8
जीव विज्ञान	11.0	27.1	45.5	0.9	1.6	3.0	5.5	10.6	22.3
भूविज्ञान एवं खनिज विज्ञान	5.7	16.4	24.5	0.5	0.8	1.3	2.3	4.5	10.3
तकनीकी	61.1	298.8	548.0	1.9	3.0	6.6	20.6	34.8	96.3
कृषि एवं पशु चिकित्सा	15.1	30.6	36.5	0.7	1.0	1.2	6.0	9.3	15.9
ऐतिहासिक एवं दर्शनशास्त्रीय	15.3	23.0	43.8	0.3	0.8	2.4	6.9	10.9	19.0
आर्थिक	8.2	30.7	80.1	0.2	0.5	1.4	3.8	7.8	21.9
भाषा विज्ञान	17.7	37.2	51.6	0.2	0.5	1.3	4.1	6.8	11.3
भूगोल	3.4	5.9	8.3	0.1	0.2	0.4	1.3	1.9	3.2
न्याय शास्त्र	1.6	3.3	6.3	0.09	0.2	0.3	1.0	1.6	5.9
शिक्षा विज्ञान	11.5	22.5	30.2	0.07	0.1	0.5	1.9	3.1	3.1
चिकित्सा एवं औषधि विज्ञान	25.3	36.7	59.0	2.8	3.2	6.6	12.4	18.2	36.4
कला आलोचना	4.0	8.3	14.5	0.08	0.1	0.2	0.6	1.8	1.5
वास्तुशिल्प	0.9	2.0	3.3	0.03	0.05	0.1	0.4	0.6	1.0
मनोविज्ञान	—	—	2.8	—	—	0.1	—	—	1.2
अन्य क्षेत्र	6.5	19.8	39.5	0.02	0.1	0.4	0.9	3.5	6.7

स्रोत : सोवियत संघ में सार्वजनिक शिक्षा, विज्ञान और संस्कृति, मास्को, 1971, पृ. 252-53; 1974 में सोवियत संघ का अर्थतंत्र, पृ. 144 (दोनों रूसी में)।

वस्तुनिष्ठ प्रवृत्ति को ध्यान में रखा जाता है जिसके अंतर्गत विज्ञानों का एकीकरण उनके कर्मियों की गतिशीलता के व्यावसायिक पुनर्वितरण में प्रतिबिंब होता है। परंतु यहाँ निर्णायक मुद्दा विभिन्न वैज्ञानिक क्षेत्रों में तथा वैज्ञानिक ज्ञान के विभिन्न विभागों के अग्रता-प्राप्त विकास में अर्थ-तंत्र द्वारा कर्मियों की आवश्यकता का है। तालिका 4-2 विगत 20 वर्षों में सोवियत संघ में विज्ञान-क्षेत्र के कर्मीदल की बनावट में हुए परिवर्तन को दर्शाती है।

1955 से 1974 तक, सोवियत संघ में वैज्ञानिक कर्मियों की कुल संख्या में पाँच गुना से अधिक वृद्धि हुई, विज्ञान के डाक्टरों की संख्या तीन गुना बढ़ी तथा प्रार्थियों की लगभग चार गुना। 1970 में मनोवैज्ञानिक विज्ञानों की एक नई एवं महत्त्वपूर्ण शाखा की उत्पत्ति हुई यह सामाजिक उत्पादन प्रणाली के भीतर मानव कारक की वृद्धि की ओर उल्लेखित प्रवृत्ति को तथा उसके व्यापक अध्ययन की आवश्यकता को प्रतिबिंबित करती है। परंतु ज्ञान के परंपरागत क्षेत्रों का भी विकास अत्यंत असमान ढंग से हुआ है। सबसे अधिक तेजी से अर्थशास्त्रियों की संख्या बढ़ी है। इनकी संख्या में 20 वर्ष की अवधि में तकरीबन 10 गुना वृद्धि हुई, अर्थशास्त्र के डाक्टरों की संख्या में 7 गुना एवं प्रार्थियों की संख्या में 6 गुना वृद्धि हुई।

वृद्धि की लगभग यही दर तकनीकी विज्ञानों में भी दिखाई देती है, जहाँ वैज्ञानिक कर्मियों की कुल संख्या लगभग 9 गुना बढ़ी। इनमें तकनीकी विज्ञान के डाक्टरों की संख्या में 3 गुना तथा प्रार्थियों की संख्या में 4.6 गुना वृद्धि हुई। यह विभाग न केवल संख्या की दृष्टि से ही अब भी सबसे बड़ा बना हुआ है, बल्कि वैज्ञानिक कर्मियों की संख्या की दृष्टि से भी इसकी प्रभुता बढ़ी है : 1955 में दूसरे सबसे बड़े विभाग, अर्थात भौतिकी-गणितीय विज्ञानों के विभाग, की तुलना में इसमें 3 गुना कर्मी थे तथा 1965 में लगभग 5 गुना; 1974 तक ये अंतर कुछ कम हो गया था (लगभग 4 गुना तक)।

अर्थशास्त्रियों एवं तकनीशियनों की संख्या में तेज वृद्धि को अर्थतंत्र में वैज्ञानिक एवं तकनीकी प्रगति के इस्तेमाल से उत्पन्न आवश्यकताओं से अलग नहीं किया जा सकता। वैज्ञानिक एवं तकनीकी प्रगति की प्रक्रिया विश्व प्रवृत्ति की प्रतिबिंब है। अतः, अमरीका में अर्थतंत्र और व्यापार में अनुसंधान इंजीनियरों एवं विशेषज्ञों की संख्या में इसी के अनुरूप अधिक तेज वृद्धि होती रही है, हालाँकि वैज्ञानिक कर्मीदल की कुल संख्या में उनका अंश सोवियत संघ की तुलना में बहुत कम है।

सोवियत संघ में वैज्ञानिक कर्मियों (तथा तकनीकी संस्थानों एवं अन्य

वैज्ञानिक प्रतिष्ठानों) की कुल संख्या में तकनीकी कर्मियों के प्रभुत्व का दोहरा स्वरूप है। एक ओर, इसके कारण वैज्ञानिक क्रियाकलाप में आवश्यक अनुपातों में उलट फेर होने लगता है, जिससे पिछले कई वर्षों में इन अनुपातों को सामान्य बनाने के लिए कदम उठाने पड़े थे। प्राविधिक विज्ञानों में वैज्ञानिकों की योग्यताओं की बनावट में सुधार करने की आवश्यकता है : मसलन, यहाँ डाक्टर की उपाधि-प्राप्त लोगों की संख्या चिकित्साशास्त्र एवं औषधि विज्ञान के क्षेत्र के ऐसे लोगों की तुलना में कम है, जबकि इन दोनों विज्ञानों में कर्मियों की कुल संख्या केवल आठवाँ भाग है। अतः भौतिकी- गणितज्ञ एवं जैविक विज्ञानों की तुलना में तकनीकी विज्ञानों के क्षेत्र में कर्मियों की संख्या क्रमशः 4.7 तथा 12 गुना अधिक है, परंतु डाक्टरों की तुलना में केवल 2 गुना अधिक।

दूसरी ओर, तकनीकी विज्ञानों में वैज्ञानिक कर्मियों की संख्या के कुछ अधिक होने के फलस्वरूप, ऊर्जा संसाधनों, परिस्थिति विज्ञान, शहरीकरण, परिवहन एवं संचार प्रणाली, इत्यादि जैसे क्षेत्रों में वैज्ञानिक एवं तकनीकी प्रगति को तेज करने में सहायता मिलती है। कुशल तकनीकी कर्मी दल समकालीन सामाजिक व्यवस्था की बौद्धिक अवसंरचना का अधिकाधिक महत्त्वपूर्ण घटक है।

विज्ञान के संचालन में केंद्रीय कार्य अनुसंधान के एक व्यापक मोर्चे की स्थापना करने तथा प्राकृतिक, तकनीकी एवं समाज विज्ञानों के क्षेत्र में वैज्ञानिकों के बीच परस्पर क्रिया को सुदृढ़ बनाने की आवश्यकता है।[36] यह बात उस व्यापक विकास की तार्किकता का नतीजा है जो वर्तमान विज्ञान की विशेषता है। विज्ञानों का एकीकरण उनके विभेदीकरण के साथ-साथ हुआ है।

वैज्ञानिक विधियों की परस्पर अंतर-व्याप्ति[37] से विभिन्न वैज्ञानिक क्षेत्रों में काम करने वालों के बीच परस्पर क्रिया का मार्ग प्रशस्त हुआ है। स्वयं इससे उन्हें एक ही स्तर के संगठनों (जैसे अनुसंधान संस्थानों) के बीच तथा विभिन्न स्तरों के संगठनों (जैसे संस्थानों एवं उद्यमों) के बीच संचलन में सहायता मिलती है। ऊपर मैंने **वैज्ञानिक कारोबारी यात्राओं** के प्रकार की गतिशीलता की चर्चा की थी, जिसमें यात्रा करने वाले लोग अन्य संगठनों के साथ कमोबेश घनिष्ठ, परंतु हमेशा अस्थायी संपर्क स्थापित करते हैं। युक्तिसंगत ढंग से नियोजित कारोबारी यात्राओं से तत्काल तथा पर्याप्त फायदा हो सकता है।[38] **प्रशिक्षणार्थी आयोजन** जो अस्थायी होते हैं, यदि कारोबारी यात्राओं से अधिक लंबे हों तब भी, समान रूप से कारगर होते हैं।[39] प्रशिक्षणार्थी अनुसंधानकर्ताओं के संस्थान अकादमिक संस्थानों एवं उच्चतर विद्यालयों में व्यापक पैमाने पर

स्वीकार किए जा चुके हैं। उदाहरण के लिए, पुश्चीनो जीव-विज्ञान केंद्र के प्रतिष्ठान शोध कर्मचारियों की अपनी मूल आवश्यकताएँ पूरी करने के लिए प्रशिक्षणार्थियों का इस्तेमाल करते हैं।

प्रशिक्षणार्थियों के संस्थान से यह प्रकट होता है कि अस्थायी सांगठनिक गतिशीलता स्थायी रूप धारण कर सकती है। प्रशिक्षणार्थी अनुसंधानकर्ताओं की भर्ती से यह संभव होता है कि वह संगठन जो स्थायी नौकरियों पर वैज्ञानिकों को नियुक्त करना चाहता है, उनको पहले से अच्छी तरह देख ले। इससे यह भी संभव होता है कि भावी वैज्ञानिक, संगठन के बारे में जानकारी प्राप्त कर लें। इस प्रकार दोनों पक्षों को दीर्घकालिक व्यावहारिक सहयोग स्थापित करने में सुविधा होती है। परंतु यह तरीका हमेशा संभव नहीं होता है। 'अजनबियों' को नियुक्त करने का प्रश्न संगठनों के प्रबंधकों को अधिकांशतः उनकी वैज्ञानिक ख्याति, उनके जीवन संबंधी आंकड़ों, हवालों और कभी-कभी विभिन्न अधिकार प्राप्त व्यक्तियों की अनौपचारिक सिफारिशों के आधार पर तय करना पड़ता है। ऐसे मामलों में निर्णय हमेशा सही नहीं होता, तथा अंतिम परिणाम इस पर निर्भर करता है कि नौकरी करने में नवागंतुक का उद्देश्य क्या है।

इससे पहले हमने वैज्ञानिक क्रियाकलाप में संलग्न लोगों की अभिप्रेरणाओं पर विचार किया है। वे अपनी नौकरियाँ बदलने पर क्यों बाध्य होते हैं? उत्तर स्पष्ट है : सब से बढ़ कर, अपनी पुरानी नौकरियों से उचित संतोष के अभाव में। हमने जो मतगणना की थी, उसके परिणामों से यह प्रमाणित हुआ है कि वैज्ञानिक प्रयत्न के पीछे जो उत्प्रेरणाएँ काम करती हैं उनके सोपान में सबसे अधिक महत्व संज्ञान एवं सृजनात्मकता की प्रक्रिया से प्राप्त संतुष्टि का है (92.77 प्रतिशत) और यह भौतिक प्रोत्साहनों (33.14 प्रतिशत), एवं व्यापक सार्वजनिक मान्यता (ख्याति) (15.27 प्रतिशत) से कहीं अधिक था। नवोसिबिर्स्क में 1964 में किए गए समाजशास्त्रीय अध्ययन के आंकड़े भी इसी के अनुकूल हैं। उनसे प्रकट हुआ कि वैज्ञानिक संस्थानों में जिन पुरुषों एवं महिलाओं ने नौकरी की उनकी उत्प्रेरणा में सर्वप्रथम स्थान 'वैज्ञानिक कार्य की प्रवृत्ति' का था (34.5 प्रतिशत), जबकि 'वैज्ञानिक कर्मियों के लिए बेहतर कार्य स्थितियों' का आकर्षण केवल 13.6 प्रतिशत लोगों के लिए था।[40] सामान्य रूप से, मास्लो के उत्प्रेरणा सिद्धांत की रोशनी में इसका अर्थ केवल यही हो सकता है कि वैज्ञानिक कर्मियों के जीवन एवं कार्य की स्थितियाँ इतनी संतोषजनक हैं कि उत्प्रेरणा के अधिक प्राथमिक कारकों का महत्त्व बड़ी हद तक समाप्त हो चुका है।

तो फिर वैज्ञानिक क्रियाकलाप में संलग्न लोग अपनी नौकरियाँ क्यों बदलते हैं? वैज्ञानिक कर्मचारियों का प्रवाह किस दिशा में रहता है?

यहाँ व्यवहार से दो उदाहरण दिए जाते हैं जो इन समस्याओं के स्पष्टीकरण में मदद कर सकते हैं।

तोम्स्क पालीटेक्नीकल संस्थान के खनन यंत्र विभाग में प्रोफेसर ओ. ए. अलीमोव के निर्देशन में एक नया यंत्र विकसित किया गया है जो हिमशीत से जमी भूमि पर पतली दरारें काटने के सिद्धांत पर आधारित है। ये मशीनें, मसलन, साइबेरिया में तेल पाइप लाइनें बैठाने के लिए खास कर आवश्यक हैं। पुराने ढंग की खुदाई मशीनों के स्थान पर इन नए यंत्रों के उपयोग से, आशा की जाती है कि, श्रम उत्पादकता 10 गुना बढ़ जाएगी, प्रतिदिन 10 की बजाय 100 मीटर खाई की खुदाई की जा सकेगी। इ. ग. बासोव ने, जिन्होंने अलीमोव के साथ मिलकर मशीन को विकसित किया था, उसके लिए अनेक मूल तकनीकी सुझाव दिए थे जिसके कारण उन्हें आविष्कारक का प्रमाण-पत्र प्रदान किया गया था। उन्होंने वैज्ञानिक कार्यकर्त्ताओं का एक ग्रुप इकट्ठा किया है। इन वैज्ञानिक कार्यकर्त्ताओं ने प्रार्थी की उपाधि के लिए 9 तथा डाक्टर की उपाधि के लिए एक शोध निबंध लिखा है। अपने ग्रुप को लेकर बासोव तोम्स्क इंजीनियरिंग एवं निर्माण संस्थान चले गए, जहाँ वे भवन निर्माण एवं सड़क निर्माण यंत्र विभाग के प्रधान हैं।

एक दूसरी मिसाल लीजिए। एक युवा इंजीनियर इ. ए. निकिफोरोव पाली टैक्नीक संस्थान से शिक्षा प्राप्त करने के बाद, वोल्गोग्राद ट्रैक्टर कारखाने की ढलाई प्रयोगशाला में काम करने चले गए। संस्थान में शिक्षार्थी अवस्था में भी उन्होंने विभिन्न शोध क्षमताओं का प्रदर्शन किया था। अतः, कारखाने में उन्हें शीघ्र ही अच्छी-खासी व्यावसायिक ख्याति प्राप्त हो गई। फिर भी, वह वोल्गोग्राद इंजीनियरिंग प्रौद्योगिकी शोध संस्थान चले गए जहाँ उन्होंने अपना प्रार्थी का शोध निबंध पेश किया और उन्हें वैज्ञानिक कार्य के उपनिर्देशक के रूप में नियुक्त कर लिया गया। निकिफोरोव की तरह, बहुतेरे अन्य शोध-इंजीनियर भी संस्थान में काम करने गए। उन्होंने ऐसा क्यों किया? इसका उत्तर यही हो सकता है कि कारखाने में उन्हें अनुसंधान की आवश्यक स्थितियाँ प्राप्त नहीं थीं, क्योंकि उसकी प्रयोगशालाओं पर अपने उत्पाद के नियंत्रण एवं विश्लेषण, प्रौद्योगिकी मानकों का पालन करने तथा अपव्यय को कम करने के लिए रोजमर्रा के कामों का बड़ा बोझ था।

इन दोनों उदाहरणों में शोधकर्ता अपने विचार को लेकर ऐसी जगह

चले गए जहाँ उसके प्रतिपादन के लिए बेहतर स्थितियाँ उपलब्ध थीं। परंतु, पहले उदाहरण में शोधकर्त्ताओं की अभिरुचियों के सदिश का तालमेल सामाजिक उत्पादन से था (बासोव तथा उनका ग्रुप ऐसी जगह गया जहाँ उनके विचारों की सार्थकता प्राप्त करने के लिए अधिक अवसर उपलब्ध थे), जबकि दूसरे में बात पूर्णतः ऐसी नहीं थी। निकिफोरोव को, अपने अनेक सहकर्मियों की भाँति, अपने विचारों के कार्यान्वयन के लिए उद्योग में उचित स्थितियाँ प्राप्त नहीं हो सकीं तथा वह 'विज्ञान के क्षेत्र में चले गए'। शोधकर्मियों का इस प्रकार एक क्षेत्र से दूसरे क्षेत्र में जाना वैज्ञानिक एवं तकनीकी नव-प्रवर्तनों को तेजी से लागू करने में हमेशा सहायक नहीं होता।

बहरहाल, अनुसंधान एवं उत्पादन, विकास एवं इंजीनियरिंग के बीच खाई का बड़ा कारण यह है कि उत्पादन में प्रत्यक्ष काम करने वाले वैज्ञानिक कर्मियों की संख्या स्पष्टतः पर्याप्त नहीं है। यही बात उच्चतम योग्यता प्राप्त वैज्ञानिक कर्मियों पर भी लागू होती है। अमरीका में डाक्टर की उपाधि प्राप्त लगभग 26 प्रतिशत कर्मी निजी उद्योग में नियुक्त हैं। अमरीका तथा दूसरे पूँजीवादी देशों में, शोधकर्त्ताओं को उद्योग में, विश्वविद्यालयों तथा सरकारी प्रयोगशालाओं की तुलना में, अधिक वेतन मिलता है। अभी हाल तक सोवियत संघ में स्थिति उल्टी थी। इधर उद्यमों के निर्देशकों को अनुसंधान प्रयोगशालाओं में कार्यरत वैज्ञानिक उपाधि-प्राप्त कर्मियों के वेतनों में वृद्धि करने का अधिकार देने पर स्थिति में कुछ सुधार हुआ।

विज्ञान तंत्र के विकास के फलस्वरूप, वैज्ञानिक कर्मियों में उच्चतम योग्यता की आवश्यकता बढ़ जाती है। मसलन, 1975 तक, सोवियत सुदूर पूर्व केंद्र के संस्थानों में सभी पदों को भरने के लिए लगभग 1000 वैज्ञानिकों एवं विशेषज्ञों की आवश्यकता थी। परिणामस्वरूप, काम यह है कि सारे देश में वैज्ञानिक क्रियाकलाप की स्थितियों में सुधार किया जाए, खासकर, आवास एवं रोजमर्रा के रहन-सहन की स्थितियों को बेहतर बनाया जाए। इस अर्थ में बहुत कुछ किया जा रहा है। देश के विभिन्न भागों में नए विज्ञान नगर बसाने और जो पहले से मौजूद हैं उनको बेहतर बनाने की योजनाओं के अनुसार काम हो रहा है।

अनुसंधान कार्य के संगठन में क्षेत्रीय एवं इलाकाई दृष्टि से स्थितियों को समतुल्य बनाने के प्रयास का उद्देश्य वैज्ञानिक कर्मियों की गतिशीलता को सामान्य बनाना एवं उसे आवश्यक दिशा में लगाना है। परिणामस्वरूप, वैज्ञानिक क्रियाकलाप का संगठन आज जितना अधिक गत्यात्मक होगा,

वैज्ञानिक कर्मियों की गतिशीलता को बढ़ाने तथा वांछित दिशा में उसके सही संचलन को विनियमित करने की आवश्यकता उतनी ही अधिक होगी। ऐसी आवश्यकताओं की पूर्ति सबसे उत्तम ढंग से सांचा-प्रकार की सांगठनिक व्यवस्था द्वारा होती है। इससे 'प्रौद्योगिकी अंतरण' को एक समग्र में नत्थी करने में सुविधा होती है—वैज्ञानिक एवं तकनीकी नव-प्रवर्तनों की कार्यान्विति, विचार की उत्पत्ति से उसके व्यावहारिक इस्तेमाल तक उदग्र रूप में तथा विभागीय एवं क्षेत्रीय सीमा रेखाओं के पार क्षैतिज रूप में।

यही बात किसी हद तक अनुप्रयुक्त शोध संस्थानों तथा अकादमिक संस्थानों के बीच कर्मियों की गतिशीलता पर भी लागू होती है। इसका अर्थ है, सभी सांगठनिक सोपानकों में सृजनात्मक वैज्ञानिक प्रयास के लिए स्थितियों का समतलीकरण करना। केंद्रीय औद्योगिक प्रयोगशालाओं को चाहिए कि अनुसंधान के लिए वैसी ही सुविधाएँ उपलब्ध करें जैसी अनुप्रयुक्त शोध संस्थानों में उपलब्ध रही हैं, तथा इन संस्थानों में वैसे ही अवसर उपलब्ध होने चाहिए जैसे अकादमिक संस्थानों में होती हैं।

सोवियत संघ की विज्ञान अकादमी के विद्युत वैल्डन (संधान) संस्थान के निर्देशक, अकादमीशियन ब. य. पतोन ने अपने संस्थान की सफलता के कारण बताते हुए कहा : "हमारे वैज्ञानिकों ने हमेशा नए विचारों के लिए उत्पादन कार्य से सहायता लेने की इच्छा दर्शायी हैं। उनके अनुसंधान की यह व्यावहारिक उन्मुखता अक्सर थोड़े समय में उतना प्राप्त करने में सहायक हुई है, जिसको प्राप्त करने में अन्य स्थितियों में वर्षों लग गए।"

20वीं सदी की अंतिम चौथाई में, वैज्ञानिक क्रियाकलाप की व्यापकता के बढ़ने के साथ—यद्यपि हो सकता है इसकी रफ्तार धीमी हो जाए—यह आशा की जा सकती है कि वह काफी पेचीदा हो जाएगा। प्रत्यक्षतः, 1990 तक इस प्रक्रिया का मुख्य पहलू इस दोहरे कार्य का समाधान होगा : वैज्ञानिक विचार को अपने आरंभ से इसकी इंजीनियरी तक की जो दूरी तय करनी पड़ती है उसे कम करना, और इसके प्रभाव के दायरे को बढ़ाना। इसी उपाय से समाज, विज्ञान में अपने बढ़ते हुए परिव्यय के प्रतिफल में उल्लेखनीय वृद्धि करने की आशा कर सकता है, ताकि उसके सदस्यों की जरूरतें अधिकाधिक पूरी हो सकें।

विज्ञान केंद्रों और संस्थानों के ताने-बाने को वैज्ञानिक एवं तकनीकी

नव-प्रवर्तनों की गति तेज करने की दोहरी समस्या का समाधान करने में ठोस रूप से अधिक महत्त्वपूर्ण भूमिका अदा करनी है। उसके ढाँचे के भीतर, ऐसे एकीकृत केंद्रों का विकास हावी होना चाहिए जो उच्चतम स्तर के शोधकर्मियों के प्रशिक्षण, नए विचारों की उत्पत्ति के लिए उनके इस्तेमाल तथा उन नए विचारों की तत्काल कार्यान्विति को, एक साथ, एक निर्देशन के अंतर्गत ले आएँ। इसीलिए इनके भीतर शामिल होने चाहिए : आवास व्यवस्था वाले स्कूलों सहित विश्वविद्यालय, विविध अकादमिक संस्थानों एवं प्रयोगशालाओं तथा 'अभियांत्रिकी पट्टी' का समुच्चय। इस समुच्चय में दोहरी मातहती वाले (मंत्रालय की मातहती एवं समुच्चय के अकादमिक नेतृत्व की मातहती) प्रारूपण कार्यालय तथा प्रयोगात्मक उत्पादक प्रणालियाँ शामिल हों। ऐसे पूर्ण समुच्चयों के साथ-साथ (खास कर प्रारंभिक अवस्थाओं में) शिक्षण-विज्ञान, विज्ञान-प्रौद्योगिकी तथा शिक्षण-प्रौद्योगिकी समुच्चय भी शामिल होने चाहिए। यहाँ सबसे महत्त्वपूर्ण बात यह है कि इन सभी समुच्चयों की स्थापना प्रारंभ में ही हो जानी चाहिए, जो वैज्ञानिक कर्मियों की गत्यात्मकता की रोशनी में एक एकलित विज्ञान तंत्र के तत्वों के रूप में अवस्थापित हों एवं आपस में जुड़े हों। हम यह लक्षित करें कि इस प्रकार के ताने-बाने की संरचना के वैज्ञानिक सिद्धांत 1973 में सोवियत संघ की कम्युनिस्ट पार्टी की केंद्रीय समिति द्वारा जारी आज्ञप्ति संख्या 139 में निर्धारित किए गए हैं। इससे इस बात की पुष्टि होती है कि वैज्ञानिक क्रियाकलाप के प्रत्येक स्तर के संगठन को और अधिक विकसित करने में समाजवादी राज्य के वैज्ञानिक एवं तकनीकी फैसलों का महत्त्व बराबर बढ़ रहा है।

संदर्भ

1. कार्ल मार्क्स, *Grundrisse der Kritik der politischen Okonomie (Rohentwurf)*, 1857-1858, पृ. 636
2. हार्वे ब्रुक्स, **विज्ञान का प्रशासन,** पृ. 254-74 (अंग्रेजी में)
3. **अन्वेषणों, आविष्कारों एवं युक्तिकरण प्रस्तावों संबंधी संविधि,** मास्को, 1973, पृ. 5-6 (रूसी में)।
4. **वही।**
5. **वही।**
6. **वही।**
7. ब. व. स्तोकलित्स्काया-तेरेश्कोविच, **10वीं-15वीं शताब्दियों के मध्ययुगीन नगर के इतिहास की मूल समस्याएँ** (रूसी में), मास्को, 1960।

8. **फॉर्चून,** अगस्त 1964, पृ.-164।
9. अ. य. शिपर्त, **वैज्ञानिक एवं तकनकी क्रांति तथा एशिया और अफ्रीका के विकासशील देश,** मास्को, 1970, पृ. 19-20 (रूसी में)।
10. देखिए व. व. जुब्वानिनोव, **अग्रणी पूँजीवादी देशों में वैज्ञानिक कार्यकलाप एवं तकनीकी प्रगति,** मास्को, 1976 (रूसी में)।
11. टाइम, 14 अगस्त 1964, पृ. 60-61; व शेइनिन, **संयुक्त राज्य में विज्ञान तथा सैन्यवाद। सैन्य क्षेत्र में वैज्ञानिक एवं तकनीकी क्रांति तथा सैन्यवाद के संकट के पूर्वाधारों का जन्म,** मास्को, 1963 (रूसी में)।
12. **हार्वर्ड बिजनेस रिव्यू,** जनवरी-फरवरी, 1965, पृ. 141-142।
13. नार्बर्ड वाइनर, **मैं एक गणितज्ञ हूँ,** न्यूयार्क, 1956, पृ. 267 (अंग्रेजी में)।
14. **यू. एस. न्यूज एंड वर्ल्ड रिपोर्ट,** 21 सितंबर 1964, पृ. 56; **हावर्ड बिजनेस रिव्यू,** जनवरी-फरवरी, 1965, पृ.-141।
15. देखिए, **मूदी के बैंक तथा वित्त संबंधी निर्देश,** अप्रैल1965, पृ. 905 (अंग्रेजी में)।
16. **अनुसंधान,** विकास तथा दूसरे वैज्ञानिक कार्यकलापों के लिए संघीय कोष। वित्तीय वर्ष 1973, 1974 और 1975, एनएसएफ 74-320, खंड 23, पृ. 13 (अंग्रेजी में)।
17. ब्ला. इ. लेनिन, 'वैज्ञानिक एवं तकनीकी कार्य की योजना का प्रारूप', **संग्रहीत रचनाएँ,** खंड 27, पृ. 320 (अंग्रेजी में)।
18. य. अ. बेल्यायेव, 'विज्ञान के विकास के स्थैतिक पक्ष के संबंध में', **विज्ञान के इतिहास की 12वीं अंतर्राष्ट्रीय कांग्रेस की कार्यवाहियों में,** भाग 2, मास्को, 1974 (रूसी में)।
19. देखिए म. स. बस्त्रकोवा, **विज्ञान संगठन की सोवियत प्रणाली की रचना,** मास्को, 1973 (रूसी में)।
20. **सोवियत संघ की कम्युनिस्ट पार्टी की 25वीं कांग्रेस। दस्तावेजें तथा प्रस्ताव,** मास्को, 1973, पी. प. हा., पृ. 50।
21. 'वैज्ञानिक एवं तकनीकी प्रगति के आर्थिक पहलू', **वैज्ञानिक एवं तकनीकी प्रगति की आर्थिक समस्याओं के संबंध में एक अंतर-जनतंत्रीय वैज्ञानिक सम्मेलन की कार्यवाहियाँ,** भाग 1, पृ. 154 (अंग्रेजी में)।
22. **वैज्ञानिक एवं तकनीकी प्रगति के आर्थिक प्रश्नों से संबंधित कए अंतर-जनतंत्रीय वैज्ञानिक सम्मेलन की कार्यवाहियाँ,** खंड 1, पृ. 130 (अंग्रेजी में)।
23. **वैज्ञानिक एवं तकनीकी प्रगति के आर्थिक प्रश्नों से संबंधित एक अंतर-जनतंत्रीय वैज्ञानिक सम्मेलन की कार्यवाहियाँ,** खंड 1, पृ. 28-29 (अंग्रेजी में)।
24. देखिए, **सोवियत संघ की कम्युनिस्ट पार्टी की 25वीं कांग्रेस। दस्तावेज तथा प्रस्ताव,** पृ. 57 (अंग्रेजी में)।
25. **वैज्ञानिक एवं तकनीकी प्रगति के आर्थिक प्रश्नों से संबंधित एक अंतर-जनतंत्रीय वैज्ञानिक सम्मेलन की कार्यवाहियाँ,** खंड 1, पृ. 270-71 (अंग्रेजी में)।
26. **वही,** पृ. 29।
27. **वही,** पृ. 28।
28. **वही,** पृ. 30, 31।

29. **वही**, पृ. 31-33।
30. **अमरीका के विज्ञान में जनशक्ति** 1970, एनएसएफ 71-45, वाशिंगटन, 1971 पृ. 82-83 (अंग्रेजी में)।
31. **शैक्षणिक एवं औद्योगिक बुनियादी अनुसंधान पर सम्मेलन की कार्यवाहियाँ**, वाशिंगटन; 1960, पृ. 46 (अंग्रेजी में)।
32. साइमन मार्क्सन, **अमरीकी उद्योग में वैज्ञानिक**, न्यूयार्क, 1960, पृ. 117 (अंग्रेजी में)।
33. **शैक्षणिक एवं औद्योगिक बुनियादी अनुसंधान पर सम्मेलन की कार्यवाहियाँ**, पृ. 82।
34. **वही**, पृ. 43।
35. **वही**, पृ. 46-47।
36. **सोवियत संघ की कम्युनिस्ट पार्टी की 25वीं कांग्रेस। दस्तावेज तथा प्रस्ताव**, पृ. 87 (अंग्रेजी में)।
37. देखिए तीसरा अध्याय।
38. उदाहरण के लिए, कारपेथियन-पार इलाके के उद्यमों ने उत्पादन में उन विचारों को लागू करके, जो उनके कर्मचारी विभिन्न स्थानों को कारोबारी यात्राओं से लेकर लौटे थे, 7,34,000 रूबल की बचत कर ली।
39. सोवियत संघ की विज्ञान अकादमी के सूक्ष्म जीवों के जैव रसायन तथा शरीर विज्ञान संस्थान के वैज्ञानिकों ने अक्रीरवीन संयंत्र की शाप प्रयोशालाओं के कर्मचारियों तथा पारी अधीक्षकों को एक दीर्घ प्रशिक्षण काल के लिए आमंत्रित किया ताकि एक महत्त्वपूर्ण औषधि बनाने की उनकी नई प्रौद्योगिक प्रक्रिया में उत्पादन अंतरण में तेजी लाई जा सके। इन नवागंतुकों ने संस्थान में आवश्यक सैद्धांतिक प्रशिक्षण प्राप्त कर लेने पर, स्वयं अपने आप कई अध्ययन किए और इससे नई एवं पेचीदा सूक्ष्म जैविकी प्रक्रिया में दक्षता प्राप्त करने की अवधि को बहुत अधिक कम करने में सहायता मिली।
40. प. इ. जाल्विन, अ. इ. श्चर्बाकोव, म. ए. युदेलेविच, **विज्ञान के क्षेत्र में काम**, नवोसिबिर्स्क, 1971, पृ. 294 (रूसी में)।